高职高专教育"十二五"规划建设教材

食品安全检测技术

张　妍　主编

王建平　唐丽新　副主编

U0351879

中国农业大学出版社

·北京·

内 容 简 介

本书是高职高专教育"十二五"规划建设教材,教材采用行动导向的教学方法编写,共分 9 个项目,分别为食品安全检验方法总则,食品中添加剂的安全检验,食品中农药、兽药残留量的安全检测,食品中重金属污染物的安全检测,食品中有毒有害物质的安全检测,食品中微生物毒素的安全检测,食品中微生物污染的安全检测,食品中掺假物质的安全检测,食品安全检测综合实训。每个项目有学习目的和知识要求,指出学生应达到的技能要求。每个项目下设几个任务,有详细的工作过程,让学生有能力完成任务。教材内容注重实践操作,按照国家最新标准进行检验。

本书可作为高职高专食品专业的教学用书,也可作为相关行业技术人员的专业参考书。

图书在版编目(CIP)数据

食品安全检测技术/张妍主编. —北京:中国农业大学出版社,2013.11
ISBN 978-7-5655-0780-9

Ⅰ.①食… Ⅱ.①张… Ⅲ.①食品安全-食品检验 Ⅳ.①TS207

中国版本图书馆 CIP 数据核字(2013)第 173533 号

书　　名	食品安全检测技术
作　　者	张　妍　主编　王建平　唐丽新　副主编

策划编辑	陈　阳　伍　斌	责任编辑	刘耀华
封面设计	郑　川	责任校对	陈　莹　王晓凤
出版发行	中国农业大学出版社		
社　　址	北京市海淀区圆明园西路 2 号	邮政编码	100193
电　　话	发行部 010-62818525,8625	读者服务部	010-62732336
	编辑部 010-62732617,2618	出　版　部	010-62733440
网　　址	http://www.cau.edu.cn/caup	E-mail	cbsszs @ cau.edu.cn
经　　销	新华书店		
印　　刷	北京时代华都印刷有限公司		
版　　次	2013 年 11 月第 1 版　2013 年 11 月第 1 次印刷		
规　　格	787×1 092　16 开本　20 印张　504 千字		
定　　价	38.00 元		

图书如有质量问题本社发行部负责调换

编 写 人 员

主　编　张　妍　黑龙江旅游职业技术学院

副主编　王建平　黑龙江飞鹤乳业有限公司

　　　　唐丽新　黑龙江职业学院

参　编　韩艳书　黑龙江省农垦质量监督局

　　　　苏振国　黑龙江省北大荒豆制品有限公司

　　　　侯　莹　哈尔滨美华生物技术股份有限公司

　　　　邹春红　哈尔滨顺达科技股份有限公司

　　　　邵东明　黑龙江职业学院

　　　　黄　娜　黑龙江农垦科技职业学院

　　　　谢庆辉　黑龙江生态工程职业学院

　　　　苏　杰　内蒙古农业大学职业技术学院

　　　　胡炜东　内蒙古农业大学职业技术学院

　　　　宋玲玲　黑龙江旅游职业技术学院

　　　　祝　妍　黑龙江旅游职业技术学院

前　言

　　本书是高职高专教育"十二五"规划建设教材,可作为高职高专食品类专业学生的教材,也可作为食品检验人员的培训教材。

　　本书以工作岗位实际为导向的思路进行教材的编写,以企业实际生产为依托,让学生掌握企业检测内容,按照食品企业检测流程顺序,将食品企业实际的场景搬入教材,同时严格按照国家标准或行业标准进行编写,突出实用性和准确性。

　　全书分为9个项目,分别为食品安全检验方法总则,食品添加剂的安全检验,食品中农药、兽药残留量的安全检测,食品中重金属污染物的安全检测,食品中有毒有害物质的安全检测,食品中微生物毒素的安全检测,食品中微生物污染的安全检测,食品中掺假物质的安全检测,食品安全检测综合实训。每个项目有学习目的和知识要求,指出学生应达到的技能要求。每个项目下设几个任务,有详细的工作过程,让学生有能力完成任务。最后有项目检测,将理论与实践知识融入填空、选择、判断等的练习题中,通过练习进一步掌握和夯实知识和技能。

　　本书由张妍担任主编,王建平、唐丽新担任副主编。本书的编写分工为:王建平负责项目一的编写,韩艳书负责项目二的编写,苏振国负责项目三的编写,侯莹负责项目四中任务一的编写,邹春红负责项目四中任务二的编写,邵东明负责项目五中任务一的编写,黄娜负责项目五中任务二、任务三的编写,谢庆辉和苏杰负责项目六中任务一的编写,胡炜东负责项目六中任务二的编写,唐丽新负责项目七的编写,宋玲玲负责项目八中任务一的编写,祝妍负责项目八中任务二至任务六的编写,张妍负责项目九的编写。全书由张妍统稿。

　　由于本教材涉及内容广泛,而作者水平有限,书中疏漏和不当之处在所难免,敬请读者批评指正。同时感谢同仁们提供的相关材料。

编　者

2013 年 9 月

目　　录

项目一　食品安全检验方法总则

◈学习目的

1. 掌握食品卫生检验方法——理化部分总则。
2. 掌握食品微生物学检验——总则。
3. 掌握食品微生物学检验——乳及乳制品检验总则。

◈知识要求

1. 掌握食品卫生检验方法：检测方法的一般要求，试剂的要求，分析结果的表述。
2. 掌握食品微生物学检验：实验室的基本要求，样品的采集。
3. 掌握食品微生物学检验：采样方案及样品处理。

◈技能要求

1. 能够正确取样、处理样品。
2. 能够正确处理检测数据。

任务一　食品卫生检验方法——理化部分总则

【工作要求】

一、检验方法的一般要求

（1）称取　用天平进行称量操作，其准确度要求用数值的有效数位表示，如"称取 20.0 g"指称量准确至±0.1 g，"称取 20.00 g"指称量准确至±0.01 g。

（2）准确称取　用天平进行的称量操作，其准确度为±0.000 1 g。

（3）恒量　在规定的条件下，连续 2 次干燥或灼烧后称定的质量差异不超过规定的范围。

（4）量取　用量筒或量杯取液体物质的操作。

（5）吸取　用移液管、刻度吸管取液体物质的操作。

（6）准确度　试验中所用的玻璃量器如滴定管、移液管、容量瓶、刻度吸管、比色管等所量取体积的准确度应符合国家标准对该体积玻璃量器的准确度要求。

（7）空白试验　除不加试样外，采用完全相同的分析步骤、试剂和用量（滴定法中标准滴定液的用量除外），进行平行操作所得的结果。用于扣除试样中试剂本底和计算检验方法的检出限。

二、检验方法的选择

①标准方法如有 2 种以上检验方法时,可根据所具备的条件选择使用,以第一法为仲裁方法。

②标准方法中根据适用范围设几个并列方法时,要依据适用范围选择适宜的方法。在 GB/T 5009.3、GB/T 5009.6、GB/T 5009.20、GB/T 5009.26、GB/T 5009.34 中,由于方法的适用范围不同,第一法与其他方法属并列关系(不是仲裁方法)。此外,未指明第一法的标准方法,与其他方法也属并列关系。

三、试剂的要求及溶液浓度的基本表示方法

(1)水和溶剂 检验方法中所使用的水,未注明其他要求时,系指蒸馏水或去离子水。未指明溶液用何种溶剂配制时,均指水溶液。

(2)溶液浓度 检验方法中未指明具体浓度的硫酸、硝酸、盐酸、氨水时,均指市售试剂规格的浓度。

(3)液体的滴 是指蒸馏水自标准滴管流下的 1 滴的量,在 20℃时 20 滴约相当于 1 mL。

(4)配制溶液的要求 配制溶液时所使用的试剂和溶剂的纯度应符合分析项目的要求。应根据分析任务、分析方法、对分析结果准确度的要求等选用不同等级的化学试剂。试剂瓶使用硬质玻璃。一般碱液和金属溶液用聚乙烯瓶存放。需避光试剂贮于棕色瓶中。

(5)溶液浓度的表示方法

①标准滴定溶液浓度的表示,应符合 GB/T 601 的要求。

②标准溶液主要用于测定杂质含量,应符合 GB/T 602 的要求。

③几种固体试剂的混合质量份数或液体试剂的混合体积份数可表示为(1+1)、(4+2+1)等。

④溶液的浓度可以质量分数或体积分数为基础给出,表示方法应是"质量(或体积)分数是 0.75"或"质量(或体积)分数是 75%"。质量和体积分数还能分别用 5 $\mu g/g$ 或 4.2 mL/m^3 这样的形式表示。

⑤溶液浓度可以质量、容量单位表示,可表示为克每升或以其适当分倍数表示(g/L 或 mg/mL 等)。

⑥如果溶液由另一种特定溶液稀释配制,应按照惯例表示:"稀释 $V_1 \rightarrow V_2$"表示将体积为 V_1 的特定溶液以某种方式稀释,最终混合物的总体积为 V_2;"稀释 $V_1 + V_2$"表示,将体积为 V_1 的特定溶液加到体积为 V_2 的溶液中,如(1+1)、(2+5)等。

四、温度和压力的表示

(1)温度 一般以摄氏度表示,写作℃;或以开氏度表示,写作 K(开氏度=摄氏度+273.15)。

(2)压力 单位为帕斯卡,表示为 Pa(kPa、MPa)。

1 atm=760 mmHg=101 325 Pa=101.325 kPa=0.101 325 MPa(atm 为标准大气压,mmHg 为毫米汞柱)。

五、仪器设备的要求

（1）玻璃量器　检验方法中所使用的滴定管、移液管、容量瓶、刻度吸管、比色管等玻璃量器均应按国家有关规定及规程进行检定校正。玻璃量器和玻璃器皿应经彻底洗净后才能使用。

（2）控温设备　检验方法所使用的高温炉、恒温干燥箱、恒温水浴锅等均应按国家有关规程进行测试和检定校正。

（3）测量仪器　天平、酸度计、温度计、分光光度计、色谱仪等均应按国家有关规程进行测试和检定校正。

（4）检验方法中所列仪器　为该方法所需要的主要仪器，一般实验室常用仪器不再列入。

六、样品的要求

①采样应注意样品的生产日期、批号、代表性和均匀性（掺伪食品和食物中毒样品除外）。采集的数量应能反映该食品的卫生质量和满足检验项目对样品量的需要，一式三份，供检验、复验、备查或仲裁，一般散装样品每份不少于 0.5 kg。

②采样容器根据检验项目，选用硬质玻璃瓶或聚乙烯制品。

③液体、半流体饮食品如植物油、鲜乳、酒或其他饮料，如用大桶或大罐盛装者，应先充分混匀后再采样。样品应分别盛放在 3 个干净的容器中。

④粮食及固体食品应自每批食品上、中、下 3 层中的不同部位分别采取部分样品，混合后按四分法对角取样，再进行几次混合，最后取有代表性的样品。

⑤肉类、水产等食品应按分析项目要求分别采取不同部位的样品或混合后采样。

⑥罐头、瓶装食品或其他小包装食品，应根据批号随机取样，同一批号取样件数，250 g 以上的包装不得少于 6 个，250 g 以下的包装不得少于 10 个。

⑦掺伪食品和食物中毒的样品采集，要具有典型性。

⑧检验后的样品保存：一般样品在检验结束后，应保留 1 个月，以备需要时复检。易变质的食品不予保留，保存时应加封并尽量保持原状。检验取样一般皆系指取可食部分，以所检验的样品计算。

⑨感官不合格的产品不必进行理化检验，直接判为不合格产品。

七、检验的要求

①严格按照标准方法中规定的分析步骤进行检验，对试验中不安全因素（中毒、爆炸、腐蚀、烧伤等）应有防护措施。

②理化检验实验室应实行分析质量控制。

③检验人员应填写好检验记录。

八、分析结果的表述

①测定值的运算和有效数字的修约应符合 GB/T 8170、JJF 1027 的规定。

②结果的表述：报告平行样的测定值的算术平均值，并报告计算结果表示到小数点后的位数或有效位数，测定值的有效数的位数应能满足卫生标准的要求。

③样品测定值的单位应使用法定计量单位。

④如果分析结果在方法的检出限以下，可以用"未检出"表述分析结果，但应注明检出限数值。

任务二 食品微生物检验——总则

【工作要求】

一、实验室基本要求

(一)环境

①实验室环境不应影响检验结果的准确性。

②实验室的工作区域应与办公室区域明显分开。

③实验室工作面积和总体布局应能满足从事检验工作的需要，实验室布局应采用单方向工作流程，避免交叉污染。

④实验室内环境的温度、湿度、照度、噪声和洁净度等应符合工作要求。

⑤一般样品检验应在洁净区域(包括超净工作台或洁净实验室)进行，洁净区域应有明显的标示。

⑥病原微生物分离鉴定工作应在二级生物安全实验室进行。

(二)人员

①检验人员应具有相应的教育、微生物专业培训经历，具备相应的资质，能够理解并正确实施检验。

②检验人员应掌握实验室生物检验安全操作知识和消毒知识。

③检验人员应在检验过程中保持个人整洁与卫生，防止人为污染样品。

④检验人员应在检验过程中遵守相关预防措施的规定，保证自身安全。

⑤有颜色视觉障碍的人员不能执行涉及辨色的实验。

(三)设备

①实验设备应满足检验工作的需要。

②实验设备应放置于适宜的环境条件下，便于维护、清洁、消毒与校准，并保持整洁与良好的工作状态。

③实验设备应定期进行检查、检定(加贴标识)、维护和保养，以确保工作性能和操作安全。

④实验设备应有日常性监控记录和使用记录。

(四)检验用品

①常规检验用品主要有接种环(针)、酒精灯、镊子、剪刀、药匙、消毒棉球、硅胶(棉)塞、微量移液器、吸管、吸球、试管、平皿、微孔板、广口瓶、量筒、玻棒及L形玻棒等。

②检验用品在使用前应保持清洁或无菌。常用的灭菌方法包括湿热法、干热法、化学法等。

③需要灭菌的检验用品应放置在特定容器内或用合适的材料(如专用包装纸、铝箔纸等)包裹或加塞,应保证灭菌效果。

④可选择适用于微生物检验的一次性用品来替代反复使用的物品与材料(如培养皿、吸管、吸头、试管、接种环等)。

⑤检验用品的储存环境应保持干燥和清洁,已灭菌与未灭菌的用品应分开存放并明确标识。

⑥灭菌检验用品应记录灭菌(消毒)的温度与持续时间。

(五)培养基和试剂

①培养基:制备和质量控制按照 GB/T 4789.28 的规定执行。

②试剂:质量及配制应适用于相关检验。对检验结果有重要影响的关键试剂应进行适用性验证。

(六)菌株

①应使用微生物菌种保藏专门机构或同行认可机构保存的、可溯源的标准或参考菌株。

②应对从食品、环境或人体分离、纯化、鉴定的,未在微生物菌种保藏专门机构登记注册的原始分离菌株(野生菌株)进行系统、完整的菌株信息记录,包括分离时间、来源,表型及分子鉴定的主要特征等。

③实验室应保存能满足实验需要的标准或参考菌株,在购入和传代保藏过程中,应进行验证试验,并进行文件化管理。

二、样品采集

(一)采样原则

①根据检验目的、食品特点、批量、检验方法、微生物的危害程度等确定采样方案。

②应采用随机原则进行采样,确保所采集的样品具有代表性。

③采样过程遵循无菌操作程序,防止一切可能的外来污染。

④样品在保存和运输的过程中,应采取必要的措施防止样品中原有微生物的数量变化,保持样品的原有状态。

(二)采样方案

①采样方案类型分为二级采样方案和三级采样方案。二级采样方案设有 n、c 和 m 值,三级采样方案设有 n、c、m 和 M 值。n:同一批次产品应采集的样品件数;c:最大可允许超出 m 值的样品数;m:微生物指标可接受水平的限量值;M:微生物指标的最高安全限量值。

注1:按照二级采样方案设定的指标,在 n 个样品中,允许有小于等于 c 个样品中相应微生物指标检验值大于 m 值。

注2:按照三级采样方案设定的指标,在 n 个样品中,允许全部样品中相应微生物指标检验值小于等于 m 值;允许有小于等于 c 个样品中相应微生物指标检验值在 m 值和 M 值之间;不允许有样品相应微生物指标检验值大于 M 值。

②各类食品的采样方案按相应产品标准中的规定执行。

③食源性疾病及食品安全事件中食品样品的采集。

由工业化批量生产加工食品污染导致的食源性疾病或食品安全事件,食品样品的采集和判定原则按采样原则和采样方案执行。同时,确保采集现场剩余食品样品。

由餐饮单位或家庭烹调加工食品导致的食源性疾病或食品安全事件,食品样品的采集按 GB 14938 中卫生学检验的要求,以满足食源性疾病或食品安全事件病因判定和病原确证的要求。

(三)各类食品的采样方法

采样应遵循无菌操作程序,采样工具和容器应无菌、干燥、防漏,形状及大小适宜。

(1)即食类预包装食品 取相同批次的最小零售原包装,检验前要保持包装的完整,避免污染。

(2)非即食类预包装食品 原包装小于 500 g 的固态食品或小于 500 mL 的液态食品,取相同批次的最小零售原包装;大于 500 mL 的液态食品,应在采样前摇动或用无菌棒搅拌液体,使其达到均质后分别从相同批次的 n 个容器中采集 5 倍或以上检验单位的样品;大于 500 g 的固态食品,应用无菌采样器从同一包装的几个不同部位分别采取适量样品,放入同一个无菌采样容器内,采样总量应满足微生物指标检验的要求。

(3)散装食品或现场制作食品 根据不同食品的种类和状态及相应检验方法中规定的检验单位,用无菌采样器现场采集 5 倍或以上检验单位的样品,放入无菌采样容器内,采样总量应满足微生物指标检验的要求。

(4)食源性疾病及食品安全事件的食品样品 采样量应满足食源性疾病诊断和食品安全事件病因判定的检验要求。

(四)采集样品的标记

应对采集的样品进行及时、准确的记录和标记,采样人应清晰填写采样单(包括采样人、采样地点、时间、样品名称、来源、批号、数量、保存条件等信息)。

(五)采集样品的贮存和运输

采样后,应将样品在接近原有贮存温度条件下尽快送往实验室检验。运输时应保持样品完整。如不能及时运送,应在接近原有贮存温度条件下贮存。

三、样品检验

1. **样品处理**

①实验室接到送检样品后应认真核对登记,确保样品的相关信息完整并符合检验要求。

②实验室应按要求尽快检验。若不能及时检验,应采取必要的措施保持样品的原有状态,防止样品中目标微生物因客观条件的干扰而发生变化。

③冷冻食品应在 45℃ 以下不超过 15 min,或 2~5℃ 不超过 18 h 解冻后进行检验。

2. **检验方法的选择**

①应选择现行有效的国家标准方法。

②食品微生物检验方法标准中对同一检验项目有两个及两个以上定性检验方法时,应以常规培养方法为基准方法。

③食品微生物检验方法标准中对同一检验项目有两个及两个以上定量检验方法时,应以平板计数法为基准方法。

四、生物安全与质量控制

1. 实验室生物安全要求

应符合 GB 19489 的规定。

2. 质量控制

①实验室应定期对实验用菌株、培养基、试剂等设置阳性对照、阴性对照和空白对照。

②实验室应对重要的检验设备(特别是自动化检验仪器)设置仪器比对。

③实验室应定期对实验人员进行技术考核和人员比对。

五、记录与报告

1. 记录

检验过程中应即时、准确地记录观察到的现象、结果和数据等信息。

2. 报告

实验室应按照检验方法中规定的要求,准确、客观地报告每一项检验结果。

六、检验后样品的处理

①检验结果报告后,被检样品方能处理。检出致病菌的样品要经过无害化处理。

②检验结果报告后,剩余样品或同批样品不进行微生物项目的复检。

任务三　食品微生物检验——乳与乳制品检验总则

【工作要求】

一、设备和材料

1. 采样工具

采样工具应使用不锈钢或其他强度适当的材料,表面光滑,无缝隙,边角圆润。采样工具应清洗和灭菌,使用前保持干燥。采样工具包括搅拌器具、采样勺、匙、切割丝、刀具(小刀或抹刀)、采样钻等。

2. 样品容器

样品容器的材料(如玻璃、不锈钢、塑料等)和结构应能充分保证样品的原有状态。容器和盖子应清洁、无菌、干燥。样品容器应有足够的体积,使样品可在测试前充分混匀。样品容器包括采样袋、采样管、采样瓶等。

3. 其他用品

包括温度计、铝箔、封口膜、记号笔、采样登记表等。

4. 实验室检验用品

①常规检验用品按 GB 4789.1 执行。

②微生物指标菌检验分别按 GB 4789.2、GB 4789.3、GB 4789.15 执行。

③致病菌检验分别按 GB 4789.4、GB 4789.10、GB 4789.30 和 GB 4789.40 执行。

④双歧杆菌和乳酸菌检验分别按 GB/T 4789.34、GB 4789.35 执行。

二、采样方案

样品应当具有代表性。采样过程采用无菌操作,采样方法和采样数量应根据具体产品的特点和产品标准要求执行。样品在保存和运输的过程中,应采取必要的措施防止样品中原有微生物的数量变化,保持样品的原有状态。

1. 生乳的采样

①样品应充分搅拌混匀,混匀后应立即取样,用无菌采样工具分别从相同批次(此处特指单体的贮奶罐或贮奶车)中采集 n 个样品,采样量应满足微生物指标检验的要求。

②具有分隔区域的贮奶装置,应根据每个分隔区域内贮奶量的不同,按比例从中采集一定量经混合均匀的代表性样品,将上述奶样混合均匀采样。

2. 液态乳制品的采样

适用于巴氏杀菌乳、发酵乳、灭菌乳、调制乳等。取相同批次最小零售原包装,每批至少取 n 件。

3. 半固态乳制品的采样

(1)炼乳的采样　适用于淡炼乳、加糖炼乳、调制炼乳等的采样要求如下。

①原包装小于或等于 500 g(mL)的制品:取相同批次的最小零售原包装,每批至少取 n 件。采样量不小于 5 倍或以上检验单位的样品。

②原包装大于 500 g(mL)的制品(再加工产品、进出口):采样前应摇动或使用搅拌器搅拌,使其达到均匀后采样。如果样品无法进行均匀混合,就从样品容器中的各个部位取代表性样。采样量不小于 5 倍或以上检验单位的样品。

(2)奶油及其制品的采样　适用于稀奶油、奶油、无水奶油等的采样要求如下。

①原包装小于或等于 1 000 g(mL)的制品:取相同批次的最小零售原包装,采样量不小于 5 倍或以上检验单位的样品。

②原包装大于 1 000 g(mL)的制品:采样前应摇动或使用搅拌器搅拌,使其达到均匀后采样。

③对于固态制品,用无菌抹刀除去表层产品,厚度不少于 5 mm。将洁净、干燥的采样钻沿包装容器切口方向往下,匀速穿入底部。当采样钻到达容器底部时,将采样钻旋转 180°,抽出采样钻并将采集的样品转入样品容器。采样量不小于 5 倍或以上检验单位的样品。

4. 固态乳制品采样

适用于干酪、再制干酪、乳粉、乳清粉、乳糖和酪乳粉等。

(1)干酪与再制干酪的采样

①原包装小于等于 500 g 的制品。取相同批次的最小零售原包装,采样量不小于 5 倍或以上检验单位的样品。

②原包装大于 500 g 的制品。根据干酪的形状和类型,可使用的方法有:a. 在距边缘不小于 10 cm 处,把取样器向干酪中心斜插到一个平表面,进行一次或几次。b. 把取样器垂直插入一个面,并穿过干酪中心到对面。c. 从两个平面之间,将取样器水平插入干酪的竖直面,插向干酪中心。d. 若干酪是装在桶、箱或其他大容器中,或是将干酪制成压紧的大块时,将取样

器从容器顶斜穿到底进行采样。采样量不小于 5 倍或以上检验单位的样品。

（2）乳粉、乳清粉、乳糖、酪乳粉的采样

①原包装小于等于 500 g 的制品：取相同批次的最小零售原包装，采样量不小于 5 倍或以上检验单位的样品。

②原包装大于 500 g 的制品：将洁净、干燥的采样钻沿包装容器切口方向往下，匀速穿入底部。当采样钻到达容器底部时，将采样钻旋转 180°，抽出采样钻并将采集的样品转入样品容器。采样量不小于 5 倍或以上检验单位的样品。

三、检样处理

1. 液态乳制品的处理

将检样摇匀，以无菌操作开启包装。塑料或纸盒（袋）装，用 75% 酒精棉球消毒盒盖或袋口，用灭菌剪刀切开；玻璃瓶装，以无菌操作去掉瓶口的纸罩或瓶盖，瓶口经火焰消毒。用灭菌吸管吸取 25 mL（液态乳中添加固体颗粒状物的，应均质后取样）检样，放入装有 225 mL 灭菌生理盐水的锥形瓶内，振摇均匀。

2. 半固态乳制品的处理

（1）炼乳　清洁瓶或罐的表面，再用点燃的酒精棉球消毒瓶或罐口周围，然后用灭菌的开罐器打开瓶或罐，以无菌操作称取 25 g 检样，放入预热至 45℃ 的装有 225 mL 灭菌生理盐水（或其他增菌液）的锥形瓶中，振摇均匀。

（2）稀奶油、奶油、无水奶油等　无菌操作打开包装，称取 25 g 检样，放入预热至 45℃ 的装有 225 mL 灭菌生理盐水（或其他增菌液）的锥形瓶中，振摇均匀。从检样融化到接种完毕的时间不应超过 30 min。

3. 固态乳制品的处理

（1）干酪及其制品　以无菌操作打开外包装，对有涂层的样品削去部分表面封蜡，对无涂层的样品直接经无菌程序用灭菌刀切开干酪，用灭菌刀（勺）从表层和深层分别取出有代表性的适量样品，磨碎混匀，称取 25 g 检样，放入预热到 45℃ 的装有 225 mL 灭菌生理盐水（或其他稀释液）的锥形瓶中，振摇均匀。充分混合使样品均匀散开（1～3 min），分散过程时温度不超过 40℃。尽可能避免泡沫产生。

（2）乳粉、乳清粉、乳糖、酪乳粉　取样前将样品充分混匀。罐装乳粉的开罐取样法同炼乳处理，袋装奶粉应用 75% 酒精的棉球涂擦消毒袋口，以无菌操作开封取样。称取检样 25 g，加入预热到 45℃ 盛有 225 mL 灭菌生理盐水等稀释液或增菌液的锥形瓶内（可使用玻璃珠助溶），振摇使充分溶解和混匀。

对于经酸化工艺生产的乳清粉，应使用 pH(8.4±0.2) 的磷酸氢二钾缓冲液稀释。对于含较高淀粉的特殊配方乳粉，可使用 α-淀粉酶降低溶液黏度，或将稀释液加倍以降低溶液黏度。

（3）酪蛋白和酪蛋白酸盐　以无菌操作称取 25 g 检样，按照产品不同，分别加入 225 mL 灭菌生理盐水等稀释液或增菌液。在对黏稠的样品溶液进行梯度稀释时，应在无菌条件下反复多次吹打吸管，尽量将黏附在吸管内壁的样品转移到溶液中。

①酸法工艺生产的酪蛋白：使用磷酸氢二钾缓冲液并加入消泡剂，在 pH(8.4±0.2) 的条件下溶解样品。

②凝乳酶法工艺生产的酪蛋白：使用磷酸氢二钾缓冲液并加入消泡剂，在 pH(7.5±0.2) 的条件下溶解样品，室温静置 15 min。必要时在灭菌的匀浆袋中均质 2 min，再静置 5 min 后检测。

③酪蛋白酸盐：使用磷酸氢二钾缓冲液在 pH(7.5±0.2)的条件下溶解样品。

四、检验方法

①菌落总数：按 GB 4789.2 检验。

②大肠菌群：按 GB 4789.3 中的直接计数法计数。

③沙门氏菌：按 GB 4789.4 检验。

④金黄色葡萄球菌：按 GB 4789.10 检验。

⑤霉菌和酵母：按 GB 4789.15 计数。

⑥单核细胞增生李斯特氏菌：按 GB 4789.30 检验。

⑦双歧杆菌：按 GB/T 4789.34 检验。

⑧乳酸菌：按 GB 4789.35 检验。

⑨阪崎肠杆菌：按 GB 4789.40 检验。

◈项目小结

(一)学习内容

常见的食品安全检验方法总则见表 1-1。

表 1-1　常见的食品安全检验方法总则

任务	参照标准
食品卫生检验方法—理化部分总则	GB/T 5009.001—2003
食品微生物检验—总则	GB 4789.1—2010
食品微生物检验—乳与乳制品检验总则	GB 4789.18—2010

(二)学习方法体会

①掌握每类总则的具体要求内容。

②掌握正确采样方法、采样数量。

③掌握采样处理的方法。

④掌握检验方法。

⑤掌握检测数据的处理。

◈项目检测

一、选择题

1. 国家标准规定的实验室用水分为(　　)级。

A. 4　　　　　　　B. 5　　　　　　　C. 3　　　　　　　D. 2

2. 分析工作中实际能够测量到的数字称为(　　)。

A. 精密数字　　　　B. 准确数字　　　　C. 可靠数字　　　　D. 有效数字

3. 1.34×10^{-3} 有效数字是( )位。

A. 6   B. 5   C. 3   D. 8

4. pH=5.26 中的有效数字是( )位。

A. 0   B. 2   C. 3   D. 4

5. 试液取样量为 1~10 mL 的分析方法称为( )。

A. 微量分析   B. 常量分析   C. 半微量分析   D. 超微量分析

6. 下列数据中,有效数字位数为 4 位的是( )。

A. $[H^+]=0.002$ mol/L   B. pH=10.34

C. $w=14.56\%$ D. $w=0.031\%$

7. 在不加样品的情况下,用测定样品同样的方法、步骤,对空白样品进行定量分析,称之为( )。

A. 对照试验   B. 空白试验   C. 平行试验   D. 预试验

8. 以下用于化工产品检验的哪些器具属国家计量局发布的强制检定的工作计量器具( )。

A. 量筒、天平   B. 台秤、密度计   C. 烧杯、砝码   D. 温度计、量杯

9. 在测定过程中出现下列情况,不属于操作错误的是( )。

A. 称量某物时未冷却至室温就进行称量

B. 滴定前用待测定的溶液淋洗锥形瓶

C. 称量用砝码没有校正

D. 用移液管移取溶液前未用该溶液洗涤移液管

10. 有效数字是指实际上能测量得到的数字,只保留末一位( )数字,其余数字均为准确数字。

A. 可疑   B. 准确   C. 不可读   D. 可读

11. ( )只能量取一种体积。

A. 吸量管   B. 移液管   C. 量筒   D. 量杯

12. 检验报告是检验机构计量测试的( )。

A. 最终结果   B. 数据汇总   C. 分析结果的记录   D. 向外报出的报告

13. 建立实验室质量管理体系的基本要求包括( )。

A. 明确质量形成过程   B. 配备必要的人员和物质资源

C. 形成检测有关的程序文件   D. 检测操作和记录

E. 确立质量控制体系

14. 化验室检验质量保证体系的基本要素包括( )。

A. 检验过程质量保证   B. 检验人员素质保证

C. 检验仪器、设备、环境保证   D. 检验质量申诉和检验事故处理

15. 我国企业产品质量检验可以采取下列哪些标准( )。

A. 行业标准   B. 国际标准

C. 合同双方当事人约定的标准   D. 企业自行制定的标准

16. 在分析中做空白试验的目的是( )。

A. 提高精密度   B. 提高准确度   C. 消除系统误差   D. 消除偶然误差

17. 实验室用水是将源水采用（　　）等方法,去除可溶性、不溶性盐类以及有机物、胶体等杂质,达到一定纯度标准的水。

A. 蒸馏　　　　　　B. 离子交换　　　　　C. 电渗析　　　　　D. 过滤

18. 从商业方面考虑,采样的主要目的是（　　）。

A. 验证样品是否符合合同的规定

B. 检查生产过程中泄漏的有害物质是否超过允许极限

C. 验证是否符合合同的规定

D. 保证产品销售质量,以满足用户的要求

19. 不违背检验工作规定的选项是（　　）。

A. 在分析过程中经常发生异常现象属正常情况

B. 分析检验结论不合格时,应第二次取样复检

C. 分析的样品必须按规定保留一份

D. 所用仪器、药品和溶液应符合标准规定

20. 对样品进行理化检验时,采集样品必须有（　　）。

A. 代表性　　　　　B. 典型性　　　　　C. 随意性　　　　　D. 适时性

21. 使空白测定值较低的样品处理方法是（　　）。

A. 湿法消化　　　　B. 干法灰化　　　　C. 萃取　　　　　　D. 蒸馏

22. 在对食品进行分析检验时,采用的行业标准应该比国家标准的要求（　　）。

A. 高　　　　　　　B. 低　　　　　　　C. 一致　　　　　　D. 随意

23. 表示精密度正确的数值是（　　）。

A. 0.2%　　　　　 B. 20%　　　　　　C. 20.23%　　　　　D. 1%

24. 测量结果的精密度的高低用（　　）表示最好。

A. 偏差　　　　　　B. 极差　　　　　　C. 平均偏差　　　　D. 标准偏差

25. 回收率试验叙述中不正确的是（　　）。

A. 可检验操作不慎而引起的过失误差　　　B. 可检验测试方法引起的误差

C. 可检验样品中存在的干扰误差　　　　　D. 回收率 $= \dfrac{X_1 - X_0}{m} \times 100\%$

26. 食品生产加工企业的检验人员必须具备相关产品的（　　）。

A. 计测能力　　　　　　　　　　　　　　B. 检验仪器的操作能力

C. 对检验结果进行正确判断的能力　　　　D. 检验能力

27. 对现场核查或者产品检验不合格的企业,国家质检总局、省级质量技术监督部门应当做出不予许可的决定,自做出决定（　　）日内,向企业发出不予行政许可决定书。

A. 7　　　　　　　　B. 5　　　　　　　　C. 10　　　　　　　D. 15

28. 检验用及备用样品应当在抽样后的（　　）日内(保质期短的食品应及时送样)送到指定的检验机构检验。送样人应对样品的完好性负责。

A. 5　　　　　　　　B. 7　　　　　　　　C. 10　　　　　　　D. 15

29. 具备"＊"号检验能力的企业可自行检验,不具备"＊"号检验能力的企业应委托检验。但都视为（　　）。

A. 具有委托出厂检验能力　　　　　　　　B. 不具有委托出厂检验能力

C. 具备出厂检验能力　　　　　　　D. 不具有出厂检验能力

30. 加严检验应在 30 日内随机抽取（　　　）个批次产品对不合格项目进行检验。

A. 2　　　　　　　　B. 4　　　　　　　　C. 3　　　　　　　　D. 5

二、判断题

1. 小包装食品如罐头食品，应该每一箱抽出一瓶作为试样进行分析。（　　　）

2. 从原料中抽出有代表性的样品进行分析是为了保证原料的质量。（　　　）

3. 对于存放在大池中的液体样品，则从池的四角及中心部位分上、中、下 3 层进行采样，经混匀后，取出 0.5～1 L 为分析样品。（　　　）

4. 分析工作中有一类"过失误差"。它是由于分析人员粗心大意或未按操作规程办事所造成的误差。（　　　）

5. 保存样品的容器应该是清洁干燥的优质磨口玻璃容器或塑料、金属等材质的容器，原则上保存样品的容器不能同样品的主要成分发生化学反应。（　　　）

6. 样品制备的方法有振摇、搅拌、切细、粉碎、研磨或捣碎等。（　　　）

7. 对于已腐败变质的样品，应弃去，重新采样分析。（　　　）

8. 对于小包装食品，批量在 1 000 箱以下的，取 5 箱左右的样品。（　　　）

9. 计算 0.012 1×25.64×1.057 82 的值为 0.328。（　　　）

10. 称量纸的重为 0.068 0 g，则其为 5 位有效数字。（　　　）

11. 准确度高的方法精密度必然高，精密度高的方法准确度不一定高。（　　　）

12. 灵敏度较高的方法相对误差较大。（　　　）

13. 保存样品的容器应该是清洁干燥的优质磨口玻璃容器或塑料、金属等材质的容器，原则上保存样品的容器不能同样品的主要成分发生化学反应。（　　　）

14. 随机误差又称偶然误差。它是由某些难以控制、无法避免的偶然因素造成的，其大小与正负值都不固定，又称不定误差。（　　　）

15. 在食品的制样的过程中，应防止挥发性成分的逸散及避免样品组成及理化性质的变化。（　　　）

项目二　食品中添加剂的安全检验

◆学习目的

了解食品添加剂安全检测的目的,掌握常见食品添加剂的检测方法。

◆知识要求

1. 了解常用食品防腐剂的影响,掌握苯甲酸(钠)、山梨酸(钾)的检测原理及操作技术。

2. 了解护色剂的作用,掌握硝酸盐、亚硝酸盐的检测原理及操作技术。

3. 了解漂白剂的作用,掌握亚硫酸盐(二氧化硫)的检测原理及操作技术。

4. 了解着色剂的分类、影响,掌握食品中食用合成色素的测定方法。

5. 了解 BHA、BHT 的作用,掌握其测定方法。

◆技能要求

1. 能够正确测定食品中苯甲酸(钠)、山梨酸(钾)含量。

2. 能够正确测定食品中硝酸盐、亚硝酸盐含量。

3. 能够正确测定食品中亚硫酸盐(二氧化硫)残留量。

4. 能够正确测定食品中食用合成色素含量。

5. 能够正确测定 BHA、BHT 等含量。

◆项目导入

(一)食品添加剂的滥用问题——超范围、超限量使用食品添加剂的情况

为改善食品组织形态及色香味等以适应消费者的需要而使用,为使食品具有更有效的、更经济的加工条件和更长的保质期而使用;有些企业因使用上游供应商超范围、超限量使用食品添加剂而使自己的产品中食品添加剂违规;少数食品生产企业不清楚到底哪些食品添加剂是允许使用的,使用限量是多少从而随意使用不符合要求的食品添加剂。

(二)食品添加剂联合作用问题

虽然某些食品添加剂单独使用时不会表现出明显的危害,而如果多种食品添加剂同时使用,其作用就会变复杂。

(三)食品营养强化剂的盲目使用问题

一些企业为追求利益最大化,在食品中任意添加营养强化剂,企业对营养强化剂缺乏全面的认知,不能明确一些营养强化剂的负面影响,目前,市场上打着"强化"招牌的食品过于泛滥。

(四)违反食品添加剂的标识规定,欺骗和误导消费者问题

食品添加剂的标识规定包括食品添加剂产品本身的标识和添加了食品添加剂的食品产品的标识 2 个方面,这些在《中华人民共和国食品安全法》、《食品添加剂卫生管理办法》、《预包装食品标签通则》等法律、法规、标准中做出了明确的规定。其主旨是通过标签标识的规定,让使用者了解所使用食品添加剂的基本信息,使消费者明确知晓所购买的食品中添加了哪些食品添加剂,以保障消费者的知情权。但是,在实际食品添加剂和食品的生产经营过程中一些生产者无视法律法规的要求,不正确的或者不真实的标识食品添加剂,误导和欺骗消费者。

任务一　饮料中糖精钠含量的检测

【检测要点】

1. 掌握检测数据的处理能力。
2. 掌握液相色谱法的基本操作技术。

【仪器试剂】

(一)试剂

①甲醇:色谱纯,经 0.5 μm 滤膜过滤。

②稀氨水(1+1):氨水加水等体积混合。

③乙酸铵溶液(0.02 mol/L):称取 1.54 g 乙酸铵,加水至 1 000 mL 溶解,经 0.45 μm 滤膜过滤。

④糖精钠标准储备溶液:精密称取 0.085 1 g 经120℃烘干 4 h 的糖精钠,用超纯水溶解稀释至 100 mL,糖精钠浓度分别为 1.0 mg/mL,于冰箱中保存。

⑤糖精钠标准使用溶液:吸取糖精钠标准储备液 10 mL 放到 100 mL 容量瓶中,加超纯水至刻度,经 0.45 μm 滤膜过滤,配成糖精钠为 0.10 mg/mL 的标准使用液。

(二)仪器

①高效液相色谱仪,带紫外检测器。

②超声波清洗器。

③微孔滤膜:0.45 nm、0.5 μm。

④电子天平:感量 0.000 1 g 和 0.01 g。

【工作过程】

一、样品处理

称取 5.0～10.0 g(精确到 0.01 g)试样,除去二氧化碳,用氨水(1+1)调 pH 至 7,加水定容至适当体积,离心沉淀,上清液经 45 μm 滤膜过滤,滤液做 HPLC 分析用。

二、HPLC 参考条件

分析柱:YWC-C18,4.6 mm×250 mm,10 μm 不锈钢。

流动相:甲醇:乙酸铵溶液(0.02 mol/L)=5:95。

流速:1.0 mL/min。

> **课堂互动**
> 1.为什么调pH为7?
> 2.样品有各种颜色,对测定结果是否有影响?

检测器:紫外检测器,230 nm 波长,0.2 AUFS。

三、试样测定

吸取处理后的试样溶液和标准溶液各 10 μL 进行 HPLC 分析,以其标准溶液峰的保留时间为依据进行定性,以其峰面积求出样液中被测物质的含量。

四、结果处理

试样中糖精钠的含量按下式计算:

$$X = \frac{m_1 \times 1\,000}{m \times \frac{V_2}{V_1} \times 1\,000} \qquad \text{(式 2-1)}$$

式中:X 为试样中糖精钠的含量,g/kg;m_1 为进样体积中糖精钠的质量,mg;V_2 为试样进样体积,mL;V_1 为试样稀释总体积,mL;m 为试样质量,g。

计算结果保留 2 位有效数字。在重复性条件下获得的两次独立测定结果的绝对差值不得超过算术平均值的 10%。

【知识链接】

甜味剂是赋予食品以甜味的食品添加剂。有些食品不具甜味或其甜味不足,需加甜味剂以满足消费者的需要。甜味剂的分类按其来源分为天然甜味剂和人工合成甜味剂;以其营养价值分为营养性(如山梨糖醇、乳糖醇等)和非营养性(如糖精钠等)甜味剂。非营养性甜味剂的相对甜度远远高于蔗糖,糖精钠的甜度是蔗糖的 300 倍。

通常所说的甜味剂是指人工合成的非营养甜味剂、糖醇类甜味剂和非糖天然甜味剂 3 类。其中葡萄糖、果糖、麦芽糖、蔗糖、乳糖等视为食品原料,不作添加剂。

本方法乙酰磺胺酸钾的检出限为 0.05 μg/mL,糖精钠的检出限为 0.05 μg/mL,环己基氨基磺酸钠的检出限为 2.0 μg/mL,阿斯巴甜的检出限为 0.05 μg/mL。参照标准 DB 13/T 1112—2009。本标准适用于饮料中乙酰磺胺酸钾、糖精钠、环己基氨基磺酸钠和阿斯巴甜的测定。

常用的甜味剂有糖精钠、甜蜜素、阿斯巴甜、安赛蜜等是人工合成的甜味剂。

一、糖精钠

糖精化学名称为邻苯甲酰磺酰亚胺,市场销售的商品糖精实际是易溶性的邻苯甲酰磺酰亚胺的钠盐,简称糖精钠。糖精钠的甜度为蔗糖的 450～550 倍,故其 1/100 000 的水溶液即有甜味感,浓度高了以后还会出现苦味。糖精钠俗称糖精,是广泛使用的一种人工甜味剂,常用食品如酱菜、冰激凌、蜜饯、糕点、饼干、面包等均可以糖精钠做甜味剂以提高其甜度。

制造糖精的原料主要有甲苯、氯磺酸、邻甲苯胺等,均为石油化工产品。甲苯易挥发和燃烧,甚至引起爆炸,大量摄入人体后会引起急性中毒,对人体健康危害较大;氯磺酸极易吸水分解产生氯化氢气体,对人体有害,并易爆炸;糖精生产过程中产生的中间体物质对人体健康也有危害。糖精在生产过程中还会严重污染环境。此外,目前从部分中小糖精厂私自流入广大中小城镇、农贸市场的糖精,还因为工艺粗糙、工序不完全等原因而含有重金属、氨化合物、砷等杂物。它们在人体中长期存留、积累,不同程度地影响着人体的健康。

糖精钠是有机化工合成产品,是食品添加剂而不是食品,除了在味觉上引起甜的感觉外,对人体无任何营养价值。相反,当食用较多的糖精时,会影响肠胃消化酶的正常分泌,降低小肠的吸收能力,使食欲减退。在其产品检验中,经常出现含量超标的现象。

二、阿斯巴甜

阿斯巴甜,1981 年经美国 FDA 批准用于食品干撒料,1983 年允许配制软饮料后在全球100 多个国家和地区被批准使用,甜度为蔗糖的 200 倍。

甜味纯正,具有和蔗糖极其近似的清爽甜味,无苦涩后味和金属味,是迄今开发成功的甜味最接近蔗糖的甜味剂。阿斯巴甜的甜度是蔗糖的 200 倍,在应用中仅需少量就可达到希望的甜度,所以在食品和饮料中使用阿斯巴甜替代糖,可显著降低热量并不会造成龋齿。与蔗糖或其他甜味剂混合使用有协同效应,如加 2‰～3‰于糖中,可明显掩盖糖精的不良口感。与香精混合,具有极佳的增效性,尤其是对酸性的柑橘、柠檬、柚等,能使香味持久、减少芳香剂用量。蛋白质成分,可被人体自然吸收分解。

三、安赛蜜(乙酰磺胺酸钾)

安赛蜜的生产工艺不复杂、价格便宜、性能优于阿斯巴甜,被认为是最有前途的甜味剂之一。经过长达 15 年的实验和检查,联合国世界卫生组织、美国食品药物管理局、欧盟等权威机构得出的结论是"安赛蜜对人体和动物安全、无害"。目前,全球已有 90 多个国家正式批准安赛蜜用于食品、饮料、口腔卫生/化妆品(可用于口红、唇膏、牙膏和漱口水等)及药剂(糖浆制剂、糖衣片、苦药掩蔽剂等)等领域中。我国卫生部于 1992 年 5 月正式批准安赛蜜用于食品、饮料领域,但不得超标使用。

安赛蜜为人工合成的甜味剂,经常食用合成甜味剂超标的食品会对人体的肝脏和神经系统造成危害,特别是对老人、孕妇、小孩危害更为严重。如果短时间内大量食用,会引起血小板减少导致急性大出血。

四、甜蜜素(环己基氨基磺酸钠)

甜蜜素属于非营养型合成甜味剂,其甜度为蔗糖的 30 倍,而价格仅为蔗糖的 3 倍,而且它不像糖精那样用量稍多时有苦味,因而作为国际通用的食品添加剂中可用于清凉饮料、果汁、冰激凌、糕点食品及蜜饯等中。亦可用于家庭调味、烹饪、酱品、化妆品、糖浆、糖衣、牙膏、漱口水、唇膏等。糖尿病患者、肥胖者可用其代替糖。

【知识拓展】

《中华人民共和国食品安全法》第 99 条的规定:食品添加剂是指为改善食品品质和色、香、味以及为防腐、保鲜和加工工艺的需要而加入食品中的人工合成或者天然物质。为增强营养成分而加入食品中的天然或人工合成的属于天然营养素范围的营养强化剂属于食品添加剂范畴。

按照《中华人民共和国食品安全法》第 13 条的规定:国家建立食品安全风险评估制度,对食品、食品添加剂中生物性、化学性和物理性危害进行风险评估。因此,无论是天然的还是人工的,食品添加剂都应具有如下基本属性。

①食品添加剂不能当作食品单独食用,而是少量加入食品中用以改善食品品质、外观、味

形或防腐、保鲜。其使用目的不应是为掩盖食品本身或者加工过程中的质量缺陷,也不是以掺杂、掺假、伪造为目的。

②食品添加剂必须是安全的。从毒理学鉴定上讲,在限量使用范围内应对人体无害。在达到一定的工艺功效后,应能在以后的加工烹调过程中消失、破坏或保持稳定状态;进入人体后,可以参加人体正常的物质代谢,不在人体内分解或与食品作用形成对人体有害的物质;不应对食品的营养成分有破坏作用,也不应影响食品的质量和风味;其添加种类、范围、限量应有严格的质量标准;添加到食品中的食品添加剂应能有效地分析鉴定出来。

按照《中华人民共和国食品安全法》规定,我国对食品添加剂实行目录管理制度,未进入目录的物质不得作为添加剂进行食品的加工处理。包括2种情况。

①经证明不安全的物质,不得添加使用。

②虽然经国外相关机构证明是无害物质,如未经法定程序获得我国的添加许可,也不允许添加到食物中。同时,目录管理是动态的,一些曾进入目录的添加剂,如经证明不安全,就要被删除。

但2005年的"苏丹红事件"、2008年的"三聚氰胺事件"、2011年"瘦肉精事件"以及地沟油、化学火锅、毒大米等让人们再次意识到了加强食品添加剂安全监管的意义。

任务二　肉制品中亚硝酸盐含量的检测

【检测要点】

1. 掌握标准曲线的制作能力。

2. 掌握分光光度计的基本操作技术。

【仪器试剂】

(一)试剂

①亚铁氰化钾溶液(106 g/L):称取106.0 g亚铁氰化钾,用水溶解,并稀释至1 000 mL。

②乙酸锌溶液(220 g/L):称取220.0 g乙酸锌,先加30 mL冰醋酸溶解,用水稀释至1 000 mL。

> **课堂互动**
> 1.对氨基苯磺酸和盐酸萘乙二胺溶液作为主要呈色试剂,配制后放置时间长短对呈色反应是否有影响?
> 2.饱和硼砂溶液的作用是什么?
> 3.如何去除上层脂肪?

③饱和硼砂溶液(50 g/L):称取5.0 g硼酸钠,溶于100 mL热水中,冷却后备用。

④氨缓冲溶液(pH 9.6～9.7):量取30 mL盐酸,加100 mL水,混匀后加65 mL氨水,再加水稀释至1 000 mL,混匀。调节pH至9.6～9.7。

⑤氨缓冲液的稀释液:量取50 mL氨缓冲溶液,加水稀释至500 mL,混匀。

⑥盐酸(0.1 mol/L):量取5 mL盐酸,用水稀释至600 mL。

⑦对氨基苯磺酸溶液(4 g/L):称取0.4 g对氨基苯磺酸,溶于100 mL 20%(V/V)盐酸中,置棕色瓶中混匀,避光保存。

⑧盐酸萘乙二胺溶液(2 g/L):称取0.2 g盐酸萘乙二胺,溶于100 mL水中,混匀后,置棕色瓶中,避光保存。

⑨亚硝酸钠标准溶液(200 μg/mL):准确称取0.100 0 g于110～120℃干燥恒重的亚硝酸

钠,加水溶解移入 500 mL 容量瓶中,加水稀释至刻度,混匀。

⑩亚硝酸钠标准使用液(5.0 μg/mL):临用前,吸取亚硝酸钠标准溶液 5.00 mL,置于 200 mL 容量瓶中,加水稀释至刻度。

(二)仪器

①天平:感量为 0.1 mg 和 1 mg。

②组织捣碎机。

③超声波清洗器。

④恒温干燥箱。

⑤分光光度计。

【工作过程】

一、试样处理

用四分法取适量或取全部,用食物粉碎机制成匀浆备用。

二、试样提取

称取 5 g(精确至 0.01 g)制成匀浆的试样,置于 50 mL 烧杯中,加 12.5 mL 饱和硼砂溶液,搅拌均匀,以 70℃左右的水约 300 mL 将试样洗入 500 mL 容量瓶中,于沸水浴中加热 15 min,取出置冷水浴中冷却,并放置至室温。

三、提取液净化

在振荡上述提取液时加入 5 mL 亚铁氰化钾溶液,摇匀,再加入 5 mL 乙酸锌溶液,以沉淀蛋白质。加水至刻度,摇匀,放置 30 min,除去上层脂肪,上清液用滤纸过滤,弃去初滤液 30 mL,滤液备用。

四、亚硝酸盐的测定

吸取 40.0 mL 上述滤液于 50 mL 带塞比色管中,另吸取 0.00、0.20、0.40、0.60、0.80、1.00、1.50、2.00 和 2.50 mL 亚硝酸钠标准使用液(相当于 0.0、1.0、2.0、3.0、4.0、5.0、7.5、10.0 和 12.5 μg 亚硝酸钠),分别置于 50 mL 带塞比色管中。于标准管与试样管中分别加入 2 mL 对氨基苯磺酸溶液,混匀,静置 3~5 min 后各加入 1 mL 盐酸萘乙二胺溶液,加水至刻度,混匀,静置 15 min,用 2 cm 比色杯,以零管调节零点,于波长 538 nm 处测吸光度,绘制标准曲线比较。同时做试剂空白和平行试验。

五、结果处理

(一)数据记录

数据以表格形式记录见表 2-1。

(二)亚硝酸盐含量计算

亚硝酸盐(以亚硝酸钠计)的含量按下式计算:

$$X = \frac{m_1 \times 1\,000}{m \times \dfrac{V_1}{V_0} \times 1\,000}$$

（式 2-2）

式中：X 为试样中亚硝酸钠的含量，mg/kg；m_1 为测定用样液中亚硝酸钠的质量，μg；m 为试样质量，g；V_1 为测定用样液体积，mL；V_0 为试样处理液总体积，mL。

表 2-1　亚硝酸盐检测数据记录表

比色管号	亚硝酸盐标准液量/mL	亚硝酸盐含量/(μg/50 mL)	吸光值		
			1	2	平均
0	0.00	0			
1	0.20	1			
2	0.40	2			
3	0.60	3			
4	0.80	4			
5	1.00	5			
6	1.50	7.5			
7	2.00	10.0			
8	2.50	12.5			
样液 1					
样液 2					

以重复性条件下获得的 2 次独立测定结果的算术平均值表示，结果保留 2 位有效数字。
在重复性条件下获得的 2 次独立测定结果的绝对差值不得超过算术平均值 5%。

【知识链接】

护色剂又称呈色剂或发色剂，是食品加工中为使肉与肉制品呈现良好的色泽而适当加入的化学物质。最常使用的护色剂是硝酸盐和亚硝酸盐。硝酸盐在亚硝基化菌的作用下还原成亚硝酸盐，并在肌肉中乳酸的作用下生成亚硝酸。亚硝酸不稳定，分解产生亚硝基，并与肌红蛋白反应生成亮红色的亚硝基红蛋白，使肉制品呈现良好的色泽。

亚硝酸钠除了发色外，还是很好的防腐剂，尤其是对肉毒梭状芽孢杆菌在 pH＝6 时有显著的抑制作用。

亚硝酸盐毒性较强，摄入量大可使血红蛋白（二价铁）变成高铁血红蛋白（三价铁），失去输氧能力，引起肠还原性青紫症。尤其是亚硝酸盐可与胺类物质生成强致癌物亚硝胺。权衡利弊，各国都在保证安全和产品质量的前提下严格控制其使用。我国目前批准使用的护色剂有硝酸钠（钾）和亚硝酸钠（钾）。常用于香肠、火腿、午餐肉罐头等。参照国标 GB 5009.33—2010。

【知识拓展】

一、食品中亚硝酸盐及硝酸盐的测定

（一）测定原理

亚硝酸盐采用盐酸萘乙二胺法测定，硝酸盐采用镉柱还原法测定。

试样经沉淀蛋白质、除去脂肪后,在弱酸条件下亚硝酸盐与对氨基苯磺酸重氮化后,再与盐酸萘乙二胺偶合形成紫红色染料,外标法测得亚硝酸盐含量。采用镉柱将硝酸盐还原成亚硝酸盐,测得亚硝酸盐总量,由此总量减去亚硝酸盐含量,即得试样中硝酸盐含量。参照国标GB 5009.33—2010 第二法。

(二)试剂

(1)亚铁氰化钾溶液(106 g/L):称取 106.0 g 亚铁氰化钾,用水溶解,并稀释至 1 000 mL。

(2)乙酸锌溶液(220 g/L):称取 220.0 g 乙酸锌,先加 30 mL 冰醋酸溶解,用水稀释至 1 000 mL。

(3)饱和硼砂溶液(50 g/L):称取 5.0 g 硼酸钠,溶于 100 mL 热水中,冷却后备用。

(4)氨缓冲溶液(pH 9.6～9.7):量取 30 mL 盐酸,加 100 mL 水,混匀后加 65 mL 氨水,再加水稀释至 1 000 mL,混匀。调节 pH 至 9.6～9.7。

(5)氨缓冲液的稀释液:量取 50 mL 氨缓冲溶液,加水稀释至 500 mL,混匀。

(6)盐酸(0.1 mol/L):量取 5 mL 盐酸,用水稀释至 600 mL。

(7)对氨基苯磺酸溶液(4 g/L):称取 0.4 g 对氨基苯磺酸,溶于 100 mL 20%(V/V)盐酸中,置于棕色瓶中混匀,避光保存。

(8)盐酸萘乙二胺溶液(2 g/L):称取 0.2 g 盐酸萘乙二胺,溶于 100 mL 水中,混匀后,置于棕色瓶中,避光保存。

(9)亚硝酸钠标准溶液(200 μg/mL):准确称取 0.100 0 g 于 110～120℃干燥恒重的亚硝酸钠,加水溶解移入 500 mL 容量瓶中,加水稀释至刻度,混匀。

(10)亚硝酸钠标准使用液(5.0 μg/mL):临用前,吸取亚硝酸钠标准溶液 5.00 mL,置于 200 mL 容量瓶中,加水稀释至刻度。

(11)硝酸钠标准溶液(200 μg/mL,以亚硝酸钠计):准确称取 0.123 2 g 于 110～120℃干燥恒重的硝酸钠,加水溶解,移入 500 mL 容量瓶中,并稀释至刻度。

(12)硝酸钠标准使用液(5 μg/mL):临用时吸取硝酸钠标准溶液 2.50 mL,置于 100 mL 容量瓶中,加水稀释至刻度。

(13)锌皮或锌棒。

(14)硫酸镉:200 g/L。

(三)仪器

①天平:感量为 0.1 mg 和 1 mg。

②组织捣碎机。

③超声波清洗器。

④恒温干燥箱。

⑤分光光度计。

⑥镉柱。

(四)镉柱的准备

1. 海绵状镉的制备

投入足够的锌皮或锌棒于 500 mL 硫酸镉溶液中,经过 3～4 h,当其中的镉全部被锌置换后,用玻璃棒轻轻刮下,取出残余锌棒,使镉沉底,倾去上层清液,以水用倾泻法多次洗涤,然后移入组织捣碎机中,加 500 mL 水,捣碎约 2 s,用水将金属细粒洗至标准筛上,取 20～40 目之间的部分。

2. 镉柱的装填

如图 2-1 所示。用水装满镉柱玻璃管,并装入 2 cm 高的玻璃棉做垫,将玻璃棉压向柱底时,应将其中所包含的空气全部排出,在轻轻敲击下加入海绵状镉至 8～10 cm 高,上面用 1 cm 高的玻璃棉覆盖,上置一贮液漏斗,末端要穿过橡皮塞与镉柱玻璃管紧密连接。

如无上述镉柱玻璃管时,可以 25 mL 酸式滴定管代用,但过柱时要注意始终保持液面在镉层之上。当镉柱填装好后,先用 25 mL 盐酸(0.1 mol/L)洗涤,再以水洗两次,每次 25 mL,镉柱不用时用水封盖,随时都要保持水平面在镉层之上,不得使镉层夹有气泡。

3. 镉柱的洗涤

镉柱每次使用完毕后,应先以 25 mL 盐酸(0.1 mol/L)洗涤,再以水洗 2 次,每次 25 mL,最后用水覆盖镉柱。

4. 镉柱还原效率的测定

吸取 20 mL 硝酸钠标准使用液,加入 5 mL 氨缓冲液的稀释液,混匀后注入贮液漏斗,使流经镉柱还原,以原烧杯收集流出液,当贮液漏斗中的样液流完后,再加 5 mL 水置换柱内留存的样液。取 10.0 mL 还原后的溶液(相当 10 μg 亚硝酸钠)于 50 mL 比色管中,以下按亚硝酸盐测定自"吸取 0.00、0.20、0.40、0.60、0.80 和 1.00 mL……"起依法操作,根据标准曲线计算测得结果,与加入量一致,还原效率应大于 98% 为符合要求。

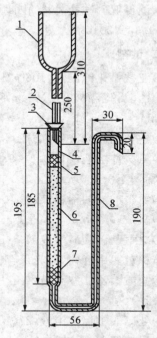

图 2-1 镉柱示意图

1. 贮液漏斗,内径 35 mm,外径 37 mm　2. 进液毛细管,内径 0.4 mm,外径 6 mm　3. 橡皮塞　4. 镉柱玻璃管,内径 12 mm,外径 16 mm　5、7. 玻璃棉　6. 海绵状镉　8. 出液毛细管,内径 2 mm,外径 8 mm

5. 结果处理

还原效率按下式进行计算:

$$X = \frac{m}{10} \times 100\%$$ （式 2-3）

式中:X 为还原效率,%;m 为测得亚硝酸钠的含量,μg;10 为测定用溶液相当亚硝酸钠的含量,μg。

（五）样品处理

1. 试样的预处理

①新鲜蔬菜、水果:将试样用去离子水洗净,晾干后,取可食部切碎混匀。将切碎的样品用四分法取适量,用食物粉碎机制成匀浆备用。如需加水应记录加水量。

②肉类、蛋、水产品及其制品:用四分法取适量或取全部,用食物粉碎机制成匀浆备用。

③乳粉、豆奶粉、婴儿配方粉等固态乳制品(不包括干酪):将试样装入能够容纳 2 倍试样体积的带盖容器中,通过反复摇晃和颠倒容器使样品充分混匀直到使试样均一化。

④发酵乳、乳、炼乳及其他液体乳制品:通过搅拌或反复摇晃和颠倒容器使试样充分混匀。

⑤干酪:取适量的样品研磨成均匀的泥浆状。为避免水分损失,研磨过程中应避免产生过多的热量。

2. 提取

称取 5 g(精确至 0.01 g)制成匀浆的试样(如制备过程中加水,应按加水量折算),置于 50 mL 烧杯中,加 12.5 mL 饱和硼砂溶液,搅拌均匀,以 70℃左右的水约 300 mL 将试样洗入 500 mL 容量瓶中,于沸水浴中加热 15 min,取出置冷水浴中冷却,并放置至室温。

3. 提取液净化

在振荡上述提取液时加入 5 mL 亚铁氰化钾溶液,摇匀,再加入 5 mL 乙酸锌溶液,以沉淀蛋白质。加水至刻度,摇匀,放置 30 min,除去上层脂肪,上清液用滤纸过滤,弃去初滤液 30 mL,滤液备用。

(六)亚硝酸盐的测定

吸取 40.0 mL 上述滤液于 50 mL 带塞比色管中,另吸取 0.00、0.20、0.40、0.60、0.80、1.00、1.50、2.00 和 2.50 mL 亚硝酸钠标准使用液(相当于 0.0、1.0、2.0、3.0、4.0、5.0、7.5、10.0 和 12.5 μg 亚硝酸钠),分别置于 50 mL 带塞比色管中。于标准管与试样管中分别加入 2 mL 对氨基苯磺酸溶液,混匀,静置 3～5 min 后各加入 1 mL 盐酸萘乙二胺溶液,加水至刻度,混匀,静置 15 min,用 2 cm 比色杯,以零管调节零点,于波长 538 nm 处测吸光度,绘制标准曲线比较。同时做试剂空白试验,并做平行试验。

(七)硝酸盐的测定

1. 镉柱还原

①先以 25 mL 氨缓冲液冲洗镉柱,流速控制在 3～5 mL/min(以滴定管代替的可控制在 2～3 mL/min)。

②吸取 20 mL 滤液于 50 mL 烧杯中,加 5 mL 氨缓冲溶液,混合后注入贮液漏斗,使流经镉柱还原,以原烧杯收集流出液,当贮液漏斗中的样液流尽后,再加 5 mL 水置换柱内留存的样液。

③将全部收集液如前再经镉柱还原 1 次,第 2 次流出液收集于 100 mL 容量瓶中,继以水流经镉柱洗涤 3 次,每次 20 mL,洗液一并收集于同一容量瓶中,加水至刻度,混匀。

2. 亚硝酸钠总量的测定

吸取 10～20 mL 还原后的样液于 50 mL 比色管中。以下按亚硝酸盐自"吸取 0.00、0.20、0.40、0.60、0.80 和 1.00 mL…"起依法操作。

(八)结果处理

亚硝酸盐(以亚硝酸钠计)的含量按下式计算:

$$X_1 = \frac{m_1 \times 1\,000}{m \times \dfrac{V_1}{V_0} \times 1\,000}$$ (式 2-4)

式中:X_1 为试样中亚硝酸钠的含量,mg/kg;m_1 为测定用样液中亚硝酸钠的质量,μg;m 为试样质量,g;V_1 为测定用样液体积,mL;V_0 为试样处理液总体积,mL。

以重复性条件下获得的 2 次独立测定结果的算术平均值表示,结果保留 2 位有效数字。

硝酸盐(以硝酸钠计)的含量按下式计算:

$$X_2 = \left[\frac{m_2 \times 1\,000}{m \times \dfrac{V_2}{V_0} \times \dfrac{V_4}{V_3} \times 1\,000} - X_1 \right] \times 1.232 \qquad (\text{式 2-5})$$

式中:X_2 为试样中硝酸钠的含量,mg/kg;m_2 为经镉粉还原后测得总亚硝酸钠的质量,μg;m 为试样的质量,g;1.232 为亚硝酸钠换算成硝酸钠的系数;V_2 为测总亚硝酸钠的测定用样液体积,mL;V_0 为试样处理液总体积,mL;V_3 为经镉柱还原后样液总体积,mL;V_4 为经镉柱还原后样液的测定用体积,mL;X_1 为试样中亚硝酸钠的含量,mg/kg。

以重复性条件下获得的 2 次独立测定结果的算术平均值表示,结果保留 2 位有效数字。

在重复性条件下获得的 2 次独立测定结果的绝对差值不得超过算术平均值的 10%。

(九)注意事项

①如果实验使用 25 mL 比色管,所有试剂相应减少。

②当亚硝酸盐含量高时,过量的亚硝酸盐可以将偶氮化合物氧化成黄色,而使红色消失。

二、乳及乳制品中亚硝酸盐及硝酸盐的测定

(一)检测原理

试样经沉淀蛋白质、除去脂肪后,用镀铜镉粒使部分滤液中的硝酸盐还原为亚硝酸盐。在滤液和已还原的滤液中,加入磺胺和 N-1-萘基-乙二胺二盐酸盐,使其显粉红色,然后用分光光度计在 538 nm 波长下测其吸光度。将测得的吸光度与亚硝酸钠标准系列溶液的吸光度进行比较,就可计算出样品中的亚硝酸盐含量和硝酸盐还原后的亚硝酸总量;从两者之间的差值可以计算出硝酸盐的含量。参照国标 GB 5009.33—2010 第三法。

(二)试剂

测定用水应是不含硝酸盐和亚硝酸盐的蒸馏水或去离子水(注:为避免镀铜镉柱中混入小气泡,柱制备、柱还原能力的检查和柱再生时所用的蒸馏水或去离子水最好是刚煮沸过并冷却至室温的)。

①亚硝酸钠($NaNO_2$)。

②硝酸钾(KNO_3)。

③镀铜镉柱:镉粒直径 0.3～0.8 mm。也可按下述方法制备。

将适量的锌棒放入烧杯中,用 40 g/L 的硫酸镉($CdSO_4 \cdot 8H_2O$)溶液浸没锌棒。24 h 之内,不断将锌棒上的海绵状镉刮下来。取出锌棒,滗出烧杯中多余的溶液,剩下的溶液能浸没镉即可。用蒸馏水冲洗海绵状镉 2～3 次,然后把镉移入小型搅拌器中,同时加 400 mL 0.1 mol/L 的盐酸。搅拌几秒钟,以得到所需粒度的颗粒。将搅拌器中的镉粒连同溶液一起倒回烧杯中,静置几小时,这期间要搅拌几次以除掉气泡。倾出大部分溶液,立即按(四)②～⑧中叙述的方法镀铜。

④硫酸铜溶液:溶解 20 g 硫酸铜($CuSO_4 \cdot 5H_2O$)于水中,稀释至 1 000 mL。

⑤盐酸-氨水缓冲溶液:pH 9.60～9.70。用 600 mL 水稀释 75 mL 浓盐酸(质量分数为 36％～38％)。混匀后,再加入 135 mL 浓氨水(质量分数等于 25％的新鲜氨水)。用水稀释至 1 000 mL,混匀。用精密 pH 计调 pH 为 9.60～9.70。

⑥盐酸(2 mol/L):160 mL 的浓盐酸(质量分数为 36％～38％)用水稀释至 1 000 mL。

⑦盐酸(0.1 mol/L):50 mL 2 mol/L 的盐酸用水稀释至 1 000 mL。

⑧硫酸锌溶液:将 53.5 g 的硫酸锌($ZnSO_4 \cdot 7H_2O$)溶于水中,并稀释至 100 mL。

⑨亚铁氰化钾溶液:将 17.2 g 的三水亚铁氰化钾[$K_4Fe(CN)_6 \cdot 3H_2O$]溶于水中,稀释至 100 mL。

⑩EDTA 溶液:用水将 33.5 g 的乙二胺四乙酸二钠($Na_2C_{10}H_{14}N_2O_3 \cdot 2H_2O$)溶解,稀释至 1 000 mL。

⑪显色液 1(体积比为 450∶550 的盐酸):将 450 mL 浓盐酸(质量分数为 36％～38％)加入到 550 mL 水中,冷却后装入试剂瓶中。

⑫显色液 2(5 g/L 的磺胺溶液):在 75 mL 水中加入 5 mL 浓盐酸(质量分数为 36％～38％),然后在水浴上加热,用其溶解 0.5 g 磺胺($NH_2C_6H_4SO_2NH_2$)。冷却至室温后用水稀释至 100 mL。必要时进行过滤。

⑬显色液 3(1 g/L 的萘胺盐酸盐溶液):将 0.1 g 的 N-1-萘基-乙二胺二盐酸盐($C_{10}H_7NHCH_2CH_2NH_2 \cdot 2HCl$)溶于水,稀释至 100 mL。必要时过滤。

注意:此溶液应少量配制,装于密封的棕色瓶中,冰箱中 2～5℃保存。

⑭亚硝酸钠标准溶液:相当于亚硝酸根的浓度为 0.001 g/L。将亚硝酸钠在 110～120℃的范围内干燥至恒重。冷却后称取 0.150 g,溶于 1 000 mL 容量瓶中,用水定容。在使用的当天配制该溶液。取 10 mL 上述溶液和 20 mL 缓冲溶液于 1 000 mL 容量瓶中,用水定容。每 1 mL 该标准溶液中含 1.00 μg 的 NO_2^-。

⑮硝酸钾标准溶液(相当于硝酸根的浓度为 0.004 5 g/L):将硝酸钾在 110～120℃的温度范围内干燥至恒重,冷却后称取 1.458 0 g,溶于 1 000 mL 容量瓶中,用水定容。在使用当天,于 1 000 mL 的容量瓶中,取 5 mL 上述溶液和 20 mL 缓冲溶液,用水定容。每毫升的该标准溶液含有 4.50 μg 的 NO_3^-。

(三)仪器和设备

①天平:感量为 0.1 和 1 mg。

②烧杯:100 mL。

③锥形瓶:250 和 500 mL。

④容量瓶:100、500 和 1 000 mL。

⑤移液管:2、5、10 和 20 mL。

⑥吸量管:2、5、10 和 25 mL。

⑦量筒:根据需要选取。

⑧玻璃漏斗:直径约 9 cm,短颈。

⑨定性滤纸:直径约 18 cm。

⑩还原反应柱:简称镉柱,如图 2-2 所示。

⑪分光光度计:测定波长 538 nm,使用 1～2 cm 光程的比色皿。

⑫pH 计:精度为±0.01,使用前用 pH＝7 和 pH＝9 的标准溶液进行校正。

(四)制备镀铜镉柱

①镉粒置于锥形瓶中(所用镉粒的量以达到要求的镉柱高度为准)。

②加足量的盐酸以浸没镉粒,摇晃几分钟。

③滗出溶液,在锥形烧瓶中用水反复冲洗,直到把氯化物全部冲洗掉。

④在镉粒上镀铜。向镉粒中加入硫酸铜溶液(每克镉粒约需 2.5 mL),振荡 1 min。

⑤滗出液体,立即用水冲洗镀铜镉粒,注意镉粒要始终用水浸没。当冲洗水中不再有铜沉淀时即可停止冲洗。

⑥在用于盛装镀铜镉粒的玻璃柱的底部装上几厘米高的玻璃纤维。在玻璃柱中灌入水,排净气泡。

⑦将镀铜镉粒尽快地装入玻璃柱,使其暴露于空气的时间尽量短。镀铜镉粒的高度应在 15～20 cm 的范围内。

注意:避免在颗粒之间遗留空气,不能让液面低于镀铜镉粒的顶部。

⑧新制备柱的处理:将由 750 mL 水、225 mL 硝酸钾标准溶液、20 mL 缓冲溶液和 20 mL EDTA 溶液组成的混合液以不大于 6 mL/min 的流量通过刚装好镉粒的玻璃柱,接着用 50 mL 水以同样流速冲洗该柱。

(五)检查柱的还原能力

检查柱的还原能力每天至少要进行 2 次,一般在开始时和一系列测定之后。

①用移液管将 20 mL 的硝酸钾标准溶液移入还原柱顶部的贮液杯中,再立即向该贮液杯中添加 5 mL 缓冲溶液。用一个 100 mL 的容量瓶收集洗涤液。洗涤液的流量不应超过 6 mL/min。

②在贮液杯将要排空时,用约 15 mL 水冲洗杯壁。冲洗水流尽后,再用 15 mL 水重复冲洗。当第 2 次冲洗水也流尽后,将贮液杯灌满水,并使其以最大流量流过柱子。

③当容量瓶中的洗涤液接近 100 mL 时,从柱子下取出容量瓶,用水定容至刻度,混合均匀。

④移取 10 mL 洗涤液于 100 mL 容量瓶中,加水至 60 mL 左右。然后按(四)中⑧操作。

⑤根据测得的吸光度,从标准曲线上可查得稀释洗涤液中的亚硝酸盐含量(μg/mL)。据此可计算出以百分率表示的柱还原能力(NO_3^- 的含量为 0.067 μg/mL 时还原能力为 100%)。如果还原能力小于 95%,柱子就需要再生。

(六)柱子再生

柱子使用后,或镉柱的还原能力低于 95% 时,按如下步骤进行再生。

①在 100 mL 水中加入约 5 mL EDTA 溶液和 2 mL 盐酸,以 10 mL/min 左右的速度过柱。

②当贮液杯中混合液排空后,按顺序用 25 mL 水、25 mL 盐酸和 25 mL 水冲洗柱子。

③检查镉柱的还原能力,如低于 95%,要重复再生。

(七)样品的称取和溶解

①液体乳样品:量取 90 mL 样品于 500 mL 锥形瓶中,用 22 mL 50～55℃ 的水分数次冲洗样品量筒,冲洗液倾入锥形瓶中,混匀。

②乳粉样品:在100 mL烧杯中称取10 g样品,准确至0.001 g。用112 mL 50~55℃的水将样品洗500 mL锥形瓶中,混匀。

③乳清粉及以乳清粉为原料生产的粉状婴幼儿配方食品样品:在100 mL烧杯中称取10 g样品,准确至0.001 g。用112 mL 50~55℃的水将样品洗入500 mL锥形瓶中,混匀。用铝箔纸盖好锥形瓶口,将溶好的样品在沸水中煮15 min,然后冷却至约50℃。

(八)脂肪和蛋白的去除

①按顺序加入24 mL硫酸锌溶液、24 mL亚铁氰化钾溶液和40 mL缓冲溶液,加入时要边加边摇,每加完一种溶液都要充分摇匀。

②静置15 min至1 h。然后用滤纸过滤,滤液用250 mL锥形瓶收集。

(九)硝酸盐还原为亚硝酸盐

①移取20 mL滤液于100 mL小烧杯中,加入5 mL缓冲溶液,摇匀,倒入镉柱顶部的贮液杯中,以小于6 mL/min的流速过柱。洗涤液(过柱后的液体)接入100 mL容量瓶中。

②当贮液杯快要排空时,用15 mL水冲洗小烧杯,再倒入贮液杯中。冲洗水流完后,再用15 mL水重复1次。当第2次冲洗水快流尽时,将贮液杯装满水,以最大流速过柱。

③当容量瓶中的洗涤液接近100 mL时,取出容量瓶,用水定容,混匀。

(十)测定

①分别移取20 mL洗涤液和20 mL滤液于100 mL容量瓶中,加水至约60 mL。

②在每个容量瓶中先加入6 mL显色液1,边加边摇;再加入5 mL显色液2。小心混合溶液,使其在室温下静置5 min,避免直射阳光。

③加入2 mL显色液3,小心混合,使其在室温下静置5 min,避免直射阳光。用水定容至刻度,混匀。

④在15 min内用538 nm波长,以空白试验液体为对照测定上述样品溶液的吸光度。

(十一)标准曲线的制作

①分别移取(或用滴定管放出)0、2、4、6、8、10、12、16和20 mL亚硝酸钠标准溶液于9个100 mL容量瓶中。在每个容量瓶中加水,使其体积约为60 mL。

②在每个容量瓶中先加入6 mL显色液1,边加边摇;再加入5 mL显色液2。小心混合溶液,使其在室温下静置5 min,避免直射阳光。

③加入2 mL显色液3,小心混合,使其在室温下静置5 min,避免直射阳光。用水定容至刻度,混匀。

④在15 min内,用538 nm波长,以第1个溶液(不含亚硝酸钠)为对照测定另外8个溶液的吸光度。

⑤将测得的吸光度对亚硝酸根质量浓度作图。亚硝酸根的质量浓度可根据加入的亚硝酸钠标准溶液的量计算出。亚硝酸根的质量浓度为横坐标,吸光度为纵坐标。亚硝酸根的质量浓度以 $\mu g/100$ mL表示。

(十二)分析结果

(1)亚硝酸根含量　样品中亚硝酸根含量按下式计算:

$$X = \frac{20\,000 \times \rho}{m \times V_1} \qquad \text{(式 2-6)}$$

式中：X 为样品中亚硝酸根含量，mg/kg；ρ 为根据滤液的吸光度，从标准曲线上读取的 NO_2 的浓度，$\mu g/100$ mL；m 为样品的质量(液体乳的样品质量为 90×1.030 g)，g；V_1 为所取滤液的体积，mL。

（2）亚硝酸盐含量　样品中以亚硝酸钠表示的亚硝酸盐含量按下式计算：

$$W_{NaNO_3} = 1.5 \times W_{NO_3^-} \qquad \text{(式 2-7)}$$

式中：$W_{NO_3^-}$ 为样品中亚硝酸根的含量，mg/kg；W_{NaNO_3} 为样品中以亚硝酸钠表示的亚硝酸盐的含量，mg/kg。

以重复性条件下获得的 2 次独立测定结果的算术平均值表示，结果保留 2 位有效数字。

（3）硝酸盐含量

①若不考虑柱的还原能力，样品中硝酸根含量按下式计算：

$$X = 1.35 \times \left[\frac{100\,000 \times \rho}{m \times V_2} - W_{NO_3^-} \right] \qquad \text{(式 2-8)}$$

式中：X 为样品中硝酸根含量，mg/kg；ρ 为根据洗涤液的吸光度，从标准曲线上读取的亚硝酸根离子浓度，$\mu g/100$ mL；m 为样品的质量，g；V_2 为所取洗涤液的体积，mL；$W_{NO_3^-}$ 为根据(式 2-7)计算出的亚硝酸根含量。

②若考虑柱的还原能力，样品中硝酸根含量按下式计算：

$$X = 1.35 \times \left[\frac{100\,000 \times c_2}{m \times V_2} - W_{NO_3^-} \right] \times \frac{100}{r} \qquad \text{(式 2-9)}$$

式中：r 为测定一系列样品后柱的还原能力。

③样品中以硝酸钠计的硝酸盐的含量按下式计算：

$$W_{NaNO_3} = 1.371 W_{NO_3^-} \qquad \text{(式 2-10)}$$

式中：$W_{NO_3^-}$ 为样品中硝酸根的含量，mg/kg；W_{NaNO_3} 为样品中以硝酸钠计的硝酸盐的含量，mg/kg。

以重复性条件下获得的 2 次独立测定结果的算术平均值表示，结果保留 2 位有效数字。

由同一分析人员在短时间间隔内测定的 2 个亚硝酸盐结果之间的差值，不应超过1 mg/kg。

由同一分析人员在短时间间隔内测定的 2 个硝酸盐结果之间的差值，在硝酸盐含量小于30 mg/kg 时，不应超过 3 mg/kg；在硝酸盐含量大于 30 mg/kg 时，不应超过结果平均值的 10%。

由不同实验室的 2 个分析人员对同一样品测得的 2 个硝酸盐结果之差，在硝酸盐含量小于 30 mg/kg 时，差值不应超过 8 mg/kg；在硝酸盐含量大于或等于 30 mg/kg 时，该差值不应超过结果平均值的 25%。

任务三　油脂中抗氧化剂丁基羟基茴香醚(BHA)、二丁基羟基甲苯(BHT)与特丁基对苯二酚(TBHQ)的检测

【检测要点】

1. 掌握样品的处理能力。

2. 掌握液相色谱法的基本操作技术。

【仪器试剂】

(一)试剂

①环己烷。

②乙酸乙酯。

③石油醚:沸程30~60℃(熏蒸)。

④乙腈。

⑤丙酮。

⑥BHA标准品:纯度≥99.0%,-18℃冷冻储藏。

⑦BHT标准品:纯度≥99.3%,-18℃冷冻储藏。

⑧TBHQ标准品:纯度≥99.0%,-18℃冷冻储藏。

⑨BHA、BHT、TBHQ标准储备液:准确称取BHA、BHT、TBHQ标准品各50 mg(精确至0.1 mg),用乙酸乙酯:环己烷(1:1)定容至50 mL,配制成1 mg/mL的储备液,于4℃冰箱中避光保存。

⑩BHA、BHT、TBHQ标准使用液:吸取标准储备液0.1、0.5、1.0、2.0、3.0、4.0和5.0 mL,于一组10 mL容量瓶中,乙酸乙酯:环己烷(1:1)定容,此标准系列的浓度为0.01、0.05、0.1、0.2、0.3、0.4和0.5 mg/mL,现用现配。

(二)仪器

①气相色谱仪(GC):配氢火焰离子化检测器(FID)。

②凝胶渗透色谱净化系统(GPC),或可进行脱脂的等效分离装置。

③分析天平:感量0.01 g和0.000 1 g。

④旋转蒸发仪。

⑤涡漩混合器。

⑥粉碎机。

⑦微孔过滤器:孔径0.45 μm,有机溶剂型滤膜。

⑧玻璃器皿。

【工作过程】

一、试样处理

混合均匀的油脂样品,过0.45 μm滤膜备用。

二、试样净化

课堂互动
为什么要用乙酸乙酯和环己烷
进行溶解油脂?

准确称取备用的油脂试样 0.5 g(精确至 0.1 mg),用乙酸乙酯:环己烷(1:1,体积比)准确定容至 10.0 mL,涡漩混合 2 min,经凝胶渗透色谱装置净化,收集流出液,旋转蒸发浓缩至近干,用乙酸乙酯:环己烷(1:1)定容至 2 mL,进气相色谱仪分析。

三、凝胶渗透色谱分离参考条件

①凝胶渗透色谱柱:300 mm×25 mm 玻璃柱,Bio Beads(S-X3),200~400 目,25 g。
②柱分离度:油与抗氧化剂(BHA、BHT、TBHQ)的分离度>85%。
③流动相:乙酸乙酯:环己烷(1:1 体积比)。
④流速:4.7 mL/min。
⑤进样量:5 mL。
⑥流出液收集时间:7~13 min。
⑦紫外检测器波长:254 nm。

四、试样测定

(1)色谱参考条件
①色谱柱:(14%氰丙基-苯基)二甲基聚硅氧烷毛细管柱(30 m×0.25 mm),膜厚0.25 μm(或相当型号色谱柱)。
②进样口温度:230℃。
③升温程序:初始柱温 80℃,保持 1 min,以 10℃/min 升温至 250℃,保持 5 min。
④检测器温度:250℃。
⑤进样量:1 μL。
⑥进样方式:不分流进样。
⑦载气:氮气,纯度≥99.999%,流速 1 mL/min。
(2)定量分析   在色谱参考仪器条件下,试样待测液和 BHA、BHT、TBHQ 3 种标准品在相同保留时间处(0.5%)出峰,可定性 BHA、BHT、TBHQ 3 种抗氧化剂。以标准样品浓度为横坐标,峰面积为纵坐标,作线性回归方程,从标准曲线图中查出试样溶液中抗氧化剂的相应含量。图 2-2 为 BHA、BHT、TBHQ 3 种抗氧化剂标准样品溶液气相色谱图。

五、结果处理

试样中抗氧化剂(BHA、BHT、TBHQ)的含量(mg/kg)按下式进行计算:

$$X = \rho \times \frac{V \times 1\,000}{m \times 1\,000} \qquad\qquad (式\ 2\text{-}11)$$

式中:X 为试样中抗氧化剂含量,mg/kg(或 mg/L);ρ 为从标准工作曲线上查出的试样溶液中抗氧化剂的浓度,μg/mL;V 为试样最终定容体积,mL;m 为试样质量,g(或 mL)。

计算结果保留至小数点后 3 位。

在重复性条件下获得的 2 次独立测定结果的绝对差值不得超过算术平均值的 10%。

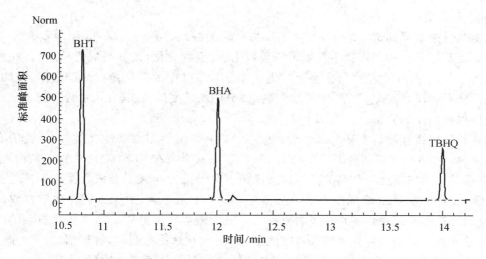

图 2-2 抗氧化剂 BHA、BHT、TBHQ 标准样品的气相色谱图

【知识链接】

一、检测原理

样品中的抗氧化剂用有机溶剂提取、凝胶渗透色谱净化系统(GPC)净化后,用气相色谱氢火焰离子化检测器检测,采用保留时间定性,外标法定量。参考国标 GB/T 23373—2009。

二、试样制备

取同一批次 3 个完整独立包装样品(固体样品不少于 200 g,液体样品不少于 200 mL),固体或半固体样品粉碎混匀,液体样品混合均匀,然后用对角线法取 2/4 或 2/6,或根据试样情况取有代表性试样,放置广口瓶内保存待用。

三、样品处理

①油脂样品:混合均匀的油脂样品,过 0.45 μm 滤膜备用。

②油脂含量较高或中等的样品(油脂含量 15% 以上的样品):根据样品中油脂的实际含量,称取 50～100 g 混合均匀的样品,置于 250 mL 具塞锥形瓶中,加入适量石油醚,使样品完全浸没,放置过夜,用快速滤纸过滤后,减压回收溶剂,得到的油脂试样过 0.45 μm 滤膜备用。

③油脂含量少的样品(油脂含量 15% 以下的样品)和不含油脂的样品(如口香糖等):称取 1～2 g 粉碎并混合均匀的样品,加入 10 mL 乙腈,涡漩混合 2 min,过滤,如此重复 3 次,将收集滤液旋转蒸发至近干,用乙腈定容至 2 mL,过 0.45 μm 滤膜,直接进气相色谱仪分析。

四、数据要求

本实验检出限为 2.0 μg,气相色谱最佳线性范围为 0～100 μg。

五、注意事项

抗氧化剂存放时间延长,其含量逐渐下降,因此采集来的样品应及时检测,不宜久存。

【知识拓展】

日常生活中常遇到这样的情形:含油脂的食品会酸败、褐变、变味儿,而导致食品不能食用。其原因是食品在贮存过程中发生了一系列化学、生物变化,尤其是氧化反应:即在酶或某些金属的催化作用下,食品中所含易于氧化的成分与空气中的氧反应,生成醛、酮、醛酸、酮酸等一系列酸败物质。因此,为防止或延缓食品成分的氧化变质,在其加工过程中加入一定的抗氧化剂以保护食品的质量。

抗氧化剂可按其溶解性和来源分类。按溶解性有油溶性与水溶性 2 类:油溶性的有丁基羟基茴香醚(BHA)、二丁基羟基甲苯(BHT)、特丁基对苯二酚(TBHQ)、没食子酸丙酯(PG)等;水溶性的有异抗坏血酸及其盐类等。按来源可分为天然与人工合成 2 类。天然的如 DL-α-生育酚、茶多酚等;人工合成的有丁基羟基茴香醚等。近年来,由于人们对化学合成品的疑虑,使得天然抗氧化剂受到越来越多的重视。如经由微生物发酵制成的异抗坏血酸的用量上升很快;茶多酚是我国近年开发的天然抗氧剂,在国内外颇受欢迎,其抗氧活性约比维生素 E高 20 倍,且具一定的抑菌作用。但目前而言天然抗氧剂仍处于研发阶段,真正应用不多。无论是天然还是人工合成的抗氧剂都不是十全十美,因食品的性质、加工方法不同,一种抗氧剂很难适合各种各样的食品要求。

任务四　饮料中山梨酸、苯甲酸的检测

【检测要点】

1. 掌握样品的处理能力。

2. 掌握气相色谱法的基本操作技术。

【仪器试剂】

(一)试剂

①乙醚:不含过氧化物。

②石油醚:沸程 30～60℃。

③盐酸。

④无水硫酸钠。

⑤盐酸(1+1):取 100 mL 盐酸,加水稀释至 200 mL。

⑥氯化钠酸性溶液(40 g/L):于氯化钠溶液(40 g/L)中加少量盐酸(1+1)酸化。

⑦山梨酸、苯甲酸标准溶液:准确称取山梨酸、苯甲酸各 0.200 0 g,置于 100 mL 容量瓶中,用石油醚-乙醚(3+1)混合溶剂溶解后并稀释至刻度。此溶液含山梨酸或苯甲酸2.0 mg/mL。

⑧山梨酸、苯甲酸标准使用液:吸取适量的山梨酸、苯甲酸标准溶液,以石油醚-乙醚(3+1)混合溶剂稀释至每毫升相当于 50、100、150、200 和 250 μg 山梨酸或苯甲酸。

(二)仪器

气相色谱仪:具有氢火焰离子化检测器。

【工作过程】

一、试样提取

吸取 10.00 mL 的试样,置于 150 mL 分液漏斗中,加 0.5 mL 盐酸(1+1)酸化,用 15 和 10 mL 乙醚提取 2 次,每次振摇 1 min,将上层乙醚提取液吸入另一个 25 mL 带塞量筒中,合并乙醚提取液。用 3 mL 氯化钠酸性溶液(40 g/L)洗涤 2 次,静止 15 min,用滴管将乙醚层通过无水硫酸钠滤入 25 mL 容量瓶中。加乙醚至刻度,混匀。准确吸取 5 mL 乙醚提取液于 5 mL 带塞刻度试管中,置 40℃ 水浴上挥干,加入 2 mL 石油醚-乙醚(3+1)混合溶剂溶解残渣,备用。

二、色谱参考条件

①色谱柱:玻璃柱,内径 3 mm,长 2 m,内装涂以 5% DEGS+1% 磷酸固定液的 60~80 目 Chromosorb WAW。

②气流速度:载气为氮气,50 mL/min(氮气和空气、氢气之比按各仪器型号不同选择各自的最佳比例条件)。

③温度:进样口 230℃。

④检测器:230℃。

⑤柱温:170℃。

三、试样测定

进样 2 μL 标准系列中各浓度标准使用液于气相色谱仪中,可测得不同浓度山梨酸、苯甲酸的峰高,以浓度为横坐标,相应的峰高值为纵坐标,绘制标准曲线。见图 2-3 山梨酸、苯甲酸的气相色谱图。同时进样 2 μL 试样溶液,测得峰高与标准曲线比较定量。

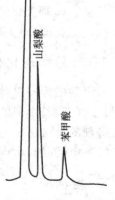

图 2-3 山梨酸和苯甲酸的气相色谱图

四、结果处理

(一)数据记录

数据记录见表 2-2。

表 2-2 数据记录表

项目	试剂浓度/(μg/mL)					
	50	100	150	200	250	样品
进样量/μL	2	2	2	2	2	2
峰高值						

(二)含量计算

试样中山梨酸或苯甲酸的含量按下式进行计算:

$$X = \frac{m_1 \times 1\,000}{m \times \dfrac{5}{25} \times \dfrac{V_2}{V_1} \times 1\,000}$$

（式 2-12）

式中：X 为试样中山梨酸或苯甲酸的含量，mg/kg；m_1 为测定用试样液中山梨酸或苯甲酸的质量，μg；V_1 为加入石油醚-乙醚（3+1）混合溶剂的体积，mL；V_2 为测定时进样的体积，μL；m 为试样的质量，g；5 为测定时吸取乙醚提取液的体积，mL；25 为试样乙醚提取液的总体积，mL。

由测得苯甲酸的量乘以 1.18，即为试样中苯甲酸钠的含量。

（三）数据处理

计算结果保留 2 位有效数字。在重复性条件下获得的两次独立测定结果的绝对差值不得超过算术平均值的 10%。

【知识链接】

一、山梨酸理化性质

山梨酸俗名花楸酸，化学名称为 2,4-己二烯酸。山梨酸及其钾盐作为酸性防腐剂，在酸性介质中对霉菌、酵母菌、好气性细菌有良好的抑制作用，可与这些微生物酶系统中的巯基结合使之失活。但对厌氧的芽孢杆菌、乳酸菌无效。山梨酸是一种不饱和脂肪酸，在肌体内可参与正常的新陈代谢，对人体无毒性，是目前被认为最安全的一类食品防腐剂。

二、苯甲酸理化性质

苯甲酸俗称安息香酸，是最常用的防腐剂之一。因对其安全性尚有争议，此前已有苯甲酸引起叠加（蓄积）中毒的报道，故有逐步被山梨酸盐类防腐剂取代的趋势，在我国由于山梨酸盐类防腐剂的价格比苯甲酸类防腐剂要贵很多，一般多用于出口食品或婴幼儿食品，普通酸性食品则以苯甲酸（钠）应用为主。

三、检测原理

试样酸化后，用乙醚提取山梨酸、苯甲酸，用附氢火焰离子化检测器的气相色谱仪进行分离测定，与标准系列比较定量。参照国标 GB/T 5009.29—2003。

四、注意事项

①样品处理时酸化可使山梨酸钾、苯甲酸钠转变为山梨酸、苯甲酸。
②乙醚提取液应用无水硫酸钠充分脱水，进样溶液中含水分会影响测定结果。
③注意点火前严禁打开氮气调节阀，以免氢气逸出引起爆炸。

【知识拓展】

食品在存放加工和销售过程中，因微生物的作用，会导致其腐败、变质而不能食用。为延长食品的保存时间，一方面可通过物理方法控制微生物的生存条件，如温度、水分、pH 等，以杀灭或抑制微生物的活动；另一方面还可用化学方法保存，即使用食品防腐剂延长食品的保藏期。防腐剂具有使用方便、高效、投资少而被广泛采用。

防腐剂有广义和狭义之分，狭义的防腐剂主要指山梨酸、苯甲酸等直接加入食品中的化学物质；广义的防腐剂除包括狭义的防腐剂外还包括通常被认为是调料而具有防腐作用的食盐、醋、蔗糖等以及那些不直接加入食品,而在食品储藏过程中应用的消毒剂和防霉剂等。

防腐剂可分为有机防腐剂和无机防腐剂。有机防腐剂有:苯甲酸及其盐类、山梨酸及其盐类、对羟基苯甲酸酯类、丙酸及其盐类等。无机防腐剂有:二氧化硫及亚硫酸盐类、亚硝酸盐类等。

防腐剂是人为添加的化学物质,在具有杀死或抑制微生物的同时,也不可避免地对人体产生副作用。

一、食品中山梨酸、苯甲酸的测定

(一)检测原理

试样加温除去二氧化碳和乙醇,调 pH 至近中性,过滤后进高效液相色谱仪,经反相色谱分离后,根据保留时间和峰面积进行定性和定量。参照国标 GB/T 23495—2009 高效液相色谱法。

(二)试剂

①甲醇:经滤膜(0.5 μm)过滤。

②稀氨水(1+1):氨水与水等体积混合。

③乙酸铵溶液(0.02 mol/L):称取 1.54 g 乙酸铵,加水至 1 000 mL,溶解,经 0.45 μm 滤膜过滤。

④碳酸氢钠溶液(20 g/L):称取 2 g 碳酸氢钠(优级纯),加水至 100 mL,振摇溶解。

⑤苯甲酸标准储备溶液:准确称取 0.100 0 g 苯甲酸,加碳酸氢钠溶液(20 g/L)5 mL,加热溶解,移入 100 mL 容量瓶中,加水定容至 100 mL,苯甲酸含量为 1 mg/mL,作为储备溶液。

⑥山梨酸标准储备溶液:准确称取 0.100 0 g 山梨酸,加碳酸氢钠溶液(20 g/L)5 mL,加热溶解,移入 100 mL 容量瓶中,加水定容至 100 mL,山梨酸含量为 1 mg/mL,作为储备溶液。

⑦苯甲酸、山梨酸标准混合使用溶液:取苯甲酸、山梨酸标准储备溶液各 10.0 mL,放入 100 mL 容量瓶中,加水至刻度。此溶液含苯甲酸、山梨酸各 0.1 mg/mL。经 0.45 μm 滤膜过滤。

(三)仪器

高效液相色谱仪(带紫外检测器)。

(四)分析步骤

1. 试样处理

①汽水:称取 5.00~10.00 g 试样,放入小烧杯中,微温搅拌除去二氧化碳,用氨水(1+1)调 pH 约 7。加水定容至 10~20 mL,经滤膜(0.45 μm)过滤。

②果汁类:称取 5.00~10.00 g 试样,用氨水(1+1)调 pH 约 7,加水定容至适当体积,离心沉淀,上清液经 0.45 μm 滤膜过滤。

③配制酒类:称取 10.00 g 试样,放入小烧杯中,水浴加热除去乙醇,用氨水(1+1)调 pH 约 7,加水定容至适当体积,经 0.45 μm 滤膜过滤。

2. 高效液相色谱参考条件

①柱:YWG-C$_{18}$ 4.6 mm×250 mm,10 μm 不锈钢柱。

②流动相:甲醇:乙酸铵溶液(0.02 mol/L)(5:95)。

③流速：1 mL/min。

④进样量：10 μL。

⑤检测器：紫外检测器，230 nm 波长，0.2 AUFS。

根据保留时间定性，外标峰面积法定量。

（五）结果计算

试样中苯甲酸或山梨酸的含量按下式计算：

$$X = \frac{m_1 \times 1\,000}{m \times \dfrac{V_2}{V_1} \times 1\,000}$$

（式 2-13）

式中：X 为试样中苯甲酸或山梨酸的含量，g/kg；m_1 为进样体积中苯甲酸或山梨酸的质量，mg；V_2 为进样体积，mL；V_1 为试样稀释液总体积，mL；m 为试样质量，g。

计算结果保留 2 位有效数字。在重复性条件下获得的 2 次独立测定结果的绝对差值不得超过算术平均值的 10%。

二、硼酸、硼砂（禁用防腐剂定性试验）

（一）试剂

①盐酸（1＋1）：量取盐酸 100 mL，加水稀释至 200 mL。

②碳酸钠溶液（40 g/L）。

③氢氧化钠溶液（4 g/L）：称取 2 g 氢氧化钠，溶于水并稀释至 500 mL。

④姜黄试纸：称取 20 g 姜黄粉末，用冷水浸渍 4 次，每次各 100 mL，除去水溶性物质后，残渣在 100℃干燥，加 100 mL 乙醇，浸渍数日，过滤。取 1 cm×8 cm 滤纸条，浸入溶液中，取出，于空气中干燥，贮于玻璃瓶中。

（二）分析步骤

1. 试样处理

称取 3～5 g 固体试样，加碳酸钠溶液（40 g/L）充分湿润后，于小火上烘干、炭化后再置高温炉中灰化。量取 10～20 mL 液体试样，加碳酸钠溶液（40 g/L）至呈碱性后，置水浴上蒸干、炭化后再置高温炉中灰化。

2. 定性试验

（1）姜黄试纸法　取一部分灰分，滴加少量水与盐酸（1＋1）至微酸性，边滴边搅拌，使残渣溶解，微温后过滤。将姜黄试纸浸入滤液中，取出试纸置表面皿上，于 60～70℃干燥，如有硼酸、硼砂存在时，试纸显红色或橙红色，在其变色部分熏以氨即转为绿黑色。

（2）焰色反应　取灰分置于坩埚中，加硫酸数滴及乙醇数滴，直接点火，硼酸或硼砂存在时，火焰呈绿色。

三、水杨酸（禁用防腐剂定性试验）

（一）试剂

①三氯化铁溶液（10 g/L）。

②亚硝酸钾溶液(100 g/L)。

③乙酸(50%)。

④硫酸铜溶液(100 g/L):称取 10 g 硫酸铜($CuSO_4 \cdot 5H_2O$),加水溶解至 100 mL。

(二)分析步骤

1. 试样提取

①饮料、冰棍、汽水:取 10.0 mL 均匀试样(如试样中含有二氧化碳,先加热除去,如试样中含有酒精,加 4%氢氧化钠溶液使其呈碱性,在沸水浴中加热除去),置于 100 mL 分液漏斗中,加 2 mL 盐酸(1+1),用 30、20 和 20 mL 乙醚提取 3 次,合并乙醚提取液,用 5 mL 盐酸酸化的水洗涤 1 次,弃去水层。乙醚通过无水硫酸钠脱水后,挥发乙醚,加 2.0 mL 乙醇溶解残留物,密塞保存,备用。

②酱油、果汁、果酱:称取 20.0 g 或吸取 20.0 mL 均匀试样,置于 100 mL 容量瓶中,加水至 60 mL,加 20 mL 硫酸铜溶液(100 g/L),均匀,再加 4.4 mL 氢氧化钠溶液(40 g/L),加水至刻度,均匀,静置 30 min,过滤,取 50 mL 滤液置于 150 mL 分液漏斗中,加 2 mL 盐酸(1+1),用 30、20 和 20 mL 乙醚提取 3 次,合并乙醚提取液,用 5 mL 盐酸酸化的水洗涤 1 次,弃去水层。乙醚通过无水硫酸钠脱水后,挥发乙醚,加 2.0 mL 乙醇溶解残留物,密塞保存,备用。

③固体果汁粉等:称取 20.0 g 磨碎的均匀试样,置于 200 mL 容量瓶中,加水 100 mL,加温使溶解、放冷,加 20 mL 硫酸铜溶液(100 g/L),均匀,再加 4.4 mL 氢氧化钠溶液(40 g/L),加水至刻度,均匀,静置 30 min,过滤,取 50 mL 滤液置于 150 mL 分液漏斗中,加 2 mL 盐酸(1+1),用 30、20 和 20 mL 乙醚提取 3 次,合并乙醚提取液,用 5 mL 盐酸酸化的水洗涤 1 次,弃去水层。乙醚通过无水硫酸钠脱水后,挥发乙醚,加 2.0 mL 乙醇溶解残留物,密塞保存,备用。

④糕点、饼干等蛋白、脂肪、淀粉多的食品:称取 25.0 g 均匀试样,置于透析用玻璃纸中,放入大小适当的烧杯内,加 50 mL 氢氧化钠溶液(0.8 g/L)。调成糊状,将玻璃纸口扎紧,放入盛有 200 mL 氢氧化钠溶液(0.8 g/L)的烧杯中,盖上表面皿,透析过夜。

量取 125 mL 透析液(相当 12.5 g 试样),加 0.4 mL 盐酸(1+1)使成中性,加 20 mL 硫酸铜溶液(100 g/L),均匀,再加 4.4 mL 氢氧化钠溶液(40 g/L),混匀,静置 30 min,过滤,取 120 mL(相当于 10 g 试样),置于 250 mL 分液漏斗中,加 2 mL 盐酸(1+1),用 30、20 和 20 mL 乙醚提取 3 次,合并乙醚提取液,用 5 mL 盐酸酸化的水洗涤 1 次,弃去水层。乙醚通过无水硫酸钠脱水后,挥发乙醚,加 2.0 mL 乙醇溶解残留物,密塞保存,备用。将乙醚提取液蒸干后,残渣备用。

2. 定性试验

①三氯化铁法:残渣加 1~2 滴三氯化铁溶液(10 g/L),水杨酸存在时显紫黄色。

②确证试验:溶解残渣于少量热水中,冷后加 4~5 滴亚硝酸钾溶液(100 g/L),4~5 滴乙酸(50%)及 1 滴硫酸铜溶液(100 g/L),混匀,煮沸 0.5 h,放置片刻,水杨酸存在时呈血红色(苯甲酸不显色)。

任务五　白糖中二氧化硫残留量的检测

【检测要点】

1. 学习盐酸副玫瑰苯胺显色比色法测定食品中亚硫酸盐的实验原理。

2. 掌握实验的操作要点及测定方法。

【仪器试剂】

(一)试剂

①四氯汞钠吸收液:称取 13.6 g 氯化高汞及 6.0 g 氯化钠,溶于水中并稀释至 1 000 mL,放置过夜,过滤后备用。

②1.2%氨基磺酸铵溶液(12 g/L)。

③甲醛溶液(2 g/L):吸取 0.55 mL 无聚合沉淀的甲醛(36%),加水稀释至 100 mL。

④淀粉指示液:称取 1 g 可溶性淀粉,用少许水调成糊状,缓缓倾入 100 mL 沸水中,搅拌煮沸,放冷备用,此溶液应使用时配制。

⑤亚铁氰化钾溶液:称取 10.6 g 亚铁氰化钾,加水溶解并稀释至 100 mL。

⑥乙酸锌溶液:称取 22 g 乙酸锌溶于少量水中,加入 3 mL 冰醋酸,加水稀释至 100 mL。

⑦盐酸副玫瑰苯胺溶液:称取 0.1 g 盐酸副玫瑰苯胺($C_{19}H_{18}N_2Cl \cdot 4H_2O$)于研钵中,加少量水研磨溶解并稀释至 100 mL。取出 20 mL 置于 100 mL 容量瓶中,加盐酸溶液(浓盐酸体积分数为 50%)充分摇匀后使溶液由红变黄,如不变黄再滴加少量盐酸至出现黄色,再加水定容,备用(或者购买现成的溶液)。

⑧碘溶液(0.100 mol/L):称取 12.7 g 碘用水定容至 100 mL。

⑨硫代硫酸钠标准溶液:0.100 mol/L。

⑩二氧化硫标准溶液。

a. 配制:称取 0.5 g 亚硫酸氢钠,溶于 200 mL 四氯汞钠吸收液中,放置过夜,上清液用定量滤纸过滤备用。

b. 标定:吸取 10.0 mL 亚硫酸氢钠-四氯汞钠溶液于 250 mL 碘量瓶中,加 100 mL 水,准确加入 20.00 mL 碘溶液(0.05 mol/L),5 mL 冰醋酸,放置于暗处 2 min 后迅速以 0.100 mol/L硫代硫酸钠标准溶液滴定至淡黄色,加 0.5 mL 淀粉指示剂,继续滴定至无色。另取 100 mL 水,准确加入 0.05 mol/L 碘溶液 20.0 mL、5 mL 冰醋酸,按同一方法做试剂空白对照。

二氧化硫标准溶液的浓度按下式计算:

$$X = \frac{(V_2 - V_1) \times c \times 32.03}{10} \qquad \text{(式 2-14)}$$

式中:X 为二氧化硫标准溶液浓度,mg/mL;V_1 为测定用亚硫酸氢钠-四氯汞钠溶液消耗硫代硫酸钠标准溶液体积,mL;V_2 为试剂空白消耗硫代硫酸钠标准溶液体积,mol/L;c 为硫代硫酸钠标准溶液的摩尔浓度,mol/L;32.03 为每毫升硫代硫酸钠标准溶液(0.100 0 mol/L)相当于二氧化硫的毫克数。

⑪二氧化硫使用液:临用前将二氧化硫标准溶液以四氯汞钠溶液稀释为每毫升相当于 2 μg二氧化硫。

⑫氢氧化钠溶液(20 g/L)。

⑬硫酸溶液:1份浓硫酸缓缓加入到71份水中。

(二)仪器

分光光度计。

【工作过程】

课堂互动
1. 为什么要加入氢氧化钠溶液?
2. 为什么再加入硫酸溶液?

一、试样处理

称取约 10.00 g 均匀试样(试样量可视含量高低而定),以少量水溶解,置于 100 mL 容量瓶中,加入 4 mL 氢氧化钠溶液(20 g/L),5 min 后加入 4 mL 硫酸溶液,再加入 20 mL 四氯汞钠溶液,以水定容。

二、试样测定

①吸取 0.50～5.0 mL 上述试样处理液于 25 mL 带塞比色管中。

②另吸取 0、0.20、0.40、0.60、0.80、1.50 和 2.00 mL 二氧化硫标准使用液(相当于 0、0.4、0.8、1.2、1.6、2.0、3.0 和 4.0 μg 二氧化硫),分别置于 25 mL 带塞比色管中。

③于试样及标准管中各加入四氯汞钠溶液至 10 mL,然后再加入 1 mL 氨基磺酸铵溶液(12 g/L)、1 mL 甲醛溶液(2 g/L)及 1 mL 盐酸副玫瑰苯胺溶液,摇匀,放置 20 min。用 1 cm 比色杯,以零管为参比,于波长 550 nm 处测吸光度,绘制标准曲线比较。

三、结果处理

测试样中二氧化硫含量由下式计算:

$$X = \frac{m_0 \times 1\,000}{m \times \dfrac{V}{100} \times 1\,000 \times 1\,000} \qquad (式 2\text{-}15)$$

式中:X 为测试样中二氧化硫的含量,g/kg;m_0 为测定用样液中二氧化硫的质量,μg;m 为试样质量,g;V 为测定用样液的体积,mL。

数据处理:要求在重复性条件下获得 2 次独立测定结果的绝对差值不得超过 10%。结果保留 3 位有效数字。本实验最低检出浓度为 1 mg/kg。

【知识链接】

一、检测原理

亚硫酸盐与四氯汞钠反应,生成稳定的络合物,再与甲醛及盐酸副玫瑰苯胺作用生成紫红色络合物,此络合物于波长 550 nm 处有最大吸收峰,且在一定范围内其颜色的深浅与亚硫酸盐的浓度成正比,可以比色定量。结果以试样中二氧化硫的含量表示。参照国标 GB/T 5009.34—2003。

二、样品处理

①水溶性固体试样：可称取约 10.00 g 均匀试样（如白砂糖等，试样量可视含量高低而定），以少量水溶解，置于 100 mL 容量瓶中，加入 4 mL 氢氧化钠溶液（20 g/L），5 min 后加入 4 mL 硫酸溶液，再加入 20 mL 四氯汞钠溶液，以水定容。

②固体试样如饼干、粉丝等：可称取 5.0～10.0 g 研磨均匀的试样，以少量水湿润并移入 100 mL 容量瓶中，然后加入 20 mL 四氯汞钠溶液，浸泡 4 h 以上，若上层溶液不澄清可加入亚铁氰化钾溶液及乙酸锌溶液各 2.5 mL，最后用水定容，过滤备用。

③液体试样（如葡萄酒等）：可直接吸取 5.0～10.0 mL 试样，置于 100 mL 容量瓶中，以少量水稀释，加 20 mL 四氯汞钠溶液，再加水定容，必要时过滤备用。

三、反应条件

亚硫酸和食品中的醛、酮和糖相结合，以结合型的亚硫酸存在于食品中。加碱是为了将食品中的二氧化硫释放出来，加硫酸是为了中和碱，这是因为总的显色反应应在微酸性条件下进行。

四、显色时间

显色时间对显色有影响，所以在显色时要严格控制显色时间。

任务六　饮料中合成着色剂的检测

【检测要点】

1. 学习高效液相色谱法测定食品中合成着色剂的方法。

2. 掌握检测的操作要点及样品的处理。

【仪器试剂】

（一）试剂

①正己烷。

②盐酸。

③乙酸。

④甲醇：经 0.5 m 滤膜过滤。

⑤聚酰胺粉（尼龙 6）：过 200 目筛。

⑥乙酸铵溶液（0.02 mol/L）：称取 1.54 g 乙酸铵，加水至 1 000 mL，溶解，经 0.45 μm 滤膜过滤。

⑦氨水：量取氨水 2 mL，加水至 100 mL，混匀。

⑧氨水-乙酸铵溶液（0.02 mol/L）：量取氨水 0.5 mL，加乙酸铵溶液（0.02 mol/L）至 1 000 mL，混匀。

⑨甲醇-甲酸溶液（6+4）：量取甲醇 60 mL，甲酸 40 mL，混匀。

⑩柠檬酸溶液：称取 20 g 柠檬酸，加水至 100 mL，溶解混匀。

⑪无水乙醇-氨水-水溶液(7+2+1):量取无水乙醇 70 mL、氨水 20 mL、水 10 mL,混匀。

⑫三正辛胺正丁醇溶液(5%):量取三正辛胺 5 mL,加正丁醇至 100 mL,混匀。

⑬饱和硫酸钠溶液。

⑭硫酸钠溶液(2 g/L)。

⑮pH 6 的水:水加柠檬酸溶液调 pH 到 6。

课堂互动
为什么要使用几种洗涤液多次洗涤提取?

⑯合成着色剂标准溶液:准确称取按其纯度折算为 100%质量的柠檬黄、日落黄、苋菜红、胭脂红、赤鲜红、亮蓝、靛蓝各 0.100 g,置 100 mL 容量瓶中,加 pH 6 的水到刻度,配成水溶液(1.00 mg/mL)。

⑰合成着色剂标准使用液:临用时上述溶液加水稀释 20 倍,经 0.45 μm 滤膜过滤,配成每毫升相当于 50.0 μg 的合成着色剂。

(二)仪器

高效液相色谱仪,带紫外检测器,254 nm 波长。

【工作过程】

一、试样处理

含二氧化碳试样先加热驱除二氧化碳后,称取饮料 20.0～40.0 g,放入 100 mL 烧杯中。

二、色素提取

①聚酰胺吸附法:试样溶液加柠檬酸溶液调 pH 到 6,加热至 60℃,将 1 g 聚酰胺粉加少许水调成粥状,倒入试样溶液中,搅拌片刻,以 G3 垂融漏斗抽滤,用 60℃ pH=4 的水洗涤 3～5 次,然后用甲醇-甲酸混合溶液洗涤 3～5 次,再用水洗至中性,用乙醇-氨水-水混合溶液解吸 3～5 次,每次 5 mL,收集解吸液,加乙酸中和,蒸发至近干,加水溶解,定容至 5 mL。经 0.45 μm 滤膜过滤,取 10 μL 进高效液相色谱仪。

②液-液分配法(适用于含赤鲜红的试样):将制备好的试样溶液放入分液漏斗中,加 2 mL 盐酸、三正辛胺正丁醇溶液(5%)10～20 mL,振摇提取,分取有机相,重复提取至有机相无色,合并有机相,用饱和硫酸钠溶液洗 2 次,每次 10 mL,分取有机相,放蒸发皿中,水浴加热浓缩至 10 mL,转移至分液漏斗中,加 60 mL 正己烷,混匀,加氨水提取 2～3 次,每次 5 mL,合并氨水溶液层(含水溶性酸性色素),用正己烷洗 2 次,氨水层加乙酸调成中性,水浴加热蒸发至近干,加水定容至 5 mL。经滤膜 0.45 μm 过滤,取 10 μL 进高效液相色谱仪。

三、高效液相色谱参考条件

①柱:YWG-C₁₈ 10 μm 不锈钢柱 4.6 mm(i. d)×250 mm。

②流动相:甲醇-乙酸铁溶液(pH=4,0.02 mol/L)。

③梯度洗脱:甲醇:20%～35%,3%/min;35%～98%,9%/min;98%继续 6 min。

④流速:1 mL/min。

⑤紫外检测器:波长 254 nm。

四、试样测定

取相同体积样液和合成着色剂标准使用液分别注入高效液相色谱仪,根据保留时间定性,外标峰面积法定量。图 2-4 为 8 种着色剂色谱分离图。

五、结果处理

试样中着色剂的含量按下式计算:

$$X = \frac{m_1 \times 1\,000}{m \times \dfrac{V_2}{V_1} \times 1\,000 \times 1\,000} \quad \text{(式 2-16)}$$

式中:X 为试样中着色剂的含量,g/kg;m_1 为样液中着色剂的质量,μg;V_2 为进样体积,mL;V_1 为试样稀释总体积,mL;m 为试样质量,g。

在重复性条件下获得的 2 次独立测定结果的绝对差值不得超过算术平均值的 10%。计算结果保留 2 位有效数字。

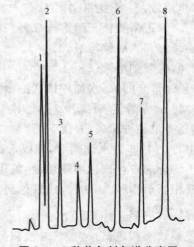

图 2-4　8 种着色剂色谱分离图

1. 新红　2. 柠檬黄　3. 苋菜红　4. 靛蓝
5. 胭脂红　6. 日落黄　7. 亮蓝　8. 赤鲜红

【知识链接】

一、检测原理

食品中人工合成着色剂用聚酰胺吸附法或液-液分配法提取,制成水溶液,注入高效液相色谱仪,经反相色谱分离,根据保留时间定性和与峰面积比较进行定量。参照国标 GB/T 5009.35—2003。

二、试样处理

①橘子汁、果味水、果子露汽水等:称取 20.0～40.0 g,放入 100 mL 烧杯中,含二氧化碳试样加热驱除二氧化碳。

②配制酒类:称取 20.0～40.0 g,放 100 mL 烧杯中,加小碎瓷片数片,加热驱除乙醇。

③硬糖、蜜饯类、淀粉软糖等:称取 5.00～10.00 g 粉碎试样,放入 100 mL 小烧杯中,加水 30 mL,温热溶解,若试样溶液 pH 较高,用柠檬酸溶液调 pH 到 6 左右。

④巧克力豆及着色糖衣制品:称取 5.00～10.00 g,放入 100 mL 小烧杯中,用水反复洗涤色素,到试样无色素为止,合并色素漂洗液为试样溶液。

【知识拓展】

以食品中合成着色剂的测定为例。

一、检测原理

水溶性酸性合成着色剂在酸性条件下被聚酰胺吸附,而在碱性条件下解吸附,再用纸色谱法或薄层色谱法进行分离后,与标准比较定性、定量。最低检出量为 50 μg。点样量为 1 μL 时,检出浓度约为 50 mg/kg。参照国标 GB/T 5009.35—2003 第二法薄层色谱法。

二、仪器试剂

(一)试剂

①石油醚:沸程 60～90℃。

②甲醇。

③聚酰胺粉（尼龙 6）：200 目。

④硅胶 G。

⑤硫酸（1+10）。

⑥甲醇-甲酸溶液（6+4）。

⑦氢氧化钠溶液（50 g/L）。

⑧海砂：先用盐酸（1+10）煮沸 15 min，用水洗至中性，再用氢氧化钠溶液（50 g/L）煮沸 15 min，用水洗至中性，再于 105℃干燥，贮于具玻璃塞的瓶中，备用。

⑨乙醇（50%）。

⑩乙醇-氨溶液：取 1 mL 氨水，加乙醇（70%）至 100 mL。

⑪pH 6 的水：用柠檬酸溶液（20%）调节至 pH 6。

⑫盐酸（1+10）。

⑬柠檬酸溶液（200 g/L）。

⑭钨酸钠溶液（100 g/L）。

⑮碎瓷片：处理方法同海砂。

⑯展开剂如下。

a. 正丁醇-无水乙醇-氨水（1%）（6+2+3）：供纸色谱用。

b. 正丁醇-吡啶-氨水（1%）（6+3+4）：供纸色谱用。

c. 甲乙酮-丙酮-水（7+3+3）：供纸色谱用。

d. 甲醇-乙二胺-氨水（10+3+2）：供薄层色谱用。

e. 甲醇-氨水-乙醇（5+1+10）：供薄层色谱用。

f. 柠檬酸钠溶液（25 g/L）-氨水-乙醇（8+1+2）：供薄层色谱用。

⑰合成着色剂标准溶液：按上述方法，分别配制着色剂的标准溶液浓度为每毫升相当于 1.0 mg。

⑱着色剂标准使用液：临用时吸取色素标准溶液各 5.0 mL，分别置于 50 mL 容量瓶中，加 pH 6 的水稀释至刻度。此溶液相当于 0.10 mg/mL 着色剂。

(二)仪器

①可见分光光度计。

②微量注射器或血色素吸管。

③展开槽：25 cm×6 cm×4 cm。

④层析缸。

⑤滤纸：中速滤纸，纸色谱用。

⑥薄层板：5 cm×20 cm。

⑦电吹风机。

⑧水泵。

三、分析步骤

(一)试样处理

(1)果味水、果子露、汽水　称取 50.0 g 试样于 100 mL 烧杯中。汽水需加热驱除二氧化碳。

(2)配制酒　称取 100.0 g 试样于 100 mL 烧杯中,加碎瓷片数块,加热驱除乙醇。

(3)硬糖、蜜饯类、淀粉软糖　称取 5.00 g 或 10.0 g 粉碎的试样,加 30 mL 水,温热溶解,若样液 pH 较高,用柠檬酸溶液(200 g/L)调至 pH 4 左右。

(4)奶糖　称取 10.0 g 粉碎均匀的试样,加 30 mL 乙醇-氨溶液溶解,置水浴上浓缩至约 20 mL,立即用硫酸溶液(1+10)调至微酸性,再加 1.0 mL 硫酸(1+10),加 1 mL 钨酸钠溶液(100 g/L),使蛋白质沉淀,过滤,用少量水洗涤,收集滤液。

(5)蛋糕类　称取 10.0 g 粉碎均匀的试样,加海砂少许,混匀,用热风吹干用品(用手摸已干燥即可),加入 30 mL 石油醚搅拌。放置片刻,倾出石油醚,如此重复处理 3 次,以除去脂肪,吹干后研细,全部倒入 G3 垂融漏斗或普通漏斗中,用乙醇-氨溶液提取色素,每次 20 mL,分 5 次进行,直至着色剂全部提完,置水浴上浓缩至约 20 mL,立即用硫酸溶液(1+10)调至微酸性,再加 1.0 mL 硫酸(1+10),加 1 mL 钨酸钠溶液(100 g/L),使蛋白质沉淀,过滤,用少量水洗涤,收集滤液。

(二)吸附分离

将处理后所得的溶液加热至 70℃,加入 0.5～1.0 g 聚酰胺粉充分搅拌,用柠檬酸溶液(200 g/L)调 pH 至 4,使着色剂完全被吸附,如溶液还有颜色,可以再加一些聚酰胺粉。将吸附着色剂的聚酰胺全部转入 G3 垂融漏斗中过滤(如用 G3 垂融漏斗过滤可以用水泵慢慢地抽滤)。用 pH 4 的 70℃水反复洗涤,每次 20 mL,边洗边搅拌。若含有天然着色剂,再用甲醇-甲酸溶液洗涤 1～3 次,每次 20 mL,至洗液无色为止。再用 70℃水多次洗涤至流出的溶液为中性。洗涤过程中应充分搅拌。然后用乙醇-氨溶液分次解吸全部着色剂,收集全部解吸液,于水浴上驱氨。如果为单色,则用水准确稀释至 50 mL,用分光光度法进行测定。如果为多种着色剂混合液,则进行纸色谱或薄层色谱法分离后测定,即将上述溶液置水浴上浓缩至 2 mL 后移入 5 mL 容量瓶中,用 50%乙醇洗涤容器,洗液并入容量瓶中并稀释至刻度。

(三)定性

1. 纸色谱

取色谱用纸,在距底边 2 cm 的起始线上分别点 3～10 μL 试样溶液、1～2 μL 着色剂标准溶液,挂于分别盛有展开剂 a 和 b 的层析缸中,用上行法展开,待溶剂前沿展至 15 cm 处,将滤纸取出于空气中晾干,与标准板比较定性。

也可取 0.5 mL 样液,在起始线上从左到右点成条状,纸的左边点着色剂标准溶液,依法展开,晾干后先定性后再供定量用。靛蓝在碱性条件下易褪色,可用展开剂 c。

2. 薄层色谱

①薄层板的制备:称取 1.6 g 聚酰胺粉、0.4 g 可溶性淀粉及 2 g 硅胶 G,置于合适的研钵中,加 15 mL 水研匀后,立即置涂布器中铺成厚度为 0.3 mm 的板。在室温晾干后,于 80℃干燥 1 h,置干燥器中备用。

②点样:离板底边 2 cm 处将 0.5 mL 样液从左到右点成与底边平行的条状,板的左边点 2 μL 色素标准溶液。

③展开:苋菜红与胭脂红用展开剂 d,靛蓝与亮蓝用展开剂 e,柠檬黄与其他着色剂用展开剂 f。取适量展开剂倒入展开槽中,将薄层板放入展开,待着色剂明显分开后取出,晾干,与标

准斑比较,如 R_f 相同即为同一色素。

(四)定量

1. 试样测定

将纸色谱的条状色斑剪下,用少量热水洗涤数次,洗液移入 10 mL 比色管中,并加水稀释至刻度,作比色测定用。

将薄层色谱的条状色斑包括有扩散的部分,分别用刮刀刮下,移入漏斗中,用乙醇-氨溶液解吸着色剂,少量反复多次至解吸液于蒸发皿中,于水浴上挥去氨,移入 10 mL 比色管中,加水至刻度,作比色用。

2. 标准曲线制备

分别吸取 0、0.5、1.0、2.0、3.0 和 4.0 mL 胭脂红、苋菜红、柠檬黄、日落黄色素标准使用溶液或 0、0.2、0.4、0.6、0.8 和 1.0 mL 亮蓝、靛蓝色素标准使用溶液,分别置于 10 mL 比色管中,各加水稀释至刻度。

上述试样与标准管分别用 1 cm 比色杯,以零管调节零点,于一定波长下(胭脂红 510 nm,苋菜红 520 nm,柠檬黄 430 nm,日落黄 482 nm,亮蓝 627 nm,靛蓝 620 nm),测定吸光度,分别绘制标准曲线比较或与标准系列目测比较。

四、结果处理

试样中着色剂的含量按下式计算:

$$X = \frac{m_1 \times 1\ 000}{m \times \dfrac{V_2}{V_1} \times 1\ 000} \qquad (式 2\text{-}17)$$

式中:X 为试样中着色剂的含量,g/kg;m_1 为测定用样液中色素的质量,mg;m 为试样质量或体积,g 或 mL;V_1 为试样解吸后总体积,mL;V_2 为样液点板(纸)体积,mL。

计算结果保留 2 位有效数字。

◈项目小结

(一)学习内容

常见的食品添加剂安全检测见表 2-3。

表 2-3　常见的食品添加剂安全检测

检测项目	种类	检测标准
甜味剂	乙酰磺胺酸钾、糖精钠、环己基氨基磺酸钠、阿斯巴甜	DB 13/T 1112—2009
发色剂	亚硝酸盐及硝酸盐	GB 5009.33—2010
抗氧化剂	BHA、BHT、TBHQ	GB/T 23373—2009
防腐剂	山梨酸、苯甲酸	GB/T 5009.29—2003
漂白剂	亚硫酸盐(二氧化硫)	GB/T 5009.34—2003
着色剂	胭脂红、苋菜红、柠檬黄、日落黄、亮蓝、靛蓝	GB/T 5009.35—2003

(二)学习方法体会

①明确本项目中常见食品中添加剂的分类,掌握每类中具有代表性物质的检测方法。

②应参照国标进行检测,尤其有条件的话,进行第一法的检验。

③标准溶液配制大致相同。

◆项目检测

一、选择题

1. 下列不允许使用的防腐剂是(　　)。

A. 硼砂 　　　　　　　B. 山梨酸 　　　　　　　C. 苯甲酸 　　　　　　　D. 水杨酸

2. 以亚硝酸钠含量转化为硝酸钠含量的计算系数为(　　)。

A. 0.232 　　　　　　　B. 1.0 　　　　　　　C. 6.25 　　　　　　　D. 1.232

3. 在测定亚硝酸盐含量时,在样品液中加入饱和硼砂溶液的作用是(　　)。

A. 提取亚硝酸盐 　　　B. 沉淀蛋白质 　　　C. 便于过滤 　　　D. 还原硝酸盐

4. 下列物质具有防腐剂特性的是(　　)。

A. 苯甲酸钠 　　　　　B. 硫酸盐 　　　　　C. BHT 　　　　　D. HPDE

5. 在测定火腿肠中亚硝酸盐含量时,加入(　　)作为蛋白质沉淀剂。

A. 硫酸钠 　　　　　　　　　　　　　　　B. $CuSO_4$

C. 亚铁氰化钾和乙酸锌 　　　　　　　　　D. 乙酸铅

6. 使用分光光度法测定食品亚硝酸盐含量的方法称为(　　)。

A. 盐酸副玫瑰苯胺比色法 　　　　　　　B. 盐酸萘乙酸比色法

C. 格里斯比色法 　　　　　　　　　　　D. 双硫腙比色法

7. 比色法测定食品 SO_2 残留量时,加入(　　)防止亚硝酸盐的干扰。

A. 四氯汞钠 　　　　　B. 亚铁氰化钾 　　　　　C. 甲醛 　　　　　D. 氨基磺酸铵

8. 下列测定方法不能用于食品中糖精钠的测定的是(　　)。

A. 高效液相色谱法 　　B. 薄层色谱法 　　C. 气相色谱法 　　D. 离子选择电极法

9. 下列测定方法不能用于食品中苯甲酸的测定的是(　　)。

A. 气相色谱法 　　　　B. 薄层色谱法 　　C. 高效液相色谱法 　　D. 双硫腙光度法

10. 食品中防腐剂的测定,应选用下列(　　)组装仪器。

A. 回流 　　　　　　　B. 蒸馏 　　　　　　C. 分馏 　　　　　　D. 萃取

11. 我国禁止使用的食品添加剂不包括下面所说的(　　)。

A. 甲醛用于乳及乳制品 　　　　　　　B. 硼酸、硼砂,用于肉类防腐、饼干膨松

C. 吊白块用于食品漂白 　　　　　　　D. 亚硝酸钠,用于肉制品护色

12. 不能用于食品中山梨酸的测定方法的是(　　)。

A. 薄层色谱法 　　　　　　　　　　　B. 气相色谱法

C. 高效液相色谱法 　　　　　　　　　D. EDTA-2Na 滴定法

13. 薄层色谱法测糖精钠采用无水硫酸钠作(　　)。

A. 反应剂 　　　　　　B. 吸附剂 　　　　　C. 脱水剂 　　　　　D. 沉淀剂

14. 测定食品中糖精钠时,试样加温除去的物质是(　　)。

A. 二氧化碳 　　　　　B. 乙醇 　　　　　C. 水 　　　　　D. 盐酸

E. 碱类

15. 防腐剂指为防止食品腐败,能抑制食品中微生物繁殖的物质,下面的(   )不包括在内。

A. 食盐　　　　　　B. 苯甲酸　　　　　　C. 苯甲酸钠　　　　　　D. 山梨酸

16. 在气相色谱分析中,用于定量分析的参数是(   )。

A. 保留时间　　　　B. 峰面积　　　　　　C. 半峰宽　　　　　　D. 保留体积

17. 食品中亚硝酸盐的测定显色反应后呈紫红色的偶氮染料,应在(   )波长处测定吸光度。

A. 538 nm　　　　　B. 580 nm　　　　　　C. 620 nm　　　　　　D. 700 nm

18. 下面可作为食品添加剂酸味剂的又不能加入食品中的是(   )。

A. 富马酸　　　　　B. 苹果酸　　　　　　C. 盐酸　　　　　　　D. 乙酸

19. 饮料中苯甲酸钠和糖精钠的分析,通常应选用下面的装置和玻璃仪器(   )。

A. 蒸馏装置,用圆底烧瓶和冷凝管　　　　　B. 分馏装置,用圆底烧瓶和分馏柱

C. 萃取装置,用分液漏斗和烧杯　　　　　　D. 回流装置,用圆底烧瓶和空气冷凝管

20. 在(   )条件下,食品中的苯甲酸用乙醚提取。

A. 酸性　　　　　　B. 弱碱性　　　　　　C. 中性　　　　　　　D. 强碱性

21. 下面各甜味剂主要性状或用途错误的是(   )。

A. 糖精钠:白色结晶,酸性条件下加热甜味消失,不适于婴儿食品

B. 甜蜜素:白色结晶粉末,对热光稳定,遇亚硝盐、亚硫酸盐高的水质产生橡胶气味

C. 麦芽糖醇:无色透明黏稠液,用于防龋齿、甜味剂、糕点面包保湿剂

D. 甘草:淡黄色粉末,甜而略苦,适用于高血压症及循环系统障碍人食用

22. 下面各防腐剂的主要性状或用途错误的是(   )。

A. 苯甲酸:不溶于水 pH≤4.5 时,对广泛的微生物有效,唯对产酸菌作用弱

B. 苯甲酸钠:易溶于水,pH≤6 时才有抑菌作用,生产中可直接加入酸性食品中

C. 丙酸钙:白色结晶,易溶于水,防霉效果好而对酵母无影响,多用于面包生产

D. 山梨酸:酸性防腐剂,对霉菌、酵母菌有效,对厌氧菌无效

23. 酿造用水中亚硝酸盐的测定加入对氨基苯磺酸与亚硝酸盐反应生成(   )。

A. 紫红色的偶氮染料　　　　　　B. 红色配合物

C. 浅红色盐类　　　　　　　　　D. 蓝红色溶液

24. 常用抗氧化剂中对人体有一定毒副作用的为(   )。

A. 维生素 C　　　　B. 维生素 E　　　　　C. 茶多酚　　　　　　D. BHA

25. 酿造用水中亚硝酸盐的测定加入对氨基苯磺酸与亚硝酸盐发生(   )。

A. 中和反应　　　　　　　　　　B. (配位反应)络合反应

C. 氧化还原反应　　　　　　　　D. 重氮化反应

26. 米粉、腐竹、粉丝中发现的甲醛次硫酸氢钠俗称(   )。

A. 石膏　　　　　　B. 吊白块　　　　　　C. 烧碱　　　　　　　D. 滑石粉

27. 亚硝酸盐属剧毒类化学物质,又叫工业用盐,如酸菜中就含一定量的亚硝酸盐,吃酸菜时最好吃一些(   ),可减少亚硝酸盐的危害。

A. 绿色食品　　　　　　　　　　B. 新鲜蔬菜

C. 富含维生素 C 的水果　　　　　D. 各种杂粮

28. 以下食用色素中属于天然色素的是（　　）。
A. 苋菜红　　　　　　B. 姜黄素　　　　　　C. 柠檬黄　　　　　　D. 靛蓝
29. 下列哪种化学物质（　　）不是防腐剂。
A. 丙酸钠　　　　　　B. 焦亚硫酸钠　　　　C. 苯甲酸　　　　　　D. 柠檬酸
30. 下列物质中（　　）是国家允许作为食品添加剂的。
A. 吊白块　　　　　　B. 硫黄　　　　　　　C. 过氧化苯甲酰　　　D. 双氧水

二、简答题

1. 什么是食品添加剂？本章主要介绍了几种？
2. 常用的甜味剂有哪些？如何用高效液相色谱法测定糖精钠？
3. 甜蜜素的化学名称是什么？如何用气相色谱法测定？
4. 常用的防腐剂有哪些？如何用气相色谱法测定苯甲酸含量？
5. 简述食品中亚硝酸盐和硝酸盐的测定原理及方法。
6. 常用的漂白剂有哪些？说明测定食品中二氧化硫、亚硫酸盐的方法及原理。
7. 简述测定 BHA、BHT 的原理及样品处理方法。
8. 怎样用高效液相色谱测定合成色素？
9. 人工合成色素的测定中，如何处理样品？

项目三 食品中农药、兽药残留量的安全检测

◆学习目的

掌握食品中各类常见农药、兽药残留量的测定原理及其具体测定方法。其中有机磷农药、抗生素残留测定是本项目重点内容。

◆知识要求

1. 了解食品中残留农药、兽药的影响及危害。

2. 掌握有机磷、氨基甲酸酯类、拟除虫菊酯类农药的测定方法。

3. 掌握抗生素、己烯雌酚药残的测定方法。

◆技能要求

1. 能够正确测定有机磷、氨基甲酸酯类、拟除虫菊酯类农药等含量。

2. 能够正确测定抗生素、己烯雌酚等含量。

◆项目导入

(一)农药残留的危害表现

①长期食用带有残留农药的菜,农药被血液吸收以后,可以分布到神经突触和神经肌肉接头处,直接损害神经元,造成中枢神经死亡,导致身体各器官免疫力下降。如经常性的感冒、头晕、心悸、盗汗、失眠、健忘等。

②残留农药中常常含有的化学物质可促使各组织内细胞发生癌变。

③残留农药进入体内,主要依靠肝脏制造酶来吸收这些毒素,进行氧化分解。如果长期食用带有残留农药的瓜果蔬菜,肝脏就会不停地工作来分解这些毒素。长时间的超负荷工作会引起肝硬化、肝积水等一些肝脏病变。

④由于胃肠道消化系统胃壁褶皱较多,易存毒物。这样残留农药容易积存在其中,引起慢性腹泻、恶心等症状,导致胃肠道疾病。

(二)兽药残留的危害表现

①人长期摄入含兽药残留的动物性食品后,药物不断在人体内蓄积,当积累到一定程度后,就会对人体产生毒性作用。如磺胺类药物可引起肾损害,特别是乙酰化磺胺在尿中溶解度低,析出结晶后对肾脏损害更大。

②经常食用一些含低剂量抗菌药物残留的食品还能使易感个体出现过敏反应,这些药物包括青霉素、四环素、磺胺类药物及某些氨基糖苷类抗生素等。这些药物具有抗原性,刺激机体内抗体的形成,造成过敏反应,严重者可引起休克、喉头水肿、呼吸困难等严重症状。呋喃类引起人体的不良反应主要是胃肠反应和过敏反应,表现在以周围神经炎、药热、嗜酸性白

细胞增多为特征的过敏反应。磺胺药类的过敏反应表现在皮炎、白细胞减少、溶血性贫血和药热。抗菌药物残留所致变态反应比起人对食物所受的其他不良反应所占的比例小。青霉素类药物引起的变态反应,轻者表现为接触性皮炎和皮肤反应,严重者表现为致死性过敏性休克。

③动物在经常反复接触某一种抗菌药物后,其体内的敏感菌株将受到选择性的抑制,细菌产生耐药性,而使耐药菌株大量繁殖。人体经常食用含药物残留的动物性食品,动物体内的耐药菌株可传播给人体,当人体发生疾病时,就给临床上感染性疾病的治疗带来一定的困难,延误正常的治疗过程。已发现长期食用低剂量的抗生素能导致金黄色葡萄球菌耐药菌株的出现,也能引起大肠杆菌耐药菌株的产生。至今为止,具有耐药性的微生物通过动物性食品转移到人体内而对人体健康产生危害的问题尚未得到解决。

④在正常条件下,人体肠道内的菌群与人体能相互适应,如某些菌群能抑制其他菌群的过度繁殖,某些菌群能合成 B 族维生素和维生素 K 以供机体使用。过多应用药物会使这种平衡发生紊乱,造成一些非致病菌的死亡,使菌群的平衡失调,从而导致长期的腹泻或引起维生素的缺乏等反应,造成对人体的危害。

⑤长期食用含低剂量激素的动物性食品,其产生的后果也不可忽视。除以上的影响以外,兽药残留还具有致畸、致癌、致突变作用。

任务一　大米中有机磷农药残留量的检测

【检测要点】

1. 掌握配制标准溶液的能力。

2. 掌握气相色谱法的基本操作技术。

【仪器试剂】

(一)试剂

①丙酮。

②二氯甲烷。

③氯化钠。

④无水硫酸钠。

⑤助滤剂(Celite 545)。

⑥农药标准品。

敌敌畏:纯度≥99%;速灭磷:顺式纯度≥60%,反式纯度≥40%;久效磷:纯度≥99%;甲拌磷:纯度≥98%;巴胺磷:纯度≥99%;二嗪磷:纯度≥98%;乙嘧硫磷:纯度≥97%;甲基嘧啶磷:纯度≥99%;甲基对硫磷:纯度≥99%;稻瘟净:纯度≥99%;水胺硫磷:纯度≥99%;氧化喹硫磷:纯度≥99%;稻丰散:纯度≥99.6%;甲喹硫磷:纯度≥99.6%;克线磷:纯度≥99.9%;乙硫磷:纯度≥95%;乐果:纯度≥99.0%;喹硫磷:纯度≥98.2%;对硫磷:纯度≥99.0%;杀螟硫磷:纯度≥98.5%。

(二)仪器

①组织捣碎机。

②粉碎机。

③旋转蒸发仪。

④气相色谱仪:附有火焰光度检测器(FPD)。

【工作过程】

一、农药标准溶液配制

分别准确称取标准品,用二氯甲烷为溶剂,分别配制成 1.0 mg/mL 的标准储备液,贮于冰箱(4℃)中,使用时根据各农药品种的仪器响应情况,吸取不同量的标准储备液,用二氯甲烷稀释成混合标准使用液。

二、试样制备

取粮食试样经粉碎机粉碎,过 20 目筛制成粮食试样。

```
课堂互动
丙酮、二氯甲烷的作用?
```

三、试样提取

称取 25.00 g 试样,置于 300 mL 烧杯中,加入 50 mL 水和 100 mL 丙酮(提取液总体积为 150 mL),用组织捣碎机提取 1～2 min,匀浆液经铺有两层滤纸和约 10 g Celite 545 的布氏漏斗减压抽滤。取滤液 100 mL 移至 500 mL 分液漏斗中。

四、试样净化

向上步的滤液中加入 10～15 g 氯化钠,使溶液处于饱和状态。猛烈振摇 2～3 min,静置 10 min,使丙酮与水相分层,水相用 50 mL 二氯甲烷振摇 2 min,再静置分层。

将丙酮与二氯甲烷提取液合并,并经装有 20～30 g 无水硫酸钠的玻璃漏斗脱水滤入 250 mL 圆底烧瓶中。再以约 40 mL 二氯甲烷分数次洗涤容器和无水硫酸钠。洗涤液也并入烧瓶中,用旋转蒸发器浓缩至约 2 mL,浓缩液定量转移至 5～25 mL(根据含量多少定容)容量瓶中,加二氯甲烷定容至刻度。

五、色谱参考条件

1. 色谱柱

①玻璃柱 2.6 m×3 mm(i. d),填装涂有 4.5％DC-200＋2.5％OV-17 的 Chromosorb W A W DMCS(80～100 目)的担体。

②玻璃柱 2.6 m×3 mm(i. d),填装涂有质量分数为 1.5％的 QF-1 的 Chromosorb W A W DMCS(60～80 目)的担体。

2. 气体速度

氮气 50 mL/min、氢气 100 mL/min、空气 50 mL/min。

3. 温度

柱箱 240℃、汽化室 260℃、检测器 270℃。

六、试样测定

吸取 2～5 μL 混合标准液注入气相色谱仪中，测得不同浓度有机磷标准溶液的峰高，分别绘制有机磷标准曲线。同时取试样 2～5 μL 注入气相色谱仪中，根据测得的峰高，从标准曲线图中查出相应的含量。有机磷农药标准溶液色谱图如图 3-1 所示。

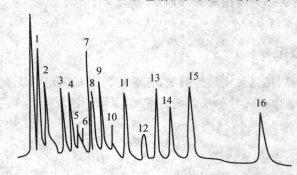

图 3-1　有机磷农药标准溶液色谱图

1. 敌敌畏最低检测浓度 0.005 mg/kg　2. 速灭磷最低检测浓度 0.004 mg/kg　3. 久效磷最低检测浓度 0.014 mg/kg
4. 甲拌磷最低检测浓度 0.004 mg/kg　5. 巴胺磷最低检测浓度 0.011 mg/kg　6. 二嗪磷最低检测浓度 0.003 mg/kg
7. 乙嘧硫磷最低检测浓度 0.003 mg/kg　8. 甲基嘧啶磷最低检测浓度 0.004 mg/kg　9. 甲基对硫磷最低检测
浓度 0.004 mg/kg　10. 稻瘟净最低检测浓度 0.004 mg/kg　11. 水胺硫磷最低检测浓度 0.005 mg/kg
12. 氧化喹硫磷最低检测浓度 0.025 mg/kg　13. 稻丰散最低检测浓度 0.017 mg/kg
14. 甲喹硫磷最低检测浓度 0.014 mg/kg　15. 克线磷最低检测浓度 0.009 mg/kg
16. 乙硫磷最低检测浓度 0.014 mg/kg

七、结果处理

大米中有机磷农药残留量计算公式如下：

$$X_i = \frac{A_i \times V_1 \times V_3 \times E_m \times 1\ 000}{A_m \times V_2 \times V_4 \times m \times 1\ 000} \qquad (\text{式 3-1})$$

式中：X_i 为试样中有机磷农药的含量，mg/kg；A_i 为进样中 i 组分的峰面积，积分单位；A_m 为混合标准液中 i 组分的峰面积，积分单位；V_1 为试样提取液的总体积，mL；V_2 为净化用提取液的总体积，mL；V_3 为浓缩后的定容体积，mL；V_4 为进样体积，μL；E_m 为注入色谱仪中的 i 标准组分的质量，ng。

数据处理：计算结果保留 2 位有效数字。

【知识链接】

1938 年，德国发现有机磷有强大的杀虫效果后，开始广泛应用于农业。有机磷农药多属于磷酸酯类化合物。多为油状液体，少数为结晶固体，具有大蒜臭味，易挥发，难溶于水，可溶于有机溶剂，遇酸、碱易降解。这类农药具有杀虫效力高、用药量少、分解快、残留低的特点。由于有机磷化学性质不稳定，在自然界极易分解，对植物药害小，减少了对环境的污染。同时这类农药在生物体内能迅速分解解毒，在食物中残留时间极短，所以慢性中毒比较少见，与有机氯农药相比，在慢性中毒方面较为安全。但由于有机磷农药对哺乳动物急性毒性较强，如使用不当或误食后可造成严重急性中毒。我国常用的有机磷农药有敌百虫、甲胺磷、乐果、敌敌畏、对硫磷、马拉硫磷、1059、1065 等，毒性最强的有机磷沙林和塔崩可以作为军用毒剂，对人具有击倒作用。

有机磷农药对人的毒性属于神经毒，主要是抑制体内的胆碱酯酶，引起乙酰胆碱中毒。乙酰胆碱的蓄积可引起人体神经功能的紊乱，从而出现中毒症状。有机磷农药中毒多为急性，主要为长期接触有机磷农药的工人，临床表现有：患者首先感觉头昏、无力、精神烦躁、激动，并且恶心及多汗，不久患者眩晕，步态蹒跚，站立不稳。此时常自诉视力模糊，同时可有全身肌肉紧束感，毒性进一步发展，可产生高度眩晕和轻度意识障碍，患者腹痛，多次呕吐，肌肉震颤可先自眼睑和颜面肌肉开始，双手手指抖动，逐渐发展至全身肌肉颤动。此时患者牙关紧咬，胸部发紧，动作不协调，甚至出现肌肉抽搐等症状，气管痉挛，分泌物增多，甚至发生肺水肿，重度患者很快进入昏迷，全身抽搐，大小便失禁，如不及时抢救，可因呼吸中枢抑制或周围循环衰竭而死亡。

一、检测原理

将食品中含有残留有机磷农药的样品提取、净化、浓缩后，注入气相色谱仪，气化后于色谱柱内分离，其中的有机磷在火焰光度检测器中的富氢焰上燃烧，以 HPO 碎片的形式放射波长526 nm 的特征辐射，通过滤光片选择后，由光电倍增管接收，转换成电信号，经微电流放大器放大后记录下色谱流出曲线。通过比较样品与标准样品的峰面积或峰高，计算出样品中有机磷农药残留量。参照国标 GB/T 5009.20—2003。

二、样品处理

①粮食试样经粉碎机粉碎，过 20 目筛制成粮食试样：称取 25.00 g 试样，置于 300 mL 烧杯中，加入 50 mL 水和 100 mL 丙酮（提取液总体积为 150 mL），用组织捣碎机提取 1～2 min，匀浆液经铺有两层滤纸和约 10 g Celite 545 的布氏漏斗减压抽滤。取滤液 100 mL 移至500 mL分液漏斗中。

②水果、蔬菜试样去掉非可食部分后制成待分析试样：称取 50.00 g 试样，置于 300 mL 烧杯中，加入 50 mL 水和 100 mL 丙酮（提取液总体积为 150 mL），用组织捣碎机提取 1～2 min，匀浆液经铺有两层滤纸和约 10 g Celite 545 的布氏漏斗减压抽滤。取滤液 100 mL 移至500 mL分液漏斗中。

三、试剂

本法采用毒性较小且价格较为便宜的二氯甲烷作为提取试剂，国际上多用乙氰作为有机磷农药的提取试剂及分配净化试剂，但其毒性较大。

四、注意事项

有些稳定性差的有机磷农药，如敌敌畏因稳定性差且易被色谱柱中的担体吸附，故本法采用降低操作温度来克服上述困难。另外，也可采用缩短色谱柱至 1～1.3 m 或减少固定液涂渍的厚度等措施来克服。

任务二　大米中氨基甲酸酯农药残留量的检测

【检测要点】

1. 掌握样品处理的能力。

2. 掌握气相色谱法的基本操作技术。

【仪器试剂】

(一)试剂

①无水硫酸钠:于450℃焙烤4 h备用。

②丙酮:熏蒸。

③无水甲醇:熏蒸。

④二氯甲烷:熏蒸。

⑤石油醚:沸程30~60℃,熏蒸。

⑥农药标准品如下。

速灭威:纯度≥99%;异丙威:纯度≥99%;残杀威:纯度≥99%;克百威:纯度≥99%;抗蚜威:纯度≥99%;甲萘威:纯度≥99%。

⑦氯化钠溶液(50 g/L):称取25 g氯化钠,用水溶解并稀释至500 mL。

⑧甲醇-氯化钠溶液:取无水甲醇及50 g/L氯化钠溶液等体积混合。

(二)仪器

①气相色谱仪:附有FTD(火焰热离子检测器)。

②电动振荡器。

③组织捣碎机。

④粮食粉碎机:带20目筛。

⑤恒温水浴锅。

⑥减压浓缩装置。

⑦分液漏斗(250、500 mL);量筒(50、100 mL);具塞三角烧瓶(250 mL);抽滤瓶(250 mL);布氏漏斗。

【工作过程】

一、氨基甲酸酯杀虫剂标准溶液配制

分别准确称取速灭威、异丙威、克百威及甲萘威等各种标准液,用丙酮配制成1 mg/mL的标准储备液。使用时用丙酮稀释配制成单一品种的标准使用液(5 μg/mL)和混合标准工作液(每个品种浓度为2~10 μg/mL)。

二、试样制备

取粮食经粉碎机粉碎,过20目筛制成粮食试样。

三、试样提取

课堂互动
1.提取时无水甲醇的作用是什么？
2.为什么使用石油醚提取而不是乙醚？

称取约 40 g 粮食试样，精确至 0.001 g，置于 250 mL，具塞锥形瓶中，加入 20～40 g 无水硫酸钠（视试样的水分而定），100 mL 无水甲醇。塞紧，摇匀，于电动振荡器上振荡 30 min。然后经快速滤纸过滤于量筒中，收集 50 mL 滤液，转入 250 mL 分液漏斗中，用 50 g/L 氯化钠溶液洗涤量筒，并移入分液漏斗中。

四、试样净化

于盛有试样提取液的 250 mL 分液漏斗中加入 50 mL 石油醚，振荡 1 min，静置分层后将下层（甲醇氯化钠溶液）放入第 2 个 250 mL 分液漏斗中，加 25 mL 甲醇-氯化钠溶液于石油醚层中，振摇 30 s，静置分层后，将下层并入甲醇-氯化钠溶液中。

五、试样浓缩

于盛有试样净化液的分液漏斗中，用二氯甲烷（50、25、25 mL）依次提取 3 次，每次振摇 1 min 静置分层后将二氯甲烷层经铺有无水硫酸钠（玻璃棉支撑）的漏斗（用二氯甲烷预洗过）过滤于 250 mL 蒸馏瓶中，用少量二氯甲烷洗涤漏斗，并入蒸馏瓶中。将蒸馏瓶接上减压浓缩装置，于 50℃ 水浴上减压浓缩至 1 mL 左右，取下蒸馏瓶，将残余物转入 10 mL 刻度离心管中，用二氯甲烷反复洗涤蒸馏瓶并入离心管中。然后吹氮气除尽二氯甲烷溶剂，用丙酮溶解残渣并定容至 2.0 mL，供气相色谱分析用。

六、色谱参考条件

1. 色谱柱

①玻璃柱 3.2 mm（内径）×2.1 m，填装涂有 2% OV-101＋6% OV-210 混合固定液的 Chromosorb WHP（80～100 目）的担体。

②玻璃柱 3.2 mm（内径）×1.5 m，填装涂有 1.5% OV-17＋1.95% OV-210 混合固定液的 Chromosorb W（AW-DMCS）80～100 目的担体。

2. 气体条件

氮气 65 mL/min、氢气 3.2 mL/min、空气 150 mL/min。

3. 温度

柱温 190℃、进样口或检测室温度 240℃。

七、试样测定

取前步骤中的试样液及标准样液各 1 μL，注入气相色谱仪中，做色谱分析。根据组分在两根色谱柱上的出峰时间与标准组分比较定性；用外标法与标准组分比较定量。色谱图如图 3-2 所示。

八、结果处理

大米中氨基甲酸酯农药残留量计算公式如下：

$$X_i = \frac{E_i \times \dfrac{A_i}{A_E} \times 2\,000}{m \times 1\,000}$$ （式 3-2）

式中：X_i 为试样中组分 i 的含量，mg/kg；E_i 为标准试样中组分 i 的含量，ng；A_i 为试样中组分 i 的峰面积或峰高，积分单位；A_E 为标准试样中组分 i 的峰面积或峰高，积分单位；m 为试样质量，g；2 000 为进样液的定容体积（2.0 mL）；1 000 为换算单位。

【知识链接】

氨基甲酸酯类农药是 20 世纪 40 年代发现并发展起来的具有杀虫力强、作用迅速和对人畜毒性较低等高效、低毒、低残留特点的农药，可分为 N-烷基化合物（用做杀虫剂）和 N-芳香基化合物（用做除草剂）2 类，其种类主要有甲萘威、呋喃丹、涕灭威和残杀威等。该类农药一般为白色结晶粉末，难溶于水，易溶于有机溶剂，遇碱即可分解，受光线和温度等作用可降解。因氨基甲酸酯类农药半衰期短，故对食品污染较轻。氨基甲酸酯类农药进入人体后，可抑制胆碱酯酶的活性，出现中毒现象，具体表现为流涎、流泪、颤动、瞳孔缩小等症状，在低剂量轻度中毒时，可见一时性的麻醉作用，大剂量中毒时可表现深度麻痹，并有严重的呼吸困难。

氨基甲酸酯类农药主要在植物性食品中残留，通常为氨基甲酸酯类杀虫剂残留，但一般均不超过国家标准。氨基甲酸酯类农药在体内不蓄积，动物食品不易检出。常采用气相色谱法进行测定。

一、检测原理

含氮有机化合物被色谱柱分离后在加热的碱金属片的表面产生热分解，形成氰自由基（CN），并且从被加热的碱金属表面放出的原子状态的碱金属（Rb）接受电子变成 CN^-，再与氢原子结合。放出电子的碱金属变成正离子，由收集器收集，并作为信号电流而被测定。电流信号的大小与含氮化合物的含量成正比。以峰面积或峰高比较定量。参照国标 GB/T 5009.104—2008。

二、样品预处理

①取粮食经粉碎机粉碎，过 20 目筛制成粮食试样：称取约 40 g 粮食试样，精确至 0.001 g，置于 250 mL，具塞锥形瓶中，加入 20～40 g 无水硫酸钠（视试样的水分而定），100 mL 无水甲醇。塞紧，摇匀，于电动振荡器上振荡 30 min。然后经快速滤纸过滤于量筒中，收集 50 mL 滤液，转入 250 mL 分液漏斗中，用 50 g/L 氯化钠溶液洗涤量筒，并入分液漏斗中。

②取蔬菜样品洗净、晾干，去掉非食部分后剁碎或经组织捣碎机捣碎制成蔬菜试样：称取 20 g 蔬菜试样，精确至 0.001 g，置于 250 mL 具塞锥形瓶中，加入 80 mL 无水甲醇，塞紧，于电动振荡器上振荡 30 min。然后经铺有快速滤纸的布氏漏斗抽滤于 250 mL 抽滤瓶中，用 50 mL 无水甲醇分次洗涤提取瓶及滤器。将滤液转入 500 mL 分液漏斗中，用 100 mL 50 g/L 氯化钠水溶液分次洗涤滤器，并入分液漏斗中。

三、样品净化

①粮食试样：于盛有试样提取液的 250 mL 分液漏斗中加入 50 mL 石油醚，振荡 1 min，静置分层后将下层（甲醇氯化钠溶液）放入第 2 个 250 mL 分液漏斗中，加 25 mL，甲醇-氯化钠溶

液于石油醚层中,振摇 30 s,静置分层后,将下层并入甲醇-氯化钠溶液中。

②蔬菜试样:于盛有试样提取液的 500 mL,分液漏斗中加入 50 mL 石油醚,振荡 1 min,静置分层后将下层放入第 2 个 500 mL 分液漏斗中,并加入 50 mL 石油醚,振摇 1 min,静置分层后将下层放入第 3 个 500 mL 分液漏斗中。然后用 25 mL 甲醇-氯化钠溶液并入第 3 个分液漏斗中。

任务三　大米中有机氯和拟除虫菊酯类农药残留量的检测

【检测要点】

1. 掌握样品处理的能力。

2. 掌握气相色谱法的基本操作技术。

【仪器试剂】

(一)试剂

①丙酮:分析纯,熏蒸。

②石油醚:沸程 60～90℃,熏蒸。

③乙酸乙酯:分析纯,熏蒸。

④苯:熏蒸。

⑤无水硫酸钠:分析纯,将无水硫酸钠置干燥箱中,于 120℃干燥 4 h,冷却后密闭保存。

⑥弗罗里硅土:层析用,于 620℃灼烧 4 h 后备用,用前于 140℃烘 2 h,趁热加 5％水灭活。

⑦农药标准品:见表 3-1。

表 3-1　农药标准品

中文名称	英文名称	纯度/％
α-六六六	α-HCH	≥99
β-六六六	β-HCH	≥99
γ-六六六	γ-HCH	≥99
δ-六六六	δ-HCH	≥99
p,p'-滴滴涕	p,p'-DDT	≥99
p,p'-滴滴滴	p,p'-DDD	≥99
p,p'-滴滴伊	p,p'-DDE	≥99
o,p'-滴滴涕	o,p'-DDT	≥99
七氯	Heptachlor	≥99
艾氏剂	Aldrin	≥99
甲氰菊酯	Fenpropathrin	≥99
氯氟氰菊酯	Cyhalothrin	≥99

续表 3-1

中文名称	英文名称	纯度/%
氯菊酯	Permethrin	≥99
氯氰菊酯	Cypermethrin	≥99
氰戊菊酯	Fenvalerate	≥99
溴氰菊酯	Deltamethrin	≥99

⑧标准溶液:分别准确称取适量的每种农药标准品,用苯溶解并配制成浓度为 1 mg/mL 的标准储备液,使用时用石油醚稀释配制成单品种的标准使用液。再根据各农药品种的仪器响应情况,吸取不同量的标准储备液,用石油醚稀释成混合标准使用液。

(二)仪器

①气相色谱仪:配有电子捕获检测器(ECD)。

②凝胶色谱仪。

③组织捣碎机。

④旋转蒸发仪。

⑤过滤器具:布氏漏斗、抽滤瓶。

⑥具塞三角瓶:100 mL。

⑦分液漏斗:250 mL。

⑧层析柱。

【工作过程】

一、试样制备

取粮食试样经粉碎机粉碎,过 20 目筛制成粮食试样。

二、试样提取

称取 10 g 粮食试样,置于 100 mL 具塞三角瓶中,加入 20 mL 石油醚,于振荡器上振摇 0.5 h。

> **课堂互动**
> 为什么使用石油醚提取而不是乙醚?

三、净化与浓缩

①层析柱的制备:玻璃层析柱中先加入 1 cm 高无水硫酸钠,再加入 5 g 5% 弗罗里硅土,最后加入 1 cm 高无水硫酸钠,轻轻敲实,用 20 mL 石油醚淋洗净化柱,弃去淋洗液,柱面要留有少量的液体。

②净化与浓缩:准确吸取试样提取液 2 mL,加入已淋洗过的净化柱中,用 100 mL 石油醚-乙酸乙酯(95+5)洗脱,收集洗脱液于蒸馏瓶中,于旋转蒸发仪上浓缩近干,用少量石油醚多次溶解残渣于刻度离心管中,最终定容至 1.0 mL 供气相色谱分析。

四、试样测定

用附有电子捕获检测器的气相色谱仪测定。

①色谱操作条件:石英弹性毛细管柱,0.25 mm(内径)×15 m,内涂有 OV-101 固定液。

②气体流速：氮气：40 mL/min；尾吹气：60 mL/min；分流比 1：50。

③温度：柱温自 180℃升至 230℃保持 30 min。

④检测器、进样温度：250℃。

⑤色谱分析：吸取 1 μL 试样液注入气相色谱仪，记录色谱峰的保留时间和峰高。再吸取 1 μL 混合标准溶液进样，记录色谱峰的保留时间和峰高。色谱图如图 3-2、图 3-3 所示。根据组分在色谱上的出峰时间与标准组分比较定性；用外标法与标准组分比较定量。

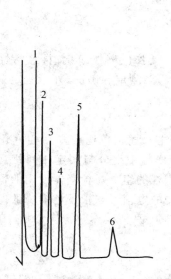

图 3-2　6 种氨基甲酸酯杀虫剂的色谱图
1. 速灭威　2. 异丙威　3. 残杀威
4. 克百威　5. 抗蚜威　6. 甲萘威

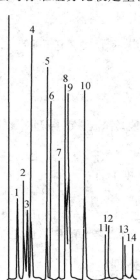

图 3-3　有机氯和拟除虫菊酯类农药色谱图
1. α-六六六　2. β-六六六　3. γ-六六六　4. δ-六六六　5. 七氯
6. 艾氏剂　7. p,p'-滴滴伊　8. σ,p-滴滴涕　9. p,p'-滴滴滴
10. p,p'-滴滴涕　11. 三氟氯氰菊酯(功夫)　12. 二氯苯
醚菊酯　13. 氰戊菊酯　14. 溴氰菊酯

五、结果处理

以外标法定量，按下式计算：

$$X = \frac{h_i \times m_{si} \times V_2}{h_{si} \times m \times V_1} \times D \qquad (式3-3)$$

式中：X 为样品中拟除虫菊酯农药残留的含量，mg/kg；m_{si} 为标准品中 i 组分农药的含量，ng；V_1 为试样进样量，μL；V_2 为样品的定容体积，mL；h_{si} 为标准溶液中 i 组分农药峰高，mm；h_i 为试样中 i 组分农药峰高，mm；m 为样品质量，g；D 为稀释倍数。

数据处理：保留 2 位有效数字。

【知识链接】

拟除虫菊酯类农药是近年来发展较快的杀虫剂，具有广谱、高效、低毒、低残留等特点。其化学结构可分为两种：Ⅰ型不含氰基，如丙烯菊酯、联苯菊酯等；Ⅱ型含氰基，如氯氟菊酯、溴氰菊酯、甲氰菊酯等。大多数农药为黏稠油状液体，易溶于丙酮、石油醚等有机溶剂，难溶于水，在酸性溶液中稳定，遇碱易分解。拟除虫菊酯类农药多具有中等毒性或低毒性，蓄积性较弱，因此,不易引起慢性中毒。急性中毒主要表现为流涎、多汗、意识障碍、言语不清、反应迟钝、视物模糊、肌肉震颤、呼吸困难等,重者可致昏迷、抽搐、心动过速、瞳孔缩小、对光反射消失、大小便失禁,可因心衰和呼吸困难而死亡。

人类食品中普遍存在有机氯农药残留,特别是脂肪含量高的动物性食品中蓄积较多的有机氯农药。这类农药通过食物链进入人体被吸收后,呈现慢性、积蓄性毒性。因此,为了保证人类健康,就必须加强对食品中有机氯农药残留的检测与监督。

该类农药主要污染农产品,常采用气相色谱法进行测定。

一、拟除虫菊酯类农药测定原理

试样中用水-丙酮均质提取,经二氯甲烷液-液分配,以凝胶色谱柱净化,再经活性炭固相柱净化,洗脱液浓缩并溶解定容后,供气相色谱-质谱(GC-MS)测定和确证,外标法定量。

二、有机氯农药测定原理

样品中有机氯农药经有机溶剂提取、纯化与浓缩后,注入气相色谱。样品在汽化室被汽化,在一定的温度下,汽化的样品随载气通过色谱柱,由于样品中组分与固定相间相互作用的强弱不同而被逐一分离,当到达电子捕获检测器时,亲电型强的组分对检测器发出的恒定 β 射线中的一定能量的电子产生,从而使电流减弱,产生可检测的电信号。根据色谱峰的保留时间定性,外标法定量。参照国标 GB/T 5009.162—2008。

三、样品处理

①取粮食试样经粉碎机粉碎,过 20 目筛制成粮食试样:称取 10 g 粮食试样,置于 100 mL 具塞三角瓶中,加入 20 mL 石油醚,于振荡器上振摇 0.5 h。

②取蔬菜试样洗净,去掉非可食部分后备用:称取 20 g 经蔬菜试样。置于组织捣碎杯中,加入丙酮和石油醚各 30 mL,于捣碎机上捣碎 2 min,捣碎液经抽滤,滤液移入 250 mL 分液漏斗中,加入 100 mL 20 g/L 硫酸钠水溶液,充分摇匀,静置分层,将下层溶液转移到另一 250 mL 分液漏斗中,用 20 mL 石油醚萃取 1 次,再用 20 mL 石油醚萃取 1 次,合并 3 次萃取的石油醚层,过无水硫酸钠层,于旋转蒸发仪上浓缩至 10 mL。

任务四　鸡肉中土霉素、四环素、金霉素残留量的检测

【检测要点】

1. 了解高效液相色谱仪的工作原理及使用方法。

2. 学习用高效液相色谱仪测定食品中抗生素残留情况。

【仪器试剂】

(一)试剂

①乙腈(A. R)。

②0.01 mol/L 磷酸二氢钠溶液:称取 1.56 g(精确到±0.01 g)磷酸二氢钠溶于蒸馏水

中,定容到 100 mL,经微孔滤膜(0.45 μm)过滤,备用。

③土霉素(OTC)标准溶液:称取土霉素 0.010 0 g(精确到±0.000 1 g),用 0.1 mol/L 盐酸溶液溶解并定容到 10.00 mL,此溶液土霉素浓度为 1 mg/mL,于 4℃保存。

④四环素(TC)标准溶液:称取四环素 0.010 0 g(精确到±0.000 1 g),用 0.01 mol/L 盐酸溶液溶解并定容到 10.00 mL,此溶液四环素浓度为 1 mg/mL,于 4℃保存。

⑤金霉素(CTC)标准溶液:称取金霉素 0.010 0 g(精确到±0.000 1 g),溶于蒸馏水并定容到 10.00 mL,此溶液金霉素浓度为 1 mg/mL,于 4℃保存。

⑥混合标准溶液:取土霉素、四环素标准溶液各 1.00 mL,取金霉素标准溶液 2.00 mL,置于 10 mL 容量瓶中加水定容。此溶液土霉素、四环素浓度为 0.1 mg/mL,金霉素浓度为 0.2 mg/mL,临用时现配。

⑦5%高氯酸溶液。

(二)仪器

> **课堂互动**
> 高氯酸的作用是什么?

高效液相色谱仪(HPLC):具紫外检测器。

【工作过程】

一、试样测定

称取 5.00 g(精确到±0.01 g)切碎的肉样(<5 mm),置于 50 mL 锥形瓶中,加入 5%高氯酸 25.0 mL,于振荡器上振荡提取 10 min,移入到离心管中,以 2 000 r/min 离心 3 min。上清液经 0.45 μm 微膜过滤,取溶液 10 μL 进样,记录峰面积或峰高。

二、工作曲线的绘制

分别称取 7 份切碎的肉样,每份 5.00 g(精确到±0.01 g),分别加入混合标准溶液 0、25、50、100、150、200 和 250 μL(含土霉素、四环素均为 0、2.5、5.0、10.0、15.0、20.0、25.0 μg;含金霉素 0、5.0、10.0、30.0、40.0、50.0 μg),按试样测定中的方法操作,以峰面积或峰高为纵坐标、以抗生素含量为横坐标作标准工作曲线,给出回归方程。

三、色谱条件

色谱柱:ODS-C_{18},5 μm,6.2 mm×15 cm。

检测波长:355 nm。

灵敏度:0.002 AUFS。

柱温:室温。

流速:1.0 mL/min。

进样量:10 μL。

流动相:乙腈-0.01 mol/L 磷酸二氢钠溶液(用 30%的硝酸溶液调节 pH 为 2.5)体积比为 35∶65,使用前超声波脱气 10 min。

四、结果处理

试样中抗生素含量按下式计算:

$$X = \frac{m_1 \times 1\,000}{m \times 1\,000}$$

（式 3-4）

式中：X 为试样中抗生素含量，mg/kg；m_1 为试样溶液中测得抗生素质量，μg；m 为试样质量，g。

【知识链接】

兽药残留指给动物使用后蓄积和贮存在细胞、组织和器官内的药物原形、代谢产物和药物杂质。兽药残留包括兽药在生态环境中的残留和兽药在动物性食品中的残留。残留毒理学意义较重的兽药，按其用途分类主要包括：抗生素类、化学合成抗生素类、抗寄生虫药、生长促进剂和杀虫剂。抗生素和化学合成抗生素统称抗微生物药物，是最主要的兽药添加剂和兽药残留，约占药物添加剂的 60％。

兽药（包括兽药添加剂）在畜牧业中的广泛使用，对降低牲畜发病率与死亡率、提高饲料利用率、促生长和改善产品品质方面起到十分显著的作用，已成为现代畜牧业不可缺少的物质基础。但是，由于科学知识的缺乏和经济利益的驱使，畜牧业中滥用兽药和超标使用兽药的现象普遍存在。其后果，一方面是导致动物性食品中兽药残留，摄入人体后影响人类的健康；另一方面，各种养殖场大量排泄物（包括粪便、尿等）向周围环境排放，兽药又成为环境污染物，给生态环境带来不利影响。

近年来，兽药残留在国内外已经成为社会关注的公共卫生问题，与人类的健康息息相关。中国加入 WTO 后，国际贸易中的非贸易性技术壁垒现象，使中国畜禽产品的出口面临更加激烈的竞争环境。如不能很好地控制兽药残留，将直接影响畜禽产品的出口贸易。由此可见，药物（兽药）残留的测定具有特殊重要的意义。食品中兽药残留主要分抗生素残留、硝基呋喃类药物残留、生长促进剂残留 3 种。

（一）检测原理

利用高效液相色谱法分析肉中抗生素（土霉素、四环素、金霉素）残留，是将样品经提取、微孔滤膜过滤后直接进样，用反相色谱分离，紫外检测器检测，再与标准比较定量的一种方法。出峰顺序为土霉素、四环素、金霉素。标准加法定量。参照国标 GB/T 5009.116—2003。

（二）操作注意事项

①本操作所用来制备溶液的去离子水均应过滤。洗脱液应严格脱气。

②为了避免四环素类与金属离子形成螯合物及在柱上吸附，常将流动相调 pH 至 2.5。如 pH＞4.0 便出现峰拖尾。

【知识拓展】

一、动物性食品中青霉素族抗生素残留物的检测

青霉素类抗生素的毒性很小，由于 β-内酰胺类作用于细菌的细胞壁，而人类只有细胞膜无细胞壁，故对人类的毒性较小，除能引起严重的过敏反应外，在一般用量下，其毒性不甚明显。是化疗指数最大的抗生素。但其青霉素类抗生素常见的过敏反应在各种药物中居首位，发生率最高可达 5％～10％，为皮肤反应，表现为皮疹、血管性水肿，最严重者为过敏性休克，多在注射后数分钟内发生，症状为呼吸困难、发绀、血压下降、昏迷、肢体强直，最后惊厥，抢救不及时可造成死亡。各种给药途径或应用各种制剂都能引起过敏性休克，但以注射用药的发生率最高。过敏反应的发生与药物剂量大小无关。对该品高度过敏者，虽极微量亦能引起休克。

注入体内可致癫痫样发作。大剂量长时间注射对中枢神经系统有毒性(如引起抽搐、昏迷等)，停药或降低剂量可以恢复。

(一)检测原理

样品中青霉素族抗生素残留物用乙腈-水溶液提取，提取液经浓缩后，用缓冲溶液溶解，固相萃取柱净化，洗脱液经氮气吹干后，用液相色谱-质谱/质谱测定，外标法定量。参照国标GB/T 21315—2007。

(二)试剂

①乙腈:色谱级。

②甲醇:色谱级。

③甲酸:色谱级。

④氯化钠。

⑤氢氧化钠。

⑥磷酸二氢钾。

⑦磷酸氢二钾。

⑧0.1 mol/L 氢氧化钠:称取 4 g 氢氧化钠，并用水稀释至 1 000 mL。

⑨乙腈＋水(15＋2，体积比)。

⑩乙腈＋水(30＋70，体积比)。

⑪0.05 mol/L 磷酸盐缓冲溶液(pH＝8.5):称取 8.7 g 磷酸氢二钾，超纯水溶解，稀释至 1 000 mL，用磷酸二氢钾调节 pH 至(8.5±0.1)。

⑫0.025 mol/L 磷酸盐缓冲溶液(pH＝7.0):称取 3.4 g 磷酸二氢钾，超纯水溶解，稀释至 1 000 mL，用氢氧化钠调节 pH 至(7.0±0.1)。

⑬0.01 mol/L 乙酸铵溶液(pH＝4.5):称取 0.77 g 乙酸铵，超纯水溶解，稀释至 1 000 mL，用甲酸调节 pH 至(4.5±0.1)。

⑭11 种青霉素族抗生素标准品:羟氨苄青霉素、氨苄青霉素、邻氯青霉素、双氯青霉素、乙氧萘胺青霉素、苯唑青霉素、苄青霉素、苯氧甲基青霉素、苯咪青霉素、甲氧苯青霉素、苯氧乙基青霉素，纯度均大于等于 95%。

⑮11 种青霉素族抗生素标准储备溶液:分别称取适量标准品，分别用乙腈水溶液溶解并定容至 100 mL，各种青霉素族抗生素浓度为 100 μg/mL，置于－18℃冰箱避光保存，保存期 5 d。

⑯11 种青霉素族抗生素混合标准中间溶液:分别吸取适量的标准储备液于 100 mL 容量瓶中，用磷酸盐缓冲溶液定容至刻度，配成混合标准中间溶液:各种青霉素族抗生素浓度为:羟氨苄青霉素 500 ng/mL，氨苄青霉素 200 ng/mL，苯咪青霉素 100 ng/mL，甲氧苯青霉素 10 ng/mL，苄青霉素 100 ng/mL，苯氧甲基青霉素 50 ng/mL，苯唑青霉素 200 ng/mL，苯氧乙基青霉素 1 000 ng/mL，邻氯青霉素 100 ng/mL，乙氧萘胺青霉素 200 ng/mL，双氯青霉素 1 000 ng/mL。置于－4℃冰箱避光保存，保存期 5 d。

⑰混合标准工作溶液:准确移取标准中间溶液适量，用空白样品基质配制成不同浓度系列的混合标准工作溶液(用时现配)。

⑱Oasis H L B 固相萃取小柱或相当者:500 mg，6 mL。使用前用甲醇和水预处理，即先用 2 mL 甲醇淋洗小柱，然后用 1 mL 水淋洗小柱。

(三)仪器

①液相色谱质谱/质谱仪:配有电喷雾离子源。

②旋转蒸发器。

③固相萃取装置。

④离心机。

⑤均质器。

⑥涡漩混合器。

⑦pH 计。

⑧氮吹仪。

(四)试样制备与保存

取代表性样品,用组织捣碎机充分捣碎,装入洁净容器中,密封,并标明标记。于-18℃以下冷冻存放。

(五)试样提取

①肝脏、肾脏、肌肉组织、鸡蛋样品:称取约 5 g 试样(精确到 0.01 g)于 50 mL 离心管中,加入 15 mL 乙腈水溶液,均质 30 s,4 000 r/min 离心 5 min,上清液转移至 50 mL 离心管中;另取一离心管,加入 10 mL 乙腈水溶液,洗涤均质器刀头,用玻棒捣碎离心管中的沉淀,加入上述洗涤均质器刀头溶液,在涡漩混合器上振荡 1 min,4 000 r/min 离心 5 min,上清液合并至 50 mL 离心管中,重复用 10 mL 乙腈水溶液洗涤刀头并提取一次,上清液合并至 50 mL 离心管中,用乙腈水溶液定容至 40 mL。准确移取 20 mL 注入 100 mL 鸡心瓶。

②牛奶样品:称取 10 g 样品(精确到 0.01 g)于 50 mL 离心管中,加入 20 mL 乙腈,均质提取 30 s,4 000 r/min 离心 5 min,上清液转移至 50 mL 离心管中;另取一离心管,加入 10 mL 乙腈水溶液,洗涤均质器刀头,用玻棒捣碎离心管中的沉淀,加入上述洗涤均质器刀头溶液,在涡漩混合器上振荡 1 min,4 000 r/min 离心 5 min,上清液合并至 50 mL 离心管中,重复用 10 mL 乙腈水溶液洗涤刀头并提取一次,上清液合并至 50 mL 离心管中,用乙腈水溶液定容至 50 mL,准确移取 25 mL 注入 100 mL 鸡心瓶。将鸡心瓶于旋转蒸发器上(37℃水浴)蒸发除去乙腈(易起沫样品可加入 4 mL 饱和氯化钠溶液)。

(六)试样净化

立即向已除去乙腈的鸡心瓶中加入 20 mL 磷酸盐缓冲溶液,涡漩混匀 1 min,用 0.1 mol/L氢氧化钠调节 pH 为 8.5,以 1 mL/min 的速度通过经过预处理的固相萃取柱,先用 2 mL 磷酸盐缓冲溶液淋洗 2 次,再用 1 mL 超纯水淋洗,然后用 3 mL 乙腈洗脱(速度控制在 1 mL/min)。将洗脱液于 40℃下氮气吹干,用 0.025 mol/L 磷酸盐缓冲溶液定容至 1 mL,过 0.45 μg 滤膜后,立即用液相色谱-质谱/质谱仪测定。

1. 液相色谱条件

①色谱柱:C_{18},250 mm×4.6mm(内径),粒度 5 μg,或相当者。

②流动相:A 组分是 0.01 mol/L 乙酸铵溶液(甲酸调 pH 至 4.5);B 组分是乙腈。梯度洗脱如表 3-2 所示。

③流速:1.0 mL/min。

④进样量:100 μL。

表 3-2　梯度洗脱程序

步骤	时间/min	流速/(mL/min)	组分 A/%	组分 B/%
1	0.00	1.0	98.0	2.0
2	3.00	1.0	98.0	2.0
3	5.00	1.0	90.0	10.0
4	15.00	1.0	70.0	30.0
5	20.00	1.0	60.0	40.0
6	20.10	1.0	98.0	2.0
7	30.00	1.0	98.0	2.0

2. 质谱条件

①离子源：电喷雾离子源。

②扫描方式：正离子扫描。

③检测方式：多反应监测。

④雾化气、气帘气、辅助气、碰撞气均为高纯氮气；使用前应调节各参数使质谱灵敏度达到检测要求。

(七)试样测定

1. 液相色谱-质谱/质谱测定

根据试样中被测物的含量情况，选取响应值相近的标准工作液一起进行色谱分析。标准工作液和待测液中青霉素族抗生素的响应值均应在仪器线性响应范围内。对标准工作液和样液等体积进行测定。在上述色谱条件下，11 种青霉素的参考保留时间分别约为：羟氨苄青霉素 8.5 min，氨苄青霉素 12.2 min，苯脒青霉素 16.5 min，甲氧苯青霉素 16.8 min，苄青霉素 18.1 min，苯氧甲基青霉素 19.4 min，苯唑青霉素 20.3 min，苯氧乙基青霉素 20.5 min，邻氯青霉素 21.5 min，乙氧萘胺青霉素 22.3 min，双氯青霉素 23.5 min。

2. 定性测定

按照上述条件测定样品和建立标准工作曲线，如果样品中化合物质量色谱峰的保留时间与标准溶液相比在±2.5％的允许偏差之内；待测化合物的定性离子对的重构离子色谱峰的信噪比大于或等于 3(S/N≥3)，定量离子对的重构离子色谱峰的信噪比大于或等于 10(S/N≥10)；定性离子对的相对丰度与浓度相当的标准溶液相比，相对丰度偏差不超过表 3-3 的规定，则可判断样品中存在相应的目标化合物。

表 3-3　相对丰度偏差　　　　　　　　　　　　　　　　　　　　　　　　　　％

相对离子丰度	＞50	＞20～50	＞10～20	≤10
允许的相对偏差	±20	±25	±30	±50

3. 定量测定

外标法使用标准工作曲线进行定量测定。

4. 空白试验

除不加试样外，均按上述操作步骤进行。

(八)结果处理

用色谱数据处理机或按下式计算试样中青霉素族抗生素残留量,计算结果需扣除空白值:

$$X = \frac{\rho \times V \times 1\,000}{m \times 1\,000}$$ （式 3-5）

式中:X 为试样中青霉素族残留量,μg/kg;V 为样液最终定容体积,mL;m 为最终样液代表的试样质量,g;ρ 为标准曲线上得到的青霉素族残留溶液浓度,ng/mL。

二、畜禽肉中雄性激素类药物残留量的检测

患有高雄激素血症的女性的病变部位主要在卵巢和肾上腺这两大器官,体内雄激素产量过多使她们或多毛、或不孕、或阴蒂肥大。就卵巢病变而言,主要有多囊卵巢综合征、卵泡膜细胞增生症及某些卵巢肿瘤。雄激素过高是导致多囊卵巢综合征的"主犯",发生率占育龄女性的 5%~10%,因而成为女性生育的一大威胁。患者出现肥胖、多毛、痤疮、月经失调等,甚至表现为男性化特征。卵巢产生过多雄性激素,抑制正常排卵,导致女性引发多囊卵巢综合征而致不孕,同时会引发其他疾病,比如高血压、抑郁症等。

(一)检测原理

试样经酶解,乙腈提取样品中 7 种雄性激素类药物残留,固相萃取柱净化、浓缩、液相色谱-质谱/质谱测定,内标法定量。参照 SN/T 2277—2010。

(二)试剂

除另有规定外,所有试剂均为分析纯;水为 UB/T 6682 规定的一级水。

①乙腈:色谱级。

②正己烷:色谱级。

③丙酮:色谱级。

④甲醇:色谱级。

⑤正丙醇:色谱级。

⑥β-葡糖苷硫酸酯酶(葡萄糖苷酶:117 800 U/mL;硫酸酯酶:1 008 U/mL)。

⑦硅藻土。

⑧丙酮-水溶液(20+80):取丙酮 20 mL,水 80 mL,混合后振摇混匀。

⑨乙腈饱和的正己烷溶液:取正己烷 200 mL,于 250 mL 分液漏斗中,加入少量乙腈,剧烈振摇数分钟,静止分层后弃下层乙腈层即得。

⑩乙腈-水溶液(10+90):取乙腈 10 mL,水 90 mL,混合后振荡混匀。

⑪固相萃取柱:C_{18},500 mg,6 mL 或相当者,使用前用 5 mL 甲醇,5 mL 水活化。

⑫固相萃取柱:NH_2,500 mg,6 mL 或相当者,使用前用 5 mL 乙腈活化。

⑬标准物质和内标:去甲雄三烯醇酮、去氢睾酮、19-去甲睾酮、睾酮、脱氢表雄酮、雄烯二酮、表睾酮等标准物质,纯度≥98%;睾酮-D_2 和脱氢表雄酮-D_2 内标物质:纯度≥97%。

⑭标准溶液。

a. 标准储备溶液:分别准确称取适量 7 种雄性激素相应化合物标准物质,用甲醇溶解定容至 50 mL,得质量浓度分别为 1 000 g/mL 的标准储备溶液。在 -18℃ 以下,有效期 12 个月。

　　b. 混合标准中间液:准确吸取各种雄性激素类标准储备液适量,用甲醇准确稀释到去甲雄三烯醇酮、去氢睾酮、19一去甲睾酮、睾酮、雄烯二酮、表睾酮的浓度为 10 g/mL,脱氢表雄酮的浓度为 50 g/mL,在−18℃以下,有效期 9 个月。

　　c. 氘代内标储备溶液:分别准确称取适量睾酮-D_2 和脱氢表雄酮-D_2 标准物质,用甲醇溶解定容至 50 mL,得质量浓度分别为 1 000 g/mL 的氘代内标储备溶液,在−18℃以下,有效期 12 个月。

　　d. 混合氘代内标中间溶液:准确吸取 2 种氘代内标储备液适量,用甲醇准确稀释到睾酮-D_2 的浓度为 10 g/mL,脱氢表雄酮-D_2 的浓度为 50 g/mL,在−18℃以下,有效期 9 个月。

　　e. 混合标准工作液:标准工作液根据需要使用前用空白样品基质提取溶液配制,空白样品基质溶液采用相应的无残留基质样品参照样品提取、样品净化所述操作步骤操作。该溶液使用前配制。

　　f. 混合氘代内标工作溶液:分别准确吸取混合氘代内标中间液适量,用甲醇准确稀释到睾酮-D_2 的浓度为 20 g/L,脱氢表雄酮-D_2 的浓度为 500 g/L 作为氘代内标工作溶液。该溶液使用前配制。

　　⑮微孔滤膜:0.22 μm。

(三)仪器

①液相色谱-质谱/质谱仪或相当者:配有电喷雾离子源。

②固相萃取装置。

③涡漩混合器。

④高速冷冻离心机:10 000 r/min。

⑤螺旋盖聚丙烯离心试管:50 mL。

⑥组织捣碎机。

⑦均质器。

⑧超声波仪。

⑨吹氮浓缩仪。

⑩恒温水浴振荡器。

(四)样品制备与保存

1. 动物内脏、肌肉

从所取全部样品中取出有代表性样品可食部分约 500 g,用组织捣碎机充分捣碎均匀,均分成两份,分别装入洁净容器中,密封,并标明标记,于−18℃以下冷冻存放。

2. 牛奶、蜂蜜样品

从所取全部样品中取出有代表性样品 500 g,充分混匀,均分成两份,分别装入洁净容器中,密封,并标明标记,于−18℃以下冷冻存放。在操作过程中,应防止样品污染或发生残留物含量的变化。

(五)测定步骤

1. 样品提取

①动物组织(肝、肾、肌肉等):称取试样 1 g(精确到 0.01 g),置于 50 mL 具螺旋盖聚丙烯离心管中,加入 50 μL 混合氘代内标工作溶液,放置 15 min,加入硅藻土 3 g(精确到 0.1 g)和

5 mL乙腈,在均质器中15 000 r/min均质30 s,加入60 μL β-葡糖苷硫酸酯酶,涡漩混匀30 s, 37℃振荡过夜。放冷至室温,于4℃,4 000 r/min离心5 min,收集上清液于另一个干净的 15 mL玻璃试管中。向离心残渣中再加入5 mL乙腈,涡漩混匀30 s,室温超声提取5 min,于 4℃,10 000 r/min离心5 min,收集上清液,合并2次提取液,用氮气流吹干。再用1 mL乙腈 溶解残渣,加入1 mL乙腈饱和正己烷溶液,涡漩混匀30 s,转移至2 mL离心管中,于4℃, 10 000 r/min离心5 min,将下层溶液转移至15 mL玻璃试管中,加入10 mL水,混匀,待净化。

②牛奶和蜂蜜样品:称取试样1 g(精确到0.01 g),置于50 mL具螺旋盖聚丙烯离心管 中,加入50 μL混合氘代内标添加溶液,放置15 min,加入硅藻土3 g(精确到0.1 g)研磨均匀, 加入5 mL乙腈,涡漩混匀。室温超声提取5 min,其余按①相关步骤操作。

2. 样品净化

将样品提取液转移至已活化的固相萃取C_{18}柱中,控制流速不超过3 mL/min。依次用 5 mL水、5 mL丙酮-水溶液(20+80)和5 mL正己烷淋洗柱子,淋洗液完全通过小柱后,抽干小 柱,将已活化的固相萃取NH_2柱串接到C_{18}柱下面,用6 mL乙腈洗脱,流速不超过3 mL/min, 收集洗脱液于15 mL玻璃试管中,氮气流吹干,加入1 mL乙腈-水溶解残渣,涡漩,超声1 min, 过0.22 m滤膜,供液相色谱-质谱/质谱仪测定。

3. 样品测定

(1)液相色谱条件

①色谱柱:C_{18},3 μm,150 mm×2.1 mm(内径),或相当者。

②流动相:A:乙腈;B:0.1%甲酸水溶液;C:10 mmol乙酸铵水溶液,梯度洗脱条件见 表3-4。

表 3-4 梯度洗脱程序表

时间/min	A/%	B/%	C/%
0	45	51	4
2	45	51	4
2.5	70	26	4
8	70	26	4
8.5	45	51	4
12	45	51	4

③流速:0.2 mL/min。

④柱温:35℃。

⑤进样量:20 μL。

(2)质谱条件

①离子化模式:电喷雾。

②扫描模式:正离子扫描。

③检测方式:多反应监测(MRM)。

④分辨率:单位分辨率。

(3)液相色谱-质谱/质谱测定

①定性测定。每种被测组分选择1个母离子,2个以上子离子,在相同实验条件下,样品

中待测物质的保留时间与基质标准溶液该物质的保留时间偏差在±5%,且样品中各组分定性离子的相对丰度与浓度接近的基质混合标准溶液中对应的定性离子的相对丰度进行比较,偏差不超过表 3-5 规定的范围,则可判定为样品中存在对应的待测物。

表 3-5　定性测定时相对离子丰度的最大允许偏差　　　　　　　%

相对离子丰度	>50	20~50	10~20	≤10
允许的相对离子丰度	±20	±25	±30	±50

②定量测定。根据试样中被测雄性激素类药物残留的含量情况,选取响应值相近的标准工作液一起进行色谱-质谱/质谱分析。标准工作液和待测液中 7 种雄性激素的响应值均应在仪器线性响应范围内。对标准工作液和样液等体积混合进行测定。在上述测定条件下各种雄性激素类药物的参考保留时间为去甲雄三烯醇酮:4.46 min;去氢睾酮:4.95 min;19-去甲睾酮:5.99 min;睾酮:7.84 min;睾酮-D_2:7.75 min;脱氢表雄酮:9.22 min;雄烯二酮:9.45 min;表睾酮:9.51 min。标准溶液的多反应监测(MRM)色谱图参见图 3-4。

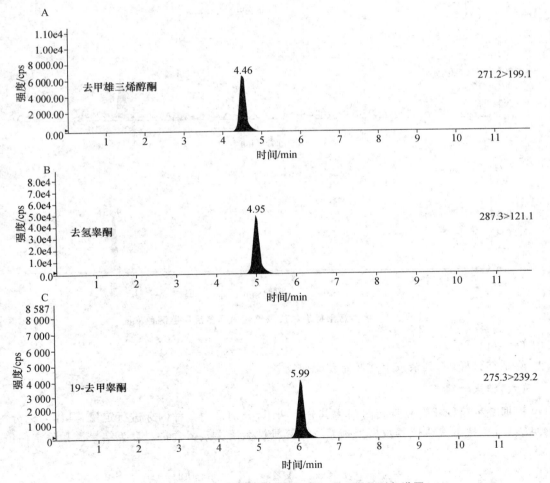

图 3-4　雄性激素标准物质及氘代内标多反应监测色谱图

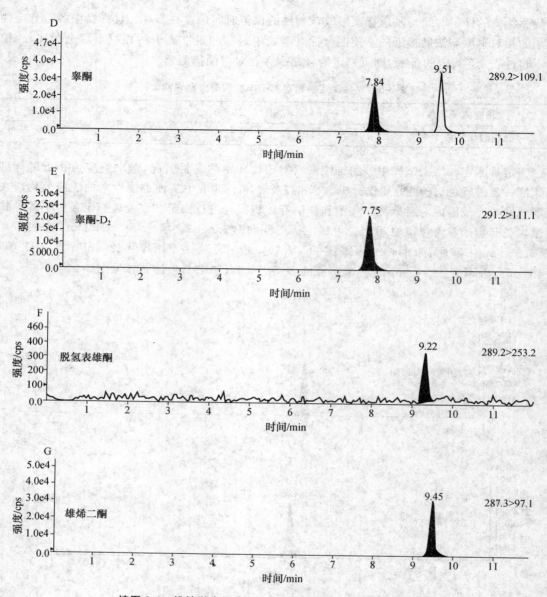

续图 3-4　雄性激素标准物质及氘代内标多反应监测色谱图

（4）空白试验

除不加试样外，其余按上述测定步骤进行。

（六）结果计算

根据 7 种目标化合物保留时间将其分为两组，分别采用 2 种内标进行定量，具体内标分配参见表 3-7。按下式或仪器数据处理系统计算雄性激素类残留含量。计算结果需扣除空白值。

$$X = \frac{\rho \times \rho_i \times A \times A_{si} \times V}{\rho_{si} \times A_i \times A_s \times m} \times \frac{1\,000}{1\,000} \qquad (\text{式 3-6})$$

式中：X 为试样中待测组分的含量，$\mu g/kg$；ρ 为标准工作溶液待测组分的浓度，$\mu g/L$；ρ_i 为测试液中内标物的浓度，$\mu g/L$；A 为测试液中待测组分的峰面积；A_{si} 为标准工作溶液中内标物的峰面积；V 为样品定容体积，mL；ρ_{si} 为标准工作溶液中内标物的浓度，$\mu g/L$；A_i 为测试液中内标物的峰面积；A_s 为标准工作溶液中待测组分的峰面积；m 为最终样液代表的试样质量，g。

(七)测定低限和回收率

1. 测定低限

去甲雄三烯醇酮、去氢睾酮、19-去甲睾酮、睾酮、雄烯二酮和表睾酮 6 种雄性激素均为 0.001 mg/kg，脱氢表雄酮为 0.01 mg/kg。

2. 回收率

在不同的基质中，雄性激素各化合物添加回收的试验数据见表 3-6，7 种雄性激素及其内标物的主要参考质谱参数见表 3-7。

表 3-6 雄性激素类残留量测定的添加回收率试验数据

药物名称	添加浓度/ ($\mu g/kg$)	回收率/%				
		蜜蜂	牛奶	猪肾	猪肝	猪肉
去甲雄 三烯醇酮	1.0	87.7～106	75.6～89.0	81.0～107	86.4～107	94.8～112
	1.5	83.0～110	74.5～95.0	88.0～105	88.8～105	95.5～111
	2.0	87.3～105	77.8～92.9	87.7～97.7	88.3～101	91.9～101
去氢睾酮	1.0	98.7～111	76.8～108	80.6～95.7	95.0～102	96.8～108
	1.5	99.0～112	74.5～105	85.6～99.1	97.3～104	93.0～115
	2.0	98.3～110	78.7～112	88.3～95.3	92.4～101	91.1～113
19-去甲睾酮	1.0	93.5～107	81.5～92.7	73.5～91.0	95.0～106	92.1～114
	1.5	90.5～118	82.5～96.9	75.4～90.8	94.6～107	96.9～109
	2.0	89.8～116	82.5～91.8	78.4～95.7	93.2～103	93.5～117
睾酮	1.0	90.1～113	86.6～94.6	92.6～106	94.3～101	93.0～115
	1.5	88.7～103	84.3～90.4	97.0～105	90.3～99.8	97.2～104
	2.0	92.0～109	86.5～110	93.7～103	91.7～100	96.6～118
脱氢表雄酮	10	78.6～92.5	88.0～101	70.9～92.0	90.2～102	72.3～94.3
	15	71.5～91.3	83.0～101	73.3～96.3	87.4～101	78.0～95.0
	20	74.5～95.5	79.7～110	79.0～99.7	89.7～105	79.7～93.7
雄烯二酮	1.0	94.5～108	70.5～91.0	74.5～91.1	76.5～92.0	84.5～98.0
	1.5	86.7～101	71.7～94.1	76.7～94.5	76.5～89.7	86.7～99.1
	2.0	94.4～105	75.3～90.5	75.0～90.0	79.0～95.2	85.0～95.7
表睾酮	1.0	90.7～112	89.0～104	97.6～103	76.5～94.6	85.4～96.0
	1.5	88.3～107	92.5～105	94.0～101	79.0～95.0	89.0～98.0
	2.0	92.0～115	86.7～108	92.0～105	74.3～92.1	89.0～99.7

表 3-7　7 种雄性激素及其内标物的主要参考质谱参数

组别	名称	定性离子(m/z)	定量离子(m/z)	去簇电压/V	碰撞能量/V
A 组	去甲雄三烯醇酮	271.2＞199.1 271.2＞253.2	271.2＞199.1	103	36 31
	去氢睾酮	287.3＞121.1 287.3＞135.1	287.3＞121.1	60	35 25
	19-去甲睾酮	275.3＞239.2 275.3＞257.3	275.3＞239.2	85	26 25
	睾酮	289.2＞109.1 289.2＞97.2	289.2＞109.1	79	40 36
A 组定量内标	睾酮-D_2	291.2＞99.1 291.2＞111.1	291.2＞99.1	85	35 38
B 组	脱氢表雄酮	289.2＞253.2 289.2＞271.1	289.2＞253.2	70	18 14
	雄烯二酮	287.3＞97.1 287.3＞109.1	287.3＞97.1	79	36 38
	表睾酮	289.3＞109.1 289.3＞97.2	289.3＞109.2	85	40 38
B 组定量内标	脱氢表雄酮-D_2	291.2＞255.3 291.2＞273.3	291.2＞255.3	63	18 14

三、畜禽肉中己烯雌酚的测定

己烯雌酚在 20 世纪 70~80 年代作为类雌激素药物广泛运用于口服避孕,以及防止流产。它可以促使女性性器官及副性征正常发育,使子宫内膜增生和阴道上皮角化,减轻妇女更年期或妇科手术后因性腺功能不足而产生的内分泌功能紊乱,增强子宫收缩,提高子宫对催产素的敏感性。

像臭名昭著的沙利度胺(反应停)一样,己烯雌酚刚一问世就受到大量的欢迎。许许多多的人不用再担心孩子的出生,以及孩子的无法出生。然而,也正如沙利度胺一样,当时人们完全没有认识到它的危害性。

直至大量使用己烯雌酚的那一代女性的孩子出生之后,问题发生了,而且在他们青春期之后更加集中严重表现出来。

服用过己烯雌酚的人生下的女孩,其阴道和宫颈细胞都有不同程度的病变。研究表明,阴道透明细胞腺癌近几年在少女和年轻妇女中的发病率有增加趋势。据调查,这些病人在出生前就受到过己烯雌酚的影响。胎儿期接触过己烯雌酚的妇女,年龄到 24 岁时患本病的累积危险性是 0.14%~1.4%。还有相当多的人有子宫颈和阴道的良性组织改变,称为腺瘤病。通过对胎儿期接触过己烯雌酚的妇女常规检查发现,约有 1/3 的人有上述异常。

在胎儿期接触过己烯雌酚的男性中,生殖系统异常的发生率也很高,4.33% 有睾丸异常,

3%睾丸发育不全,2.1%有隐睾历史,1.1%睾丸硬结。这些病人与相同年龄组、在胎儿期未接触过己烯雌酚的人相比,睾丸异常的发生率有显著增加。病人的精液检查表现为精子计数减少和精子活力下降,从而说明病人生育力的损害可能是应用己烯雌酚治疗后的另一个后果。

这些病例,我们称之为"DES综合征"。

同时,怀孕期间服用己烯雌酚还可造成胎儿畸形,使女性男性化、男性女性化,出现尿道下裂、附睾、睾丸和精子异常,甚至引起脑积水、脑脊膜膨出等。同时,对孕妇还可能造成肝脏和肾的损害,使哮喘的发病率明显上升,还可能促使胆汁中的胆固醇饱和而形成结石,诱发胰腺炎和血栓栓塞性疾病。

这时人们才发现,己烯雌酚是一种环境激素,与雌激素受体结合后会干扰人的内分泌,诱发生殖器病变与肿瘤。

(一)检测原理

试样匀浆后,经甲醇提取过滤,注入HPLC柱中,经紫外检测器鉴定。于波长230 nm处测定吸光度,同条件下绘制工作曲线,己烯雌酚含量与吸光度值在一定浓度范围内成正比,试样与工作曲线比较定量。参照国标GB/T 5009.108—2003。

(二)试剂

①甲醇。

②0.043 mo/L磷酸二氢钠($NaH_2PO_4 \cdot 2H_2O$):取1 g磷酸二氢钠溶于水,定容至500 mL。

③磷酸。

④己烯雌酚(DES)标准溶液:精密称取100 mg己烯雌酚(DES)溶于甲醇,移入100 mL容量瓶中,加甲醇至刻度,混匀,每毫升含DES 1.0 mg,贮于冰箱中。

⑤己烯雌酚(DES)标准使用液:吸取10.00 mL DES贮备液,移入100 mL容量瓶中,加甲醇至刻度,混匀,每毫升含DES 100 μg。

(三)仪器

①高效液相色谱仪:具紫外检测器。

②小型绞肉机。

③小型粉碎机。

④电动振荡机。

⑤离心机。

(四)分析步骤

1. 提取及净化

称取5 g(0.01 g)绞碎(小于5 mm)肉试样,放入50 mL,具塞离心管中,加10.00 mL甲醇,充分搅拌,搅振荡20 min,于3 000 r/min离心10 min,将上清液移出,残渣中再加10.00 mL甲醇,混匀后振荡20 min,于3 000 r/min离心10 min,合并上清液,此时若出现混浊,需再离心10 min,取上清液过0.5 μm滤膜,备用。

2. 色谱条件

紫外检测器:检测波长230 nm。

灵敏度:0.04 AUFS。

流动相:甲醇(0.043 mol/L)-磷酸二氢钠(70+
30),用磷酸调 pH 5(其中 $NaH_2PO_4 \cdot 2H_2O$ 水溶液
需过 0.45 μm 滤膜)。

流速:1 mL/min。

进样量:20 μL。

色谱柱:CILC-ODS-C18(5 μm)6.2 mm ×
150 mm 不锈钢柱。

柱温:室温。

3. 标准曲线绘制

称取 5 份(每份 5.00 g)绞碎的肉试样,放入
50 mL 具塞离心管中,分别加入不同浓度的标准液
(0.0、6.0、12.0、18.0 和 24.0 g/mL)各 1.0 mL,同
时做空白试验。其中甲醇总量为 20.00 mL,使其测
定浓度为 0.00、0.30、0.60、0.90 和 1.20 $\mu g/mL$,提
取备用。

(五)测定

分别取样 20 μL,注入 HPLC 柱中,可测得不同
浓度 DES 标准溶液峰高,以 DES 浓度对峰高绘制
工作曲线,同时取样液 20 μL,注入 HPLC 柱中,测
得的峰高从工作曲线图中查相应含量,Rt=8.235。
见图 3-5 己烯雌酚色谱图。

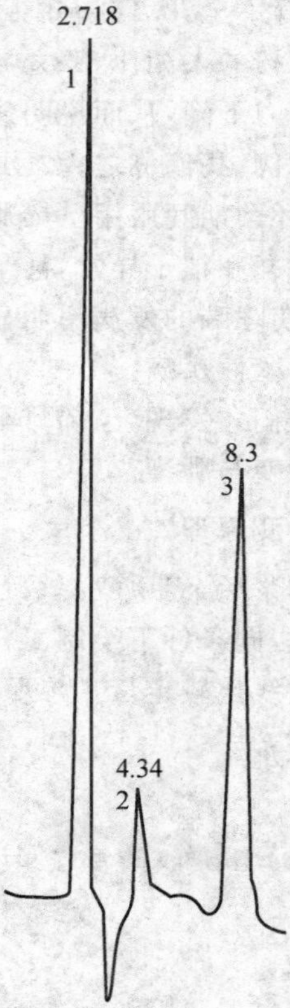

(六)结果处理

图 3-5 己烯雌酚色谱图
1. 溶剂峰 2. 杂质峰 3. 己烯雌酚标准峰

$$X = \frac{m_1 \times 1\,000}{m \times \dfrac{V_2}{V_1}} \times \frac{1\,000}{1\,000 \times 1\,000}$$
(式 3-7)

式中:X 为试样中己烯雌酚含量,mg/kg;m_1 为进样体积中己烯雌酚含量,ng;m 为试样的质
量,g;V_2 为进样体积,μL;V_1 为试样甲醇提取液总体积,mL。

◆项目小结

(一)学习内容

表 3-8　常见的农残、药残检测表

检测项目	检测标准	检测项目	检测标准
有机磷	GB/T 5009.20—2003	土霉素、四环素、金霉素	GB/T 5009.116—2003
氨基甲酸酯	GB/T 5009.104—2008	青霉素族	GB/T 21315—2007
有机氯	GB/T 5009.162—2008	雄性激素类	SN/T 2677—2010
拟除虫菊酯	GB/T 5009.162—2008	己烯雌酚	GB/T 5009.108—2003

(二)学习方法体会

①掌握每类中具有代表性物质的检测方法。

②应参照国标进行检测。

③掌握样品处理的方法。

◆项目检测

一、填空题

1. 药物残留的"三致"作用指_____、_____、_____作用;_____类的药物残留易产生三致作用。

2. 药物残留的种类:_____、_____、_____、_____、_____。

3. 兽药残留的危害:_____、_____、_____、_____、_____、_____。

4. 兽药残留原因:_____、_____、_____、_____。

二、判断题

1. 兽药残留检测前处理的目的是将待测组分从样品基质中分离出来,并达到分析仪器能够检测的状态。(　　)

2. 兽药残留进行样品前处理时,应尽量采用高、精、尖的仪器和设备,以提高检测方法的准确度。(　　)

3. 欧盟委员会决议 2002/657/EC 中,兽药残留检测考察 B 类物质(允许使用的兽药)时,其加标回收率的添加浓度一般为 1.0、5.0、10.0 倍最高残留限量。(　　)

4. 液相色谱的紫外检测器属于通用型检测器。(　　)

5. 质谱法作为兽药残留的确证检测方法,其结果不会出现假阳性的情况。(　　)

6. 回收率作为考察方法准确度的主要指标,其值越高越好。(　　)

7. 使用农药残留速测仪可以检测有机磷、有机氯、拟除虫菊酯和氨基甲酸酯 4 类农药残毒。(　　)

8. 使用 NY/T 761—2008 进行有机磷农药残留检测时,用乙腈提取后分取 10 mL 提取液,要在 80℃条件下将乙腈完全蒸干。(　　)

9. 农药残留速测样品处理时样品粉碎越细越好,便于残留农药的提取。(　　)

10. 配制农药标准溶液的容量瓶的清洗步骤为:先用溶剂刷洗、含有洗涤剂水清洗、自来水冲洗、蒸馏水刷洗并烘干。(　　)

三、选择题

1. 属于毒药的基准物是(　　),需严加保管。

A. 无水碳酸钠　　　　B. 氯化钠　　　　C. 草酸钠　　　　D. 邻苯二甲酸氢钾

E. 三氧化二砷

2. 溶剂脱气方法有(　　)。

A. 加热法　　　　B. 抽真空法　　　　C. 吹氦脱气法　　　D. 超声波脱气法

E. A+B+C+D

3. 残留检测方法验证时,测定标准曲线至少要有(   )个浓度。

A. 3 个　　　　　　　　B. 4 个　　　　　　C. 5 个　　　　　　　D. 6 个

4. 残留检测结果计算时,需要用本实验室获得的平均回收率折算的是(   )。

A. 有残留限量的药物　　　　　　　　　B. 不得检出的药物

C. 禁用药　　　　　　　　　　　　　　D. 不需要制定最高残留限量的药物

5. 农药残留速测仪可以检测(   )类农药残留。

A. 有机磷类　　　　　　B. 有机氯类　　　　C. 氨基甲酸酯　　D. 拟除虫菊酯

6. 兽药残留量的检测方法一般使用(   )。

A. 高效液相色谱仪　　B. 气相色谱仪　　C. 分光光度计　　D. 原子吸收分光光度计

7. 畜肉中己烯雌酚的提取剂是(   )。

A. 甲醇　　　　　　　　B. 甲酸　　　　　　C. 乙醇　　　　　　　D. 乙酸

8. 动物体内的青霉素类残留物提取剂是(   )。

A. 乙酸乙酯　　　　　　B. 乙腈　　　　　　C. 乙醇　　　　　　　D. 乙酸

9. 粮食中有机磷残留物的提取剂是(   )。

A. 乙酸乙酯　　　　　　B. 丙酮　　　　　　C. 乙醇　　　　　　　D. 乙醚

四、简答题

1. 药物残留的"三致"作用是什么?

2. 药物残留的种类有哪些?

3. 兽药残留的危害是什么?

4. 兽药残留的原因是什么?

5. 兽药残留防范措施是什么?

6. 兽药残留特点是什么?

7. 兽药残留分析的特点有哪些?

8. 残留分析中浓缩处理的方法有哪些?

9. 试比较说明气-固色谱、气-液色谱的特点和适用范围。

10. 高效液相色谱有哪几种类型?它们的分离机制是什么?在应用上各有何特点?

项目四　食品中重金属污染物的安全检测

◆学习目的

掌握食品中砷、铅、汞、镉等的来源、危害、检测原理、检测方法。

◆知识要求

1. 了解食品中砷、铅、汞、镉等的影响及危害。

2. 掌握砷、铅、汞、镉等的测定方法。

3. 掌握砷、铅、汞、镉等测定原理及相关计算。

◆技能要求

1. 能够正确处理样品的能力。

2. 能够正确测定砷、铅、汞、镉等含量。

◆项目导入

通常情况下,重金属的自然本底浓度不会达到有害的程度,但随着社会工业化的快速发展,进入大气、水和土壤的有毒有害重金属如铅、汞、镉、铬等不断增加,超过正常范围则会引起环境的重金属污染。从食品安全方面考虑的重金属污染,目前最引人关注的是汞、镉、铅、铬以及类金属砷等有显著生物毒性的重金属。重金属主要通过污染食品、饮用水及空气而最终威胁人们的健康。据研究,重金属污染经食物链放大随食品进入人体后主要引起机体的慢性损伤,进入人体的重金属要经过较长时间的积累才会显示出毒性,因此,往往不易被早期察觉,很难在毒性发作前就引起足够的重视,从而更加重了其危害性。

20世纪50年代在日本出现的"水俣病"和"痛痛病",经查明就是由于食品遭到汞和镉污染所引起的公害病,因此,重金属的环境污染通过食物链造成食源性危害的问题引起了人们的关注。近十几年来,随着我国经济的快速发展,环境治理和环境污染日趋失衡。

任务一　食品中铅含量的检测

【检测要点】

1. 根据各元素的分析特性,试样的含量,基体组成及可能干扰选取合适的分析条件。

2. 掌握试样的制备、预处理、标准溶液的配制及校正曲线的制作、分析条件的选择、操作方法、结果计算、数据处理及误差分析等。

【仪器试剂】

（一）仪器

①石墨炉原子吸收分光光度计（具氘灯扣背景装置）及其他配件。

②氮气钢瓶。

③铅元素空心阴极灯。

（二）试剂

①高氯酸-硝酸消化液（1＋4）。

②0.5 mol/L 硝酸：量取 32 mL 硝酸，加水，用水定容至 1 000 mL。

③20 g/L 磷酸铵：称取 2 g 磷酸铵，用水定容至 100 mL。

④硝酸（1＋1）。

⑤铅标准储备液：精确 1.000 g 铅（99.99％），或者称取 0.159 8 g 硝酸铅，加适量硝酸（1＋1）使之溶解，移入 1 000 mL 容量瓶中，用 0.5 mol/L 硝酸定容。

⑥铅标准使用液：吸取铅标准储备液 10.0 mL 置于 100 mL 的容量瓶中，用 0.5 mol/L 硝酸定容至刻度，该溶液含铅（100 μg/mL）。

【工作过程】

一、试样处理

①湿法消化：精确称取样品 2.00～5.00 g 于 150 mL 的三角瓶中，放入几粒玻璃珠，加入混合酸 10 mL。盖一个玻璃片，放置过夜。次日于电热板上逐渐升温加热，溶液变棕红色，应注意防止炭化。如发现颜色较深，再滴加浓硝酸，继续加热消化至冒白色烟雾，取下放冷后，加入约 10 mL 水继续加热赶酸冒白烟为止。放冷后用水洗至 25 mL 的刻度试管中，用少量水多次洗涤三角瓶，洗涤液并入刻度试管中，定容，混匀。

取与消化液相同的混合液、硝酸、水，按同样方法做试剂空白试验。

②干法灰化：精确称取样品 2.00～5.00 g 于坩埚中，在电炉上小火炭化至无烟后移入高温炉中，于 500℃灰化 6～8 h 后取出，放冷后再加入少量混合酸，小火加热至无炭粒，待坩埚稍凉，加 0.5 mol/L 硝酸，溶解残渣并移入 25 mL 的容量瓶中，再用 0.5 mol/L 硝酸反复洗涤坩埚，洗液并入容量瓶中至刻度。

二、标准溶液制备

铅的标准使用液稀释至 1 μg/mL，吸取 0.00、0.50、1.00、2.00、3.00 和 4.00 mL 铅标准使用液分别定容至 50 mL 的容量瓶中。

三、仪器参考条件

①测定波长：283.3 nm。

②灯电流：5～7 mA。

③狭缝：0.7 nm。

④干燥温度：120℃，20 s。

⑤灰化温度：450℃，20 s。

⑥原子化温度：1 900℃，4 s。

⑦其他仪器条件按仪器说明调至最佳状态。

四、标准曲线绘制

将铅的系列标准溶液分别置入石墨炉自动进样器的样品盘上，进样量为 10 μL，以磷酸二氢铵为基体改进剂，进样量为 5 μL，注入石墨炉进行原子化，测出吸光度。以标准溶液中铅的含量为横坐标，对应的吸光值为纵坐标，绘出标准曲线。

五、试样测定

将样品处理液、试剂空白液分别置入石墨炉自动进样器的样品盘上进样量为 10 μL，以20％磷酸铵为基体改进剂，进样量小于 5 μL，注入石墨炉进行原子化，结果与标准曲线比较定量分析。

六、结果处理

计算公式如下：

$$X = \frac{(\rho - \rho_0) \times V \times 1\,000}{m \times 1\,000} \tag{式 4-1}$$

式中：X 为样品的铅含量，mg/kg；ρ 为测定用样品液中铅的浓度，μg/mL；ρ_0 为试剂空白液中铅的浓度，μg/mL；m 为样品的质量，g；V 为样品的处理液，mL。

【知识连接】

食品原料生产中含铅农药的使用，食品原料加工中含铅镀锡管道、器具和容器、食品添加剂的使用，陶瓷食用釉料中使用含铅颜料，都会直接或间接地造成食品污染，使食品中含有一定量的铅。由于铅是一种具有蓄积性的有害元素，经常摄入含铅食品，会引起慢性中毒。

铅吸收后进入血液循环，主要以磷酸氢铅（$PbHPO_4$）、甘油磷酸化合物、蛋白复合物或铅离子状态分布全身各组织，主要在细胞核和浆的可溶性部分以及线粒体、溶酶体、微粒体。最后约有 95％的铅以不溶性的正磷酸铅［$Pb_3(PO_4)_2$］稳定地沉积于骨骼系统，其中以长骨小梁为最多。仅 5％左右的铅存留于肝、肾、脑、心、脾、基底核、皮质灰白质等器官和血液中。血液中的铅约 95％分布在红细胞内，主要在红细胞膜。骨铅与血铅之间处于一种动态平衡，当血铅达到一定程度，可引起急性中毒症状。吸收的铅主要通过肾脏排出，部分经粪便、乳汁、胆汁、月经、汗液、唾液、头发、指甲等排出。聚集在骨骼中的铅的半衰期约 20 年。铅对神经、血液、消化、血管和肾脏均有毒性。

铅中毒机制尚未完全阐明，比较清楚的有：引起血红蛋白合成障碍、损害神经系统、损害肾脏、损害生殖器官、影响子代。

食品中的铅可用二硫腙比色法测定，具体原理和操作如下。

(一)检测原理

样品经消化后，在 pH＝8.5～9.0 时，铅离子与二硫腙生成红色络合物，溶于三氯甲烷。加入柠檬酸铵、氰化钾和盐酸羟胺等，防止铜、铁、锌等离子干扰，与标准系列比较定量。参照国标 GB 5009.12—2010。

(二)仪器试剂

1. 试剂

①氨水(1+1)。

②盐酸(1+1)。

③1 g/L酚红指示液:称取0.10 g酚红,用少量多次乙醇溶解后移入100 mL容量瓶定容。

④100 g/L氰化钾溶液:称取10.0 g氰化钾,用水溶解后稀释定容至100 mL。

⑤三氯甲烷:不应含氧化物。

⑥硝酸(1+99)。

⑦硝酸-硫酸混合液(4+1)。

⑧200 g/L盐酸羟胺溶液:称取20 g盐酸羟胺,加水溶解至50 mL,加2滴酚红指示液,加氨水(1+1),调pH至8.5~9.0(由黄变红,再多加2滴),用二硫腙-三氯甲烷溶液提取至三氯甲烷层绿色不变为止,再用三氯甲烷洗2次,弃去三氯甲烷层,水层加盐酸(1+1)呈酸性,加水至100 mL。

⑨200 g/L柠檬酸铵溶液:称取50 g柠檬酸铵,溶于100 mL水中,加2滴酚红指示液,加氨水(1+1),调pH至8.5~9.0,用二硫腙-三氯甲烷溶液提取数次,每次10~20 mL,至三氯甲烷层绿色不变为止,弃去三氯甲烷层,再用三氯甲烷洗2次,每次5 mL,弃去三氯甲烷层,加水稀释至250 mL。

⑩淀粉指示液:称取0.5 g可溶性淀粉,加5 mL水摇匀后,慢慢倒入100 mL沸水中,随倒随搅拌,煮沸,放冷备用。临用时配制。

⑪二硫腙-三氯甲烷溶液(0.5 g/L):称取精制过的二硫腙0.5 g溶于50 mL三氯甲烷中,如不全溶,可用滤纸过滤于250 mL分液漏斗中,用氨水(1+1)提取3次,每次100 mL,将提取液用棉花过滤至500 mL分液漏斗中,用盐酸(1+1)调至酸性,将沉淀的二硫腙用三氯甲烷提取,最后用三氯甲烷定容至1 L,保存于冰箱中。

⑫二硫腙使用液:吸取1.0 mL二硫腙溶液,加三氯甲烷至10 mL混匀。用1 cm比色杯,以三氯甲烷调节零点,于波长510 nm处测吸光度(A),用下式算出配置100 mL二硫腙使用液(70%透光度)所需二硫腙溶液的体积(V)。

$$V = \frac{10 \times (2 - \lg 70)}{A} = \frac{1.55}{A}$$ (式4-2)

⑬铅标准溶液:精密称取0.159 8 g硝酸铅,加10 mL硝酸(1+99),全部溶解后,移入100 mL容量瓶中,加水稀释至刻度。此溶液每毫升相当于1.0 mg铅。

⑭铅标准使用液:吸取1.0 mL铅标准溶液,置于100 mL容量瓶中,加水稀释至刻度。此溶液每毫升相当于10.0 μg铅。

2. 仪器

①分光光度计。

②高温炉。

(三)工作过程

1. 样品预处理

(1)样品保存　在采样和制备过程中,应注意不使样品污染。

①粮食、豆类去杂物后,磨碎,过 20 目筛,贮于塑料瓶中,保存备用。

②蔬菜、水果、鱼类、肉类及蛋类等水分含量高的鲜样,用食品加工机或匀浆机打成匀浆,储于塑料瓶中,保存备用。

(2)样品消化(灰化法)

①粮食及其他含水分少的食品:称取 5.00 g 样品,置于石英或瓷坩埚中;加热至炭化,然后移入高温炉中,500℃灰化 3 h,放冷,取出坩埚,加硝酸(1+1),润湿灰分,用小火蒸干,在500℃灼烧 1 h,放冷,取出坩埚。加 1 mL 硝酸(1+1),加热,使灰分溶解,移入 50 mL 容量瓶中,用水洗涤坩埚,洗液并入容量瓶中,加水至刻度,混匀备用。

②含水分多的食品或液体样品:称取 5.0 g 或吸取 5.00 mL 样品,置于蒸发皿中,先在水浴上蒸干,加热至炭化,然后移入高温炉中,500℃灰化 3 h,放冷,取出坩埚,加硝酸(1+1),润湿灰分,用小火蒸干,在 500℃灼烧 1 h,放冷,取出坩埚。加 1 mL 硝酸(1+1),加热,使灰分溶解,移入 50 mL 容量瓶中,用水洗涤坩埚,洗液并入容量瓶中,加水至刻度,混匀备用。

2. 测定

①吸取 10.0 mL 消化后的定容溶液和同量的试剂空白液,分别置于 125 mL 分液漏斗中,各加水至 20 mL。

②吸取 0.00、0.10、0.20、0.30、0.40 和 0.50 mL 铅标准使用液(相当 0、1、2、3、4 和 5 μg 铅),分别置于 125 mL 分液漏斗中,各加硝酸(1+99)至 20 mL。

③于样品消化液、试剂空白液和铅标准液中各加 2 mL 柠檬酸铵溶液(20 g/L),1 mL 盐酸羟胺溶液(200 g/L)和 2 滴酚红指示液,用氨水(1+1)调至红色,再各加 2 mL 氰化钾溶液(100 g/L),混匀。各加 5.0 mL 二硫腙使用液,剧烈振摇 1 min,静置分层后,三氯甲烷层经脱脂棉滤入 1 cm 比色杯中,以三氯甲烷调节零点于波长 510 nm 处测吸光度,各点减去零管吸收值后,绘制标准曲线或计算一元回归方程,样品与曲线比较。

3. 结果处理

$$X = \frac{(m_1 - m_2) \times 1\,000}{m \times \frac{V_2}{V_1} \times 1\,000}$$　　　　　　(式 4-3)

式中:X 为样品中铅的含量,mg/kg 或 mg/L;m_1 为测定用样品消化液中铅的质量,μg;m_2 为试剂空白液中铅的质量,μg;m 为样品质量(体积),g 或 mL;V_1 为样品消化液的总体积,mL;V_2 为测定用样品消化液体积,mL。

任务二　食品中总砷含量的测定(Gutze 法)

砷广泛分布于自然界环境中,几乎所有的土壤都有砷。砷常用于制造农药和药物,食品原料及水产品由于受农药和药物、水质污染或其他原因污染而含有一定量的砷。砷的化合物具有强烈的毒性,在人体内积蓄可引起慢性中毒,表现为食欲下降,胃肠障碍,末梢神经炎等症状。

食品中砷的测定有氢化物原子荧光光谱法、银盐法、斑砷法、硼氢化物还原比色法 4 种国家标准方法。参照国标 GB/T 5009.11—2003。

【检测要点】

样品经分解消化后,其中的砷转变成五价砷。五价砷在酸性氯化亚锡和碘化钾的作用下,被还原为三价砷:

$$H_3AsO_4 + 2KI + 2HCl \longrightarrow H_2AsO_3 + I_2 + 2KCl + H_2O$$
$$I_2 + SnCl_2 + 2HCl \longrightarrow 2HI + SnCl_4$$

三价砷与氢反应生成砷化氢:

$$H_3AsO_3 + 3Zn + 6HCl \longrightarrow AsH_3 + 3ZnCl_2 + H_2O$$

所产生的砷化氢气体,通过醋酸铅溶液浸润过的棉花除去硫化氢的干扰,与溴化汞试纸作用生成由黄色到橙色的色斑,根据颜色深浅,与标准比较定量。

$$HsH_3 + 3HgBr_2 \longrightarrow 3HBr + As(HgBr)_3 \quad (黄色)$$
$$2As(HgBr)_3 + AsH_3 \longrightarrow 3AsH(HgBr)_2 \quad (黄褐色)$$
$$As(HgBr)3 + AsH_3 \longrightarrow 3HBr + As_2Hg_3 \quad (橙色)$$

【仪器试剂】

①溴化汞乙醇溶液(5%):取溴化汞 1 g,加 95% 乙醇稀释至 20 mL。

②溴化汞试纸:将滤纸剪成测砷管大小的圆片,浸入溴化汞乙醇溶液中约 1 h,取出放暗处使其自然干燥后备用。

③酸性氯化亚锡溶液(40%):称取分析纯氯化亚锡($SnCl_2 \cdot 2H_2O$)40 g,用盐酸溶解并稀释至 100 mL,临用时配制,贮于棕色瓶中。

④醋酸铅棉花:用 10% 醋酸铅溶液浸透脱脂棉花,挤干并使其疏松,在 80℃ 以下干燥,贮于棕色磨口瓶中备用。

⑤无砷锌粒(直径 2～3 mm)。

⑥碘化钾溶液(20%)。

⑦砷标准贮备溶液:精确称取预先在硫酸中干燥的分析纯三氧化二砷 0.132 0 g,溶于 10 mL、1 mol/L 氢氧化钠溶液中,加 1 mol/L H_2SO_4 溶液 10 mL,将此溶液仔细地移入 1 000 mL 容量瓶中,用水定容。此溶液含砷量为 0.1 mg/mL。

⑧砷标准使用溶液:吸取 1 mL 砷标准贮备液于 100 mL 容量瓶中,加 10% 硫酸 1 mL,加水定容。此溶液含砷量为 1 μg/mL。

⑨测砷装置(图 4-1)。

【工作过程】

一、试样处理

(一)湿法消化

吸取样品 10 mL(含砷约 10 μg 以下),置于 500 mL 凯氏烧瓶中,加入 10 mL 浓硫酸,混匀后放置片刻,小火加热使样品溶解,冷却。然后加浓硫酸 10 mL 并加热,至棕红色烟雾消失,溶液开始变成棕色时,立即滴入硝酸,反复操作 2～3 次,至溶液澄明,并发生大量白烟时取下,冷却并加水 20 mL,继续加热至冒白烟,重复操作 2 次,将剩余的硝酸完全驱除,冷却。加水 20 mL 稀释,冷却后,用水将溶液全部移入 100 mL 容量瓶中,冷却至室温,加水定容。

(二)干法消化

准确称取均匀样品 1～10 g(视砷含量多少而定)于 60 mL 瓷坩埚中,加入分析纯氧化镁粉 1 g,10%硝酸镁 10 mL,于烘箱中烘干或在水浴上蒸干。用小火炭化至无烟后移入高温炉中加热至 550℃,灼烧 5 h,冷却后取出。加水 5 mL,湿润灰分,再慢慢加入 6 mol/L 盐酸 10 mL 溶解,移入 100 mL 容量瓶中,再用 6 mol/L 盐酸 10 mL、水 5 mL 分数次洗涤坩埚,洗液均移入容量瓶中,加水定容。

同时做试剂空白对照。

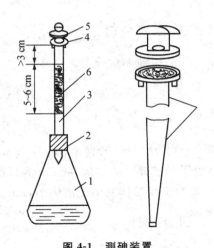

图 4-1 测砷装置
1. 锥形瓶(或广口瓶) 2. 橡皮塞 3. 测砷管
4. 管口 5. 玻璃帽 6. 醋酸铅棉花

二、试样测定

(一)安装测砷管

将醋酸铅棉花拉松后装入各支测砷管中,长度 5～6 cm,上端至管口处不少于 3 cm。棉花松紧程度要求基本一致,不得太紧或太松。然后将溴化汞试纸安放在测砷管的管口上,用橡皮圈扣紧玻璃帽,注意管口与帽盖吻合、密封。

(二)砷斑生成与比较

将测砷管和测砷瓶编号,于各瓶中按表 4-1 加入试剂和进行操作。立即装上测砷管,塞紧,于 25～40℃放置 45 min,取出样品及试剂空白的溴化汞试纸与标准砷斑比较定量。

表 4-1 试剂配料表

编号	标准管				样品管	试剂空白管
	1	2	3	4	5	6
砷标准使用液/mL	0.25	0.50	1.00	2.00	—	—
砷含量/μg	0.25	0.50	1.00	2.00		
样品测定液/mL	—	—	—	—	20.0	
试剂空白液/mL	—	—	—	—		20.0
蒸馏水/mL	24.75	24.5	24.0	23.0	5.0	5.0
20% KI/mL	5.0	5.0	5.0	5.0	5.0	5.0
体积分数为 50%的硫酸/mL	10.0	10.0	10.0	10.0	6.0	6.0
酸性 SnCl₂ 溶液	各加入 10 滴					
无砷锌粒	在滴入酸性 SnCl₂ 10 min 后各加 3 g					

三、结果处理

样品中砷含量按下式计算：

$$X = \frac{(m_1 - m_2) \times 1\,000}{m \times \dfrac{V_2}{V_1} \times 1\,000}$$ （式 4-4）

式中：X 为样品砷的含量，mg/kg；m_1 为样品溶液相当于标准砷斑的质量，μg；m_2 为空白溶液相当于标准砷斑的质量，μg；m 为样品质量或体积，g 或 mL；V_1 为样品消化液的总体积，mL；V_2 为测定用的样品消化液体积，mL。

四、注意事项

①测砷装置的规格，如瓶的大小与高度，测砷管的长度及圆孔直径等必须一致。

②试剂空白测定应为无色或呈现极浅的淡黄色，若砷斑色深，说明试剂不纯。

③整个操作过程应避免阳光直接照射。

④锑、磷也能与溴化汞试纸显色。可用浓氨水蒸气熏的方法鉴别，如褪色则为砷，不变色为磷，变黑为硫。

⑤同一批测定用的溴化汞试纸的纸质必须一致，否则因疏密不同而影响色斑深度。制作时应避免手接触到纸，晾干后贮于棕色试剂瓶内。

⑥三氧化三砷剧毒，使用时必须小心谨慎。

⑦砷斑不稳定，显色后应立即比色定量。如需保存，可将滤纸片在 5% 石油醚溶液中浸渍，挥干石油醚后避光保存。

【知识链接】

(一)食品中铜含量的测定(溶液萃取比色法)

尽管铜是重要的必需微量元素，但应用不当，也易引起中毒反应。一般而言重金属都有一定的毒性，但毒性的强弱与重金属进入体内的方式及剂量有关。口服时，铜的毒性以铜的吸收为前提，金属铜不易溶解，毒性比铜盐小，铜盐中尤以水溶性盐如醋酸铜和硫酸铜的毒性大。当铜超过人体需要量的 100~150 倍时，可引起坏死性肝炎和溶血性贫血。

1. 检测原理

样品经消化后，在碱性溶液中，铜离子与二乙基二硫代氨基甲酸钠（铜试剂）作用，生成棕黄色络合物，用有机溶剂四氯化碳萃取，于 440 nm 处测定吸光度，由标准曲线计算含量。参照国标 GB/T 5009.13—2003。

2. 仪器试剂

(1)仪器

①分液漏斗。

②分光光度计。

(2)试剂与材料

①柠檬酸铵-乙二胺四乙酸二钠溶液：称取柠檬酸铵 20 g 和乙二胺四乙酸二钠 5 g，加水溶液解并稀释至 100 mL。

②硫酸溶液(2 mol/L)。

③铜试剂溶液(简称 DDTC-Na)：称取 0.1 g 二乙基二硫代氨基甲酸钠，溶于水并稀释至 100 mL，贮存于棕色瓶与冰箱中，可用 1 周。

④铜标准贮存液准确：称取硫酸铜(CuSO₄ · 5H₂O)0.196 4 g，加 2 mol/L 硫酸溶解，移入 500 mL 容量瓶中定容。此溶液含铜量相当于 0.1 mg/mL。

⑤铜标准使用液：吸取 10 mL 铜标准贮存液于 100 mL 容量瓶中，加 2 mol/L 硫酸定容。此溶液含铜量相当于 10 μg/mL。

⑥氨水(体积分数 50%)。

⑦麝香草酚蓝指示剂(0.1%)：溶解 0.1 g 麝香草酚蓝于水中，滴加 0.1 mol/L 氢氧化钠至溶液变蓝色，再加水稀释至 100 mL。

⑧四氯化碳(A.R)。

3. 样品消化

硝酸-硫酸法，同砷的测定。

4. 标准曲线的绘制与样品测定

①取 8 个 125 mL 分液漏斗，编号后按表 4-2 加入试剂。样品消化液，试剂空白液均加水稀释至 20 mL。标准液加 2 mol/L 硫酸调至 20 mL。

表 4-2　试剂配加表

| 编号 | 标准 | | | | | | 样品 | 试剂空白 |
	0	1	2	3	4	5	6	7
铜标准使用液/mL	0.00	0.50	1.00	1.50	2.00	2.50	—	—
相当含铜量/μg	0	5	10	15	20	25	—	—
样品测定溶液/mL	—	—	—	—	—	—	10.00	—
试剂空白液/mL	—	—	—	—	—	—	—	10.00
加水量/mL	—	—	—	—	—	—	10.00	10.00
加 2 mol/L 硫酸/mL	20.00	19.50	19.00	18.50	18.00	17.50		

②于上述各分液漏斗中，各加入柠檬酸铵-乙二胺四乙酸二钠溶液 5 mL，麝香草酚蓝指示剂 2 滴，混匀后滴加氨水至溶液由黄色变微蓝色(此时溶液为 pH 9.0～9.2)，加入铜试剂 2.00 mL 和四氯化碳 10.00 mL，剧烈振摇 2 min，静置分层后，四氯化碳通过脱脂棉滤入 2 cm 比色杯中，以零管为参比，于 440 nm 处测定吸光度。

③绘制标准曲线：以铜标准液含铜量为横坐标，与其对应的吸光度为纵坐标绘制标准曲线。

④用样品消化液的吸光度于标准曲线上查得测定溶液的含铜量(μg)。

5. 结果计算

计算结果填入表 4-3 中。

表 4-3 结果计算表

编号 样品名称	1	2	3	4	5	6	7
	铜标准液含铜量/μg					样品	试剂空白
	5	10	15	20	25		
吸光度（A）							

样品中铜的含量按下式计算：

$$X = \frac{(m_1 - m_2) \times 1\,000}{m \times \dfrac{V_2}{V_1} \times 1\,000}$$ （式 4-5）

式中：X 为样品中铜的含量，mg/kg；m_1 为样品测定液中含铜的质量，μg；m_2 为空白试剂含铜的质量，μg；m 为样品质量或体积，g 或 mL；V_1 为样品消化液的总体积，mL；V_2 为测定用的样品液体积，mL。

6. 注意事项

①铁对测定有干扰，如加入柠檬酸铵-乙二胺四乙酸二钠溶液，可使铁保留在溶液中不被有机溶剂萃取而除去铁的干扰。

②铜离子与铜试剂生成的棕黄色络合物遇光不稳定，应避光操作。

（二）食品中镉含量的测定（分光光度法）

多因食入镀镉容器内的酸性食物所致，经数分钟至数小时出现症状，酷似急性胃肠炎：恶心、呕吐、腹痛、腹泻、全身乏力、肌肉酸痛，并有头痛，可因失水而发生虚脱，甚者急性肾功能衰竭而死亡。成人口服镉盐的致死剂量在 300 mg 以上。

长期过量接触镉，主要引起肾脏损害，极少数严重的晚期病人可出现骨骼病变，其中，吸入中毒尚可引起肺部损害。

1. 检测原理

样品经消化后，在碱性溶液中，镉离子与 6-溴苯并噻唑偶氮萘酚形成红色络合物，溶于三氯甲烷，与标准系列比较定量。参照国标 GB/T 5009.15—2003。

2. 仪器试剂

（1）试剂

①三氯甲烷。

②二甲基甲酰胺。

③混合酸：硝酸-高氯酸（3+1）。

④酒石酸钾钠溶液：400 g/L。

⑤氢氧化钠溶液：200 g/L。

⑥柠檬酸钠溶液：250 g/L。

⑦镉试剂：称取 38.4 mg 6-溴苯并噻唑偶氮萘酚，溶于 50 mL 二甲基甲酰胺，贮于棕色瓶中。

⑧镉标准溶液：准确称取 1.000 0 g 金属镉（99.99%），溶于 20 mL 盐酸（5+7）中，加入 2 滴硝酸后，移入 1 000 mL 容量瓶中，以水稀释至刻度，混匀。贮于聚乙烯瓶中。此溶液每毫

升相当于 1.0 mg 镉。

⑨镉标准使用液：吸取 10.0 mL 镉标准溶液，置于 100 mL 容量瓶中，以盐酸(1+11)稀释至刻度，混匀。如此多次稀释至每毫升相当于 1.0 μg 镉。

(2)仪器　分光光度计。

3. 样品消化

称取 5.00～10.00 g 样品，置于 150 mL 锥形瓶中，加入 15～20 mL 混合酸(如在室温放置过夜，则次日易于消化)，小火加热，待泡沫消失后，可慢慢加大火力，必要时再加少量硝酸，直至溶液澄清无色或微带黄色，冷却至室温。

取与消化样品相同量的混合酸、硝酸按同一操作方法做试剂空白试验。

4. 测定

将消化好的样液及试剂空白液用 20 mL 水分数次洗入 125 mL 分液漏斗中，以氢氧化钠溶液(200 g/L)调节 pH 至 7 左右。

取 0.0、0.5、1.0、3.0、5.0、7.0 和 10.0 mL 镉标准使用液(相当于 0.0、0.5、1.0、3.0、5.0、7.0 和 10.0 μg 镉)，分别置于 125 mL 分液漏斗中，再各加水至 20 mL。用氢氧化钠溶液(200 g/L)调节 pH 至 7 左右。

于样品消化液、试剂空白液及标准液中依次加入 3 mL 柠檬酸钠溶液(250 g/L)、4 mL 酒石酸钾钠溶液(400 g/L)及 1 mL 氢氧化钠溶液(200 g/L)，混匀。再各加 5.0 mL 三氯甲烷及 0.2 mL 镉试剂，立即振摇 2 min，静置分层后，将三氯甲烷层经脱脂棉滤于试管中，以三氯甲烷调节零点，于 1 cm 比色杯在波长 585 nm 处测吸光度。

5. 结果处理

$$X = \frac{(m_1 - m_2) \times 1\,000}{m \times 1\,000} \qquad\qquad (式 4\text{-}6)$$

式中：X 为样品中镉的含量，mg/kg；m_1 为测定用样品液中镉的质量，μg；m_2 为试剂空白液中镉的质量，μg；m 为样品质量，g。

(三)食品中汞含量的测定

汞对人体健康的危害与汞的化学形态、环境条件和侵入人体的途径、方式有关。金属汞蒸汽有高度的扩散性和较大的脂溶性，侵入呼吸道后可被肺泡完全吸收并经血液运至全身。血液中的金属汞，可通过血脑屏障进入脑组织，然后在脑组织中被氧化成汞离子。由于汞离子较难通过血脑屏障返回血液，因而逐渐蓄积在脑组织中，损害脑组织。在其他组织中的金属汞，也可能被氧化成离子状态，并转移到肾中蓄积起来。金属汞慢性中毒的临床表现，主要是神经性症状，有头痛、头晕、肢体麻木和疼痛、肌肉震颤、运动失调等。大量吸入汞蒸汽会出现急性汞中毒，其症候为肝炎、肾炎、蛋白尿、血尿和尿毒症等。急性中毒常见于生产环境，一般生活环境则很少见。金属汞被消化道吸收的数量甚微。通过食物和饮水摄入的金属汞，一般不会引起中毒。

无机汞化合物分为可溶性和难溶性两类。难溶性无机汞化合物在水中易沉降。悬浮于水中的难溶性汞化合物，虽可经人口进入胃肠道，但因难于被吸收，不会对人构成危害。可溶性汞化合物在胃肠道吸收率也很低。

甲基汞主要是通过食物进入人体，在人体肠内极易被吸收并输送到全身各器官，尤其是肝和肾,其中只有 15% 到脑组织。但首先受甲基汞损害的是脑组织,主要部位为大脑皮层和小脑,故有向心性视野缩小、运动失调、肢端感觉障碍等临床表现。这与金属汞侵犯脑组织引起以震颤为主的症候有所不同。甲基汞所致脑损伤是不可逆的,迄今尚无有效疗法,往往导致死亡或遗患终身。汞离子与体内的巯基有很强的亲和性,故能与体内含巯基最多的物质如蛋白质和参与体内物质代谢的重要酶类(如细胞色素氧化酶、琥珀酸脱氢酶和乳酸脱氢酶等)相结合。汞与酶中的巯基结合,能使酶失去活性,危害人体健康。

1. 检测原理

试样经酸加热消解后,在酸性介质中,试样中汞被硼氢化钾(KBH_4)或硼氢化钠($NaBH_4$)还原成原子态汞,由载气(氩气)带入原子化器中,在特制汞空心阴极灯照射下,基态汞原子被激发至高能态,在去活化回到基态时,发射出特征波长的荧光,其荧光强度与汞含量成正比,与标准系列比较定量。参照国标 GB/T 5009.17—2003。

2. 仪器试剂

(1)试剂

①硝酸(优级纯)。

②30% 过氧化氢。

③硫酸(优级纯)。

④硫酸＋硝酸＋水(1＋1＋8):量取 10 mL 硝酸和 10 mL 硫酸,缓缓倒入 80 mL 水中,冷却后小心混匀。

⑤硝酸溶液(1＋9):量取 50 mL 硝酸,缓缓倒入 450 mL 水中,混匀。

⑥氢氧化钾溶液(5 g/L):称取 5.0 g 氢氧化钾,溶于水中,稀释至 1 000 mL,混匀。

⑦硼氢化钾溶液(5 g/L):称取 5.0 g 硼氢化钾,溶于 5.0 g/L 的氢氧化钾溶液中,并稀释至 1 000 mL,混匀,现用现配。

⑧汞标准储备溶液:精密称取 0.1 354 g 于干燥过的二氯化汞,加硫酸＋硝酸＋水混合酸(1＋1＋8)溶解后移入 100 mL 容量瓶中,并稀释至刻度,混匀,此溶液每毫升相当于 1 mg 汞。

⑨汞标准使用溶液:用移液管吸取汞标准储备液(1 mg/mL)1 mL 于 100 mL 容量瓶中,用硝酸溶液(1＋9)稀释至刻度,混匀,此溶液浓度为 10 g/mL。在分别吸取 10 g/mL 汞标准溶液 1 mL 和 5 mL 于两个 100 mL 容量瓶中,用硝酸溶液(1＋9)稀释至刻度,混匀,溶液浓度分别为 100 ng/mL 和 500 ng/mL,分别用于测定低浓度试样和高浓度试样,制作标准曲线。

(2)仪器

①双道原子荧光光度计。

②高压消解罐(100 mL 容量)。

③微波消解炉。

3. 试样消解

(1)高压消解法　本方法适用于粮食、豆类、蔬菜、水果、瘦肉类、鱼类、蛋类及乳与乳制品类食品中总汞的测定。

①粮食及豆类等干样:称取经粉碎混匀过 40 目筛的干样 0.2～1.00 g,置于聚四氟乙烯塑料内罐中,加 5 mL 硝酸,混匀后放置过夜,再加 7 mL 过氧化氢,盖上内盖放入不锈钢外套中,旋紧密封。然后将消解器放入普通干燥箱(烘箱)中加热,升温至 120℃后保持恒温 2～3 h,至消解完全,自然冷至室温。将消解液用硝酸溶液(1＋9)定量转移并定容至 25 mL,摇匀。同时

做试剂空白试验,待测。

②蔬菜、瘦肉、鱼类及蛋类水分含量高的鲜样。

用捣碎机打成匀浆,称取匀浆 1.00~5.00 g,置于聚四氟乙烯塑料丙罐中,加盖留缝放于 65℃鼓风干燥烤箱或一般烤箱中烘至近干,取出,以下按①自"加 5 mL 硝酸⋯⋯"起依法操作。

(2)微波消解法 称取 0.10~0.50 g 试样于消解罐中加入 1~5 mL 硝酸,1~2 mL 过氧化氢,盖好安全阀后,将消解罐放入微波炉消解系统中,根据不同种类的试样设置微波炉消解系统的最佳分析条件(表 4-4 和表 4-5),至消解完全,冷却后用硝酸溶液(1+9)定量转移并定容至 25 mL(低含量试样可定容至 10 mL),混匀待测。

表 4-4 粮食、蔬菜、鱼肉类试样微波分析条件

步骤	1	2	3
功率/%	50	75	90
压力/kPa	343	686	1 096
升压时间/min	30	30	30
保压时间/min	5	7	5
排风量/%	100	100	100

表 4-5 油脂、糖类试样微波分析条件

步骤	1	2	3	4	5
功率/%	50	70	80	100	100
压力/kPa	343	514	686	959	1 234
升压时间/min	30	30	30	30	30
保压时间/min	5	5	5	7	5
排风量/%	100	100	100	100	100

4. 标准系列配制

(1)低浓度标准系列 分别吸取 100 ng/mL 汞标准使用液 0.25、0.50、1.00、2.00 和 2.50 mL 于 25 mL 容量瓶中,用硝酸溶液(1+9)稀释至刻度,混匀。各自相当于汞浓度 1.00、2.00、4.00、8.00 和 10.00 ng/mL。此标准系列适用于一般试样测定。

(2)高浓度标准系列 分别吸取 500 ng/mL 汞标准使用液 0.25、0.50、1.00、1.50 和 2.00 mL 于 25 mL 容量瓶中,用硝酸溶液(1+9)稀释至刻度,混匀。各自相当于汞浓度 5.00、10.00、20.00、30.00 和 40.00 ng/mL。此标准系列适用于鱼及含汞量偏高的试样测定。

5. 测定

(1)仪器参考条件

①光电倍增管负高压:240 V。

②汞空心阴极灯电流:30 mA。

③原子化器:温度 300℃,高度 8.0 mm。

④氢气流速:载气 500 mL/min,屏蔽气 1 000 mL/min。

⑤测量方式:标准曲线法。

⑥读数方式:峰面积。

⑦读数延迟时间:1.0 s。

⑧读数时间:10.0 s。

⑨硼氢化钾溶液加液时间:8.0 s。

⑩标液或样液加液体积:2 mL。

注:AFS 系列原子荧光仪如:230、230a、2202、2202a、2201 等仪器属于全自动或断序流动的仪器,都附有本仪器的操作软件,仪器分析条件应设置本仪器所提示的分析条件,仪器稳定后,测标准系列,至标准曲线的相关系数 $r > 0.999$ 后测试样。试样前处理可适用任何型号的原子荧光仪。

(2)测定方法   根据情况任选以下一种方法。

①浓度测定方式测量:设定好仪器最佳条件,逐步将炉温升至所需温度后,稳定 10～20 min 后开始测量。连续用硝酸溶液 (1+9)进样,待读数稳定之后,转入标准系列测量,绘制标准曲线。转入试样测量,先用硝酸溶液(1+9)进样,使读数基本回零,再分别测定试样空白和试样消化液,每测不同的试样前都应清洗进样器。试样测定结果按公式(式 4-7)计算。

②仪器自动计算结果方式测量:设定好仪器最佳条件,在试样参数画面输入以下参数:试样质量(g 或 mL),稀释体积(mL),并选择结果的浓度单位,逐步将炉温升至所需温度,稳定后测量。连续用硝酸溶液(1+9)进样,待读数稳定之后,转入标准系列测量,绘制标准曲线。在转入试样测定之前,再进入空白值测量状态,用试样空白消化液进样,让仪器取其均值作为扣底的空白值。随后即可依法测定试样。测定完毕后,选择"打印报告"即可将测定结果自动打印。

6. 结果处理

试样中汞的含量按下式进行计算:

$$X = \frac{(\rho - \rho_0) \times V \times 1\,000}{m \times 1\,000 \times 1\,000} \qquad\qquad (式\ 4\text{-}7)$$

式中:X 为试样中汞的含量,mg/kg 或 mg/L;ρ 为试样消化液中汞的含量,ng/mL;ρ_0 为试剂空白液中汞的含量,ng/mL;V 为试样消化液总体积,mL;m 为试样质量或体积,g 或 mL。

计算结果保留 3 位有效数字。在重复性条件下获得的 2 次独立测定结果的绝对差值不得超过算术平均值的 10%。

(四)食品中铬含量的测定

1. 检测原理

试样经消解后,用去离子水溶解,并定容到一定体积。吸取适量样液于石墨炉,原子化器中原子化,在选定的仪器参数下,铬吸收波长为 357.9 nm 的共振线,其吸光度与镉含量成正比。参见国标 GB 5009.123—2003。

2. 仪器试剂

(1)试剂

①硝酸。

②高氯酸。

③过氧化氢。

④1.0 mol/L 硝酸溶液。

⑤铬标准溶液：称取优级纯重铬酸钾(110℃烘 2 h)1.413 5 g 溶于水中，定容于容量瓶至 500 mL，此溶液含铬 1.0 mg/mL 为标准储备液。临用时，将标准液用 1.0 mol/L 硝酸稀释配成含铬 100 ng/mL 的标准使用液。

(2)仪器 所用的玻璃仪器及高压消解罐的聚四氯乙烯内筒均需在每次使用前用盐酸(1＋1)浸泡1 h，用热的硝酸(1＋1)浸泡 1 h，再用水冲洗干净后使用。

①原子吸收分光光度计：带石墨管及铬空心阴极灯。

②高温炉。

③高压消解罐。

④恒温电烤箱。

3. 试样预处理

①粮食、干豆类去壳去杂物，粉碎，过 20 目筛，处于塑料瓶中保存备用。

②蔬菜、水果的洗净晾干，取可食部分捣碎、备用。

③鱼、肉等用水洗净，取可食部分捣碎、备用。

4. 试样的消解

根据实验室的实际条件可选用以下任意一种消解方法。

(1)干式消解法 称取食物试样 0.5～1.0 g 于瓷坩埚中，加入 1～2 mL 优级纯硝酸，浸泡1 h 以上，将坩埚置于电炉上，小心蒸干，碳化至不冒烟为止，转移至高温炉中，550℃恒温 2 h，取出、冷却后，加数滴浓硝酸于坩埚中试样灰中，再转入 550℃的高温炉中 1～2 h，到试样呈白灰状，从高温炉中取出放冷后，用硝酸(体积分数 1％)溶解试样灰，将溶液定量移入 5 mL 或 10 mL 容量瓶中，定容后充分混匀、即为试液。同时，按上述方法做空白对照。

(2)高压消解罐消解法 取试样 0.300～0.500 g 于具有聚四氯乙烯内筒的高压消解罐中加入 1.0 mL 硝酸、4.0 mL 过氧化氢液，轻轻摇匀，盖紧消解罐的上盖，放入恒温箱中，从温度升高至 140℃时开始计时，保持恒温 1 h，同时做试剂空白。取出消解罐待自然冷却后打开上盖，将消解液移入 10 mL 容量瓶中，将消解罐用水洗净。合并洗液于容量瓶中，用水稀释至刻度、摇匀、即为试液。

5. 标准曲线的制备

分别吸取铬标准使用液(100 ng/mL)0、0.10、0.30、0.50、0.70、1.00 和 1.50 mL 于10 mL 容量瓶中，用 1.0 mol/L 的硝酸稀释至刻度、摇匀。

6. 测定

(1)仪器测试条件 应根据各自仪器性能调至最佳状态。

参考条件：波长 357.9 nm，干燥110℃，40 s，灰化 1 000℃，30 s，原子化 2 800℃，5 s。

背景校正：塞曼效应或氘灯。

(2)测定 将原子分光光度计调试之最佳状态后，将于试样含铬量相当的标准系列及试样液进行测定，进样量为 20 μL，对有干扰的试样应注入与试样液同量的 2％磷酸铵溶液(标准系列亦然)。

7. 结果处理

$$X = \frac{(c_1 - c_2) \times 1\,000}{\frac{m}{V} \times 1\,000}$$

（式 4-8）

式中：X 为试样中铬的含量，$\mu g/mL$；c_1 为试样中铬的浓度，ng/mL；c_2 为试剂空白液中铬的浓度，ng/mL；V 为试样消化液定容量，mL；m 为取试样量，g。

精密度：再重复性条件下获得的 2 次独立性结果的绝对值不得超过算术平均值的 10%。

◈项目小结

(一)学习内容

常见的污染物检测（表 4-6）。

表 4-6 常见的污染物检测表

检测项目	检测标准	检测项目	检测标准
铅	GB 5009.12—2010	镉	GB/T 5009.15—2003
砷	GB/T 5009.11—2003	汞	GB/T 5009.17—2003
铜	GB/T 5009.13—2003	铬	GB/T 5009.123—2003

(二)学习方法体会

①应参照国标进行检测。

②掌握样品处理的方法。

③掌握仪器使用的最佳条件。

◈项目检测

一、选择题

1. 下列测定方法不属于食品中砷的测定方法有（　　）。

A. 砷斑法　　　　　　　　　　　　　　　B. 银盐法

C. 硼氢化物还原光度法　　　　　　　　　D. 钼黄光度法

2. 下列测定方法中不能用于食品中铅的测定的是（　　）。

A. 石墨炉原子吸收光谱法　　　　　　　　B. 火焰原子吸收光谱法

C. $EDTA-Na_2$ 滴定法　　　　　　　　　　D. 双硫腙光度法

3. 食品中重金属测定时，排除干扰的方法有（　　）。

A. 改变被测原子化合价　　　　　　　　　B. 改变体系的氧化能力

C. 调节体系的 pH　　　　　　　　　　　　D. 加入掩蔽剂

4. 间接碘量法测定水中 Cu^{2+} 含量，介质的 pH 应控制在（　　）。

A. 强酸性　　　　B. 弱酸性　　　　C. 弱碱性　　　　D. 强碱性

5. 碘量法测定 $CuSO_4$ 含量，试样溶液中加入过量的 KI，下列叙述错误的是（　　）。

A. 还原 Cu^{2+} 为 Cu^+　　　　　　　　　B. 防止 I_2 挥发

C. 与 Cu^+ 形成 CuI 沉淀　　　　　　　　D. 把 $CuSO_4$ 还原成单质 Cu

6. 某食品消化液取 1 滴于离心试管中,加入 1 滴 1 mol/L 的 K_2CrO_4 溶液,有黄色沉淀生成,证明该食品中可能含有（　　）。

　　A. Pb^{2+}　　　　　　B. Cu^{2+}　　　　　　C. As^{2+}　　　　　　D. Hg^{2+}

7. 色谱柱的分离效能,主要由（　　）所决定。

　　A. 载体　　　　　　B. 担体　　　　　　C. 固定液　　　　　　D. 固定相

8. 色谱峰在色谱图中的位置用（　　）来说明。

　　A. 保留值　　　　　　B. 峰高值　　　　　　C. 峰宽值　　　　　　D. 灵敏度

9. 在纸层析时,试样中的各组分在流动相中（　　）大的物质,沿着流动相移动较长的距离。

　　A. 浓度　　　　　　B. 溶解度　　　　　　C. 酸度　　　　　　D. 黏度

10. 银盐法测砷含量时,用（　　）棉花吸收可能产生的 H_2S 气体。

　　A. 乙酸铅　　　　　　B. 乙酸钠　　　　　　C. 乙酸锌　　　　　　D. 硫酸锌

11. 食品中铜的测定方法常采用下列中（　　）。

　　A. 原子吸收光谱法　　　　　　　　B. 离子选择电极法

　　C. 气相色谱法　　　　　　　　　　D. 高效液相色谱法

12. 砷斑法测 As,其中溴化汞试纸的作用是与砷化氢反应生成（　　）色斑点。

　　A. 绿　　　　　　B. 黑　　　　　　C. 黄　　　　　　D. 蓝

13. 二乙硫代氨甲酸钠比色法测 Cu^{2+} 时,加入 EDTA 和柠檬酸铵的作用是掩蔽（　　）的干扰。

　　A. Fe^{2+}　　　　　　B. Fe^{3+}　　　　　　C. Zn^{2+}　　　　　　D. Cd^{2+}

14. 高效液相色谱仪主要用于测定（　　）。

　　A. 食品添加剂　　　B. 农兽药残留量　　　C. 氨基酸　　　D. 非金属离子

15. 双硫腙比色法测定汞的 pH 条件是（　　）。

　　A. 酸性溶液　　　　B. 中性溶液　　　　C. 碱性溶液　　　　D. 任意溶液

16. 原子吸收分光光度法测定铅的分析线波长为（　　）。

　　A. 213.8 nm　　　B. 248.3 nm　　　C. 285.0 nm　　　D. 279.5 nm

17. 测定汞是为了保持氧化态,避免汞挥发损失,在消化样品是（　　）溶液应适量。

　　A. 硝酸　　　　　　B. 硫酸　　　　　　C. 高氯酸　　　　　　D. 以上都是

18. 砷斑法测定砷时,去除反应中生成的硫化氢气体采用（　　）。

　　A. 乙酸铅试纸　　　B. 溴化汞试纸　　　C. 氯化亚锡　　　D. 碘化钠

19. 银盐法测定砷时,为了避免反应过缓或过激,反应温度应控制在（　　）作用。

　　A. 15℃　　　　　　B. 20℃　　　　　　C. 25℃　　　　　　D. 30℃

20. 原子吸收法测定铜的分析线为（　　）。

　　A. 324.8 nm　　　B. 248.3 nm　　　C. 285.0 nm　　　D. 283.3 nm

21. 用硝酸-硫酸法消化处理样品时,不能先加硫酸是因为（　　）。

　　A. 硫酸有氧化性　　B. 硫酸有脱水性　　C. 硫酸有吸水性　　D. 以上都是

22. 下列分析不属于仪器分析范围的是（　　）。

　　A. 光度分析法　　　　　　　　　　B. 电化学分析法

　　C. 萃取法测定食品中脂肪含量　　　D. 层析法测定食品农药残留量

23. 测定砷时,实验结束后锌粒应(   )。

A. 丢弃   B. 直接保持

C. 用热水冲洗后保存   D. 先活化,后再生处理

24. 为探证某食品中是否含有 Hg^{2+},应配制下面(   )试剂。

A. 0.1 mol/L K_2CrO_4 B. 0.25 mol/L $K_4Fe(CN)_6$

C. 0.5 mol/L $SnCl_2$ D. 0.1 mol/L $AgNO_3$

25. 样品发生气化并解离成基态原子是在预混合型原子化器的(   )中进行的。

A. 雾化器   B. 预混合室   C. 燃烧器   D. 毛细管

26. 双硫腙比色法测定铅时产生的废氰化钾溶液,在排放前应加入(   )降低毒性。

A. 氢氧化钠和硫酸亚铁   B. 盐酸和硫酸亚铁

C. 氢氧化钠   D. 盐酸

27. 双硫腙比色法测定汞的测量波长为(   )。

A. 450 nm   B. 470 nm   C. 490 nm   D. 510 nm

28. 砷斑法测定砷时,与新生态氢作用生成砷化氢的是(   )。

A. 砷原子   B. 五价砷   C. 三价砷   D. 砷化物

29. 双硫腙比色法测定铅中,铅与双硫腙生成(   )络合物。

A. 红色   B. 黄色   C. 蓝色   D. 绿色

30. 测铅用的所有玻璃均需用下面的(   )溶液浸泡 24 h 以上,用自来水反复冲洗,最后用去离子水中洗干净。

A. 1:5 的 HNO_3 B. 1:5 的 HCl   C. 1:5 的 H_2SO_4 D. 1:2 的 HNO_3

31. 二乙氨基二硫代甲酸钠法测定铜的 pH 条件是(   )。

A. 酸性溶液   B. 中性溶液   C. 碱性溶液   D. 任意溶液

32. 二乙氨基二硫代甲酸钠法测定铜的测量波长为(   )。

A. 400 nm   B. 420 nm   C. 440 nm   D. 460 nm

33. 双硫腙比色法测定金属离子时是在(   )溶液中进行的。

A. 水   B. 三氯甲烷   C. 乙醇   D. 丙酮

34. 有关汞的处理错误的是(   )。

A. 汞盐废液先调节 pH 至 8~10 加入过量 Na_2S 后再加入 $FeSO_4$ 生成 HgS、FeS 共同沉淀再作回收处理

B. 洒落在地上的汞可用硫酸粉盖上,干后清扫

C. 试验台上的汞可用适当措施收集在有水的烧杯

D. 散落过汞的地面可喷洒质量分数为 20% $FeCl_2$ 水溶液,干后清扫

35. 砷斑法测砷,其中 KI 和 $SnCl_2$ 的作用是将样品中的(   )。

A. As^{5+} 氧化成 As^{3+} B. As^{5+} 还原成 As^{3+}

C. As^{3+} 还原成 As^{5+} D. As^{3+} 氧化成 As^{5+}

二、判断题

1. 测砷时,测砷瓶各连接处都不能漏气,否则结果不准确。(   )

2. 砷斑法测砷时,砷斑在空气中易褪色,没法保存。(   )

3. 双硫腙比色法测定铅含量时,用普通蒸馏水就能满足实验要求。( )

4. 双硫腙比色法测定铅的灵敏度高,故所用的试剂及溶剂均需检查是否含有铅,必要时需经纯化处理。( )

5. 双硫腙是测定铅的专一试剂,测定时没有其他金属离子的干扰。( )

6. 在汞的测定中,样品消解可采用干灰化法或湿消解法。( )

7. 用硝酸-硫酸消化法处理样品时,应先加硫酸后加硝酸。( )

8. 测砷时,由于锌粒的大小影响反应速度,所以所用锌粒大小一致。( )

9. 测砷时,导气管中塞有乙酸铅棉花是为了吸收砷化氢气体。( )

10. 在汞的测定中,不能采用干灰化法处理样品,是因为会引入较多的杂质。( )

11. 二乙氨基二硫代甲酸钠光度定铜含量是在酸性条件下进行的。而吡啶偶氮间苯二酚比色法测定铜含量则是在碱性条件下进行的。( )

12. 双硫腙比色法测定铅含量是在酸性条件下进行的。加入柠檬酸胺,氰化钾等是为了消除铁、铜、锌等离子的干扰。( )

13. 双硫腙比色法测定汞含量是在碱性介质中,低价汞及有机汞被氧化成高价汞,双硫腙与高价汞生成橙红色的双硫腙汞络盐。( )

14. 二乙氨基二硫代甲酸钠法测定铜时,一般样品中存在的主要元素是铁。( )

15. 气相色谱仪主要应用于商品中金属离子的检测。( )

项目五　食品中有毒有害物质的安全检测

◆学习目的

1. 掌握动植物中有毒有害物质的检测方法。

2. 掌握食品加工过程中产生的有毒有害物质的检测方法。

3. 掌握食品包装容器的有毒有害物质的检测方法。

◆知识要求

1. 了解食品加工过程中产生有毒有害物质的来源及危害。

2. 了解动植物原料本身含有毒有害物质的来源及危害。

3. 掌握苯并芘、丙烯酰胺、亚硝胺的测定方法。

4. 掌握秋水仙碱、组胺的测定方法。

◆技能要求

1. 能够正确测定苯并芘、丙烯酰胺等。

2. 能够正确测定秋水仙碱、组胺等。

3. 能够正确测定包材中单体和重金属含量等。

◆项目导入

常见的含有天然有毒物质的动植物主要有芸豆、蚕豆、生豆浆、发芽马铃薯、荞麦花、鲜黄花菜、芥菜、白果、柿子；河豚、鲐鱼、青鱼、鳕鱼、文蛤、纹螺、癞蛤蟆及动物体内的甲状腺、肾上腺病变、淋巴腺和毒蘑菇等。

天然毒物中毒以神经为主要侵害部位，其特点是潜伏期短，河豚中毒最短的食后突然发病，常表现呕吐、头痛、腹泻、严重的呈昏迷、休克等症状。此类中毒抢救不及时死亡率很高。据卫生部统计，每年发生天然毒素中毒是食物中毒人数的第三位。天然毒物中毒以毒蘑菇、河豚中毒为最多。有些污染食品的天然有毒物质，由于在食品中数量过少或由于本身毒性低，并不引起食物中毒症状，但如果连续，长期食用，可造成慢性中毒，甚至有致癌，致畸或致突变作用，更应引起人们的重视。

食品加工对食物营养素的影响具有双重性。一方面加工可以有效地杀灭微生物并钝化酶的活性，减小微生物和酶对加工工艺及营养价值的不利影响，破坏食物中某些抗营养因子和有毒物质，从而提高了食物的消化率和营养价值；另一方面则由于各种营养素稳定特性以及对不同加工工艺适应程度的差异，在加工中也会造成营养素不同程度的破坏或损失，甚至在加工过程中还会产生一些有害物质。如腌制食品中可能含有亚硝基化合物；烟熏食品中可能含有苯并芘，油炸食品中可能含有丙烯酰胺，粮食作物在贮藏过程中可能产生黄曲霉毒素等。对食品加工中形成的有害物质测定，已成为食品分析的一项重要内容。通过分析，测出有害物质，找出根源,就有利于采取有效措施,改进食品加工工艺,防止食品污染,保障人们的身体健康。

任务一　熏肉制品中苯并(a)芘的检测

【检测要点】

1. 掌握样品处理的能力。

2. 掌握荧光分光光度法的基本操作技术。

【仪器试剂】

(一)试剂

①苯(重蒸馏)。

②环己烷(重蒸馏或经氧化铝柱处理至无荧光)或石油醚(沸程 30～60℃)。

③二甲基甲酰胺或二甲基亚砜。

④无水乙醇(重蒸馏)。

⑤无水硫酸钠。

⑥展开剂:95%乙醇-二氯甲烷(体积比 2:1)。

⑦硅镁吸附剂:将 60～100 目筛孔的硅镁吸附剂水洗四次(每次用水量为吸附剂质量的 4 倍)于垂融漏斗上抽滤后,再以等量的甲醇洗(甲醇与吸附剂质量相等);抽滤干后,吸附剂铺于干净瓷盘上于 130℃干燥 5 h,装瓶贮存于干燥器内,临用前加 5%水减活,混匀并平衡 4 h 以上,最好放置过夜。

⑧色谱分离用氧化铝(中性):120℃活化 4 h。

⑨乙酰化滤纸:将中速层析用滤纸裁成 30 cm×4 cm 的条状,逐条放入盛有乙酰化混合液(180 mL 苯,130 mL 乙酸酐,0.1 mL 硫酸)的 500 mL 烧杯中,使滤纸充分地接触溶液,保持溶液温度在 21℃以上,不断搅拌,反应 6 h,再放置过夜。取出滤纸条,在通风橱内吹干,再放入无水乙醇中浸泡 4 h,取出后放在垫有滤纸的干净白瓷盘上,在室温内风干压平备用。一次可处理滤纸 15～18 条。

⑩苯并(a)芘标准溶液:精密称取 10.0 mg 苯并(a)芘,用苯溶解后移入 100 mL 棕色容量瓶中定容,此溶液苯并(a)芘浓度为 100 μg/mL。放置冰箱中保存。

⑪苯并(a)芘标准使用液:吸取 1.00 mL 苯并(a)芘标准溶液置于 10 mL 容量瓶中,用苯定容,同法依次用苯稀释,最后配成苯并(a)芘浓度分别为 1.0 μg/mL 和 0.1 μg/mL 两种标准使用液,放置冰箱中保存。

(二)仪器

①脂肪抽提器。

②色谱柱:10 mm×350 mm,上端有内径 25 mm、长 80～100 mm 内径漏斗,下端具有活塞。

③层析缸。

④K-D 全玻璃浓缩器。

⑤紫外光灯:带有波长为 365 nm 或 254 nm 的滤光片。

⑥回流皂化装置：锥形瓶磨口处接冷凝管。

⑦荧光分光光度计。

【工作过程】

一、样品制备

称取 50.0～60.0 g 切碎混匀的熏肉，用无水硫酸钠搅拌（样品与无水硫酸钠的比例为 1∶1 或 1∶2），然后装入滤纸筒内，放入脂肪提取器，加入 100 mL 环己烷于 90 ℃水浴上回流提取 6～8 h，然后将提取液倒入 250 mL 分液漏斗中，再用 6～8 mL 环己烷淋洗滤纸筒，洗液合并于 250 mL 分液漏斗中，以环己烷饱和过的二甲基甲酰胺提取 3 次（每次 40 mL，振摇 1 min），合并二甲基甲酰胺提取液，用 40 mL 经二甲基甲酰胺饱和过的环己烷提取一次，弃去环己烷液层。二甲基甲酰胺提取液合并于预选装有 240 mL 硫酸钠溶液（20 g/L）的 500 mL 分液漏斗中，混匀后静置数分钟，用环己烷提取两次（每次 100 mL，振摇 3 min），环己烷提取液合并于第一个 500 mL 分液漏斗。

二、样品提取液的净化处理

①于色谱柱下端填入少许玻璃棉，先装入 5～6 cm 的氧化铝，轻轻敲管壁使氧化铝层填实、无空隙，顶面平齐；再同样装入 5～6 cm 的硅镁型吸附剂，上面再装入 5～6 cm 无水硫酸钠。用 30 mL 环己烷淋洗装好的色谱柱，待环己烷液面流下至无水硫酸钠层时关闭活塞。

②将试样环己烷提取液倒入色谱柱中，打开活塞，调节流速为 1 mL/min，必要时可用适当方法加压，待环己烷液面下降至无水硫酸钠层时，用 30 mL 苯洗脱。此时应在紫外光灯下观察，以蓝紫色荧光物质完全从氧化铝层洗下为止，如 30 mL 苯不足，可适当增加苯量。收集苯液于 50～60 ℃减压浓缩至 0.1～0.5 mL（根据试样中苯并(a)芘含量而定，注意不可蒸干）。

三、样品提取液的分离

①在乙酰化滤纸条上的一端 5 cm 处，用铅笔画一横线为起始线，吸取一定量净化后的浓缩液，点于滤纸条上。用电吹风从纸条背面吹冷风，使溶剂挥散。同时点 20 μL 苯并(a)芘的标准使用液（1 μg/mL），点样时斑点的直径不超过 3 mm，层析缸内盛有展开剂，滤纸条下端浸入展开剂约 1 cm，待溶剂前沿至约 20 cm 时取出阴干。

②在 365 nm 或 254 nm 紫外光灯下观察展开后的滤纸条，用铅笔划出标准苯并(a)芘及与其同一位置的试样的蓝紫色斑点。剪下此斑点分别放入小比色管中，各加 4 mL 苯加盖，插入 50～60 ℃水浴中振摇浸泡 15 min。

四、样品测定

①将试样及标准斑点的苯浸出液移入荧光分光光度计的石英比色皿中，以 365 nm 为激发光波长，在 365～460 nm 波长范围进行荧光扫描，所得荧光光谱与标准苯并(a)芘的荧光光谱比较定性。

②与试样分析的同时做试剂空白对照，包括处理试样所用的全部试剂同样操作，分别读取试样、标准及试剂空白于波长 406 nm、(406＋5) nm、(406－5) nm 处的荧光强度（F_{406}、F_{411}、F_{401}），按基线法由下式计算得的数值，为定量计

课堂互动
1. 样品制备中无水硫酸钠的作用是什么？
2. 样品制备中环己烷的作用是什么？
3. 二甲基甲酰胺的作用是什么？

算的荧光强度（F）。

$$F = F_{406} - \frac{F_{401} + F_{411}}{2} \qquad \text{（式 5-1）}$$

五、结果处理

试样中苯并（a）芘含量按下式计算，结果保留小数点后 1 位。

$$X = \frac{\dfrac{m_1}{F} \times (F_1 - F_2) \times 1\,000}{m \times \dfrac{V_2}{V_1}} \qquad \text{（式 5-2）}$$

式中：X 为试样中苯并（a）芘的含量，$\mu g/kg$；m_1 为苯并（a）芘标准斑点的质量，μg；F 为标准的斑点浸出液荧光强度，mm；F_1 为试样斑点浸出液荧光强度，mm；F_2 为试剂空白浸出液荧光强度，mm；V_1 为试样浓缩液体积，mL；V_2 为点样体积，mL；m 为试样质量，g。

【知识链接】

苯并（a）芘是一类具有明显致癌作用的有机化合物。它是由一个苯环和一个芘分子结合而成的多环芳烃类化合物。其中，苯并（a）芘则是一种强致癌物。吸烟烟雾和经过多次使用的高温植物油、煮焦的食物、油炸过火的食品都会产生苯并（a）芘。对于苯并（a）芘，日本人曾将其在兔子身上做过实验。实验表明，将苯并（a）芘涂在兔子的耳朵上，涂到第 40 天，兔子耳朵上便长出了肿瘤。

研究证明，生活环境中的苯并（a）芘含量每增加 1％时，肺癌的死亡率即上升 5％。

一、检测原理

检测时试样先用有机溶剂提取，或经皂化后提取，提取液经萃取或色谱柱纯化后，在乙酰化滤纸上分离苯并（a）芘。苯并（a）芘在紫外光照射下呈蓝色荧光斑点，将分离后有苯并（a）芘的滤纸部分剪下，用溶剂溶解后，用荧光分光光度计测定荧光强度与标准比较定量。参照国标 GB/T 5009.27—2003。

二、注意事项

①制备乙酰化滤纸时，必须严格控制处理时间与温度。温度高处理时间长，乙酰化程度过大，则展开时分离困难（R_f 值过小）；反之则乙酰化程度太低，则展开时几乎与溶剂前沿相近（R_f 值过大）。一般展开后的苯并（a）芘的 R_f 值在 0.1～0.2 较为适宜。

②实验用的滤纸规格、乙酰化混合液的数量，乙酰化温度、时间及滤纸与乙酰化混合液的接触程度均对乙酰化程度有影响，应严格依法操作。

③供测定的玻璃仪器不能用洗衣粉洗涤，以防止荧光性物质干扰，产生实验测定误差。

④苯并（a）芘是致癌活性物质。操作时应戴手套。接触苯并（a）芘的玻璃应由 5％～10％硝酸溶液浸泡后，再进行清洗。

⑤实验精密度要求为：在重复性条件下获得两次独立测定结果的绝对差值不得超过算术平均值的 20％。

【知识拓展】

一、食品中丙烯酰胺的测定

丙烯酰胺是一种白色晶体化学物质,是生产聚丙烯酰胺的原料。聚丙烯酰胺主要用于水的净化处理、纸浆的加工及管道的内涂层等,也用于聚丙烯酰胺凝胶电泳。淀粉类食品在高温(>120℃)烹调下容易产生丙烯酰胺。

研究表明,人体可通过消化道、呼吸道、皮肤黏膜等多种途径接触丙烯酰胺,饮水是其中的一条重要接触途径。2002年4月瑞典国家食品管理局和斯德哥尔摩大学研究人员率先报道,在一些油炸和烧烤的淀粉类食品,如炸薯条、炸土豆片等中检出丙烯酰胺,而且含量超过饮水中允许最大限量的500多倍。之后,挪威、英国、瑞士和美国等国家也相继报道了类似结果。此外,人体还可能通过吸烟等途径接触丙烯酰胺。

丙烯酰胺进入体内又可通过多种途径被人体吸收,其中经消化道吸收最快。进入人体内的丙烯酰胺约90%被代谢,仅少量以原形经尿液排出。丙烯酰胺进入体内后,会在体内与DNA上的鸟嘌呤结合形成加合物,导致遗传物质损伤和基因突变。

对接触丙烯酰胺的职业人群和偶然暴露于丙烯酰胺人群的调查表明,丙烯酰胺具有神经毒性作用,但目前还没有充足的证据表明通过食物摄入丙烯酰胺与人类某种肿瘤的发生有明显关系。

(一)检测原理

用水提取试样中的丙烯酰胺,提取液经石墨化碳黑层析柱净化,净化液中的丙烯酰胺经溴水衍生化后,用同位素标记的内标法,气相色谱-质谱联用仪(GC-MS)检测。参照标准 SN/T 2096—2008。

(二)试剂和材料

除另有说明,所用试剂均为分析纯,水为去离子水或相当纯度的水。

①正己烷:重蒸馏。

②乙酸乙酯:重蒸馏。

③丙烯酰胺标准品:纯度≥99%。

④(^{13}C)标记的丙烯酰胺标准品:1 000 mg/L。

⑤丙烯酰胺标准溶液:准确称取适量的丙烯酰胺标准品(精确至0.1 mg),用水溶解,配制成浓度为10 mg/L的标准储备溶液。根据需要用水稀释成适用浓度的标准工作溶液。

⑥(^{13}C)标记的丙烯酰胺标准溶液:移取(^{13}C)标记的丙烯酰胺标准品1 mL用水配制成浓度为10 mg/L的标准储备溶液。根据需要用水稀释成适用浓度的标准工作溶液。

⑦无水硫酸钠:650℃灼烧4 h,置于干燥器内保存。

⑧石墨化碳黑固相萃取柱:内填石墨化碳黑500 mg,使用前分别用5 mL甲醇和5 mL水活化。

⑨溴水:含溴浓度≥30%。

⑩氢溴酸:浓度≥40.0%。

⑪玻璃棉。

⑫硫代硫酸钠水溶液:0.2 mol/L。

(三)仪器和设备

①气相色谱-质谱仪:带 EI 源。

②旋转蒸发器。

③振荡器。

④冷冻离心机。

⑤氮吹仪。

⑥固相提取装置。

⑦天平:感量 0.001 g。

(四)测定步骤

1. 提取

准确称取已粉碎的样品 20 g(精确至 1 mg)于(250 mL)三角瓶中,加水 100 mL,加 1 mL 浓度为 500 ng/mL^{13}C 同位素标记的丙烯酰胺内标,振荡 30 min,取上清液 25 mL 于 50 mL 离心管中,加入正己烷 20 mL 振荡 10 min,离心(3 000 r/min)5 min,弃去正己烷层。

2. 净化

将离心管在 12 000 r/min 下,于 4℃高速冷冻离心 30 min,上清液用玻璃棉过滤,将滤液加入石墨化碳黑固相萃取柱中,收集流出液,再用 20 mL 纯净水淋洗,合并流出液和淋洗液用于衍生化。

3. 衍生化

在净化液中加入 7.5 g 溴化钾,用氢溴酸调节净化液至 pH 为 1～3,再加 8 mL 溴水,在 4℃条件下衍生过夜。滴加硫代硫酸钠溶液至黄色消失以除去残余的溴。将溶液转移到分液漏斗中,加 20 mL 乙酸乙酯,振荡 10 min,静置分层,再分别用 10 mL 乙酸乙酯提取两次,合并乙酸乙酯提取液。乙酸乙酯过无水硫酸钠后,旋转浓缩并定容至 1.0 mL,供气相色谱-质谱测定。

4. 测定

(1)仪器条件

①色谱柱:HP-5 30 m×0.25 mm(内径)×0.25 μm(膜厚),HP-5(或相当者)。

②色谱柱温度:65℃(1 min)→15℃/min→280℃(15 min)。

③进样口温度:280℃。

④离子源温度:230℃。

⑤传输线温度:280℃。

⑥离子源:EI 源。

⑦测定方式:选择离子监测方式。

⑧选择监测离子(m/z):106,150,152,110,153,155。

⑨载气:氦气,纯度 99.999%,流速 1.0 mL/min。

⑩进样方式:无分流进样。

⑪进样量:1.0 μL。

⑫电子能量:70 eV。

(2)色谱-质谱确证和测定

在上述仪器条件下经衍生化的丙烯酰胺保留时间约为 8.26 min。气相色谱-质谱选择离子总离子流图如图 5-1 所示。符合下列条件,即可确定样品中含有丙烯酰胺。在保留时间 8.26 min 附近有峰出现,选定的质谱碎片离子在样品的选择离子质谱图中都能出现,样品峰的质谱图中各碎片离子的相对丰度为:153∶155 = 1,150∶152 = 1,106∶150 = 0.6,110∶153 = 0.6,以上离子相对丰度的偏差比不超过 20%。以 150 和 153 定量。参见图 5-2 和图 5-3 气相色谱-质谱图。

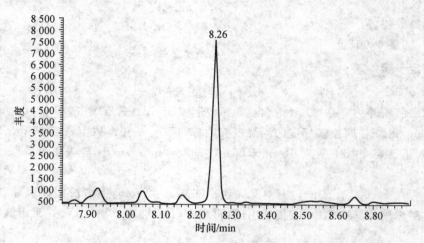

图 5-1　丙烯酰胺标准品衍生物气相色谱质谱选择离子总离子流图

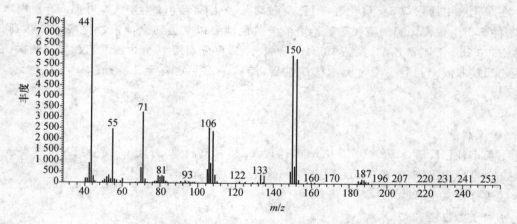

图 5-2　丙烯酰胺衍生物标准品气相色谱全扫描质谱图

5. 空白试验

除不加试样外,按上述测定步骤进行。

(五)结果处理

丙烯酰胺和其同位素内标的相对校正因子,按下式计算:

$$R = \frac{A_n \times \rho_1}{A_1 \times \rho_n} \qquad\qquad （式 5-3）$$

式中:R 为丙烯酰胺和其同位素内标的相对校正因子;A_n 为丙烯酰胺标样的峰面积(峰高);

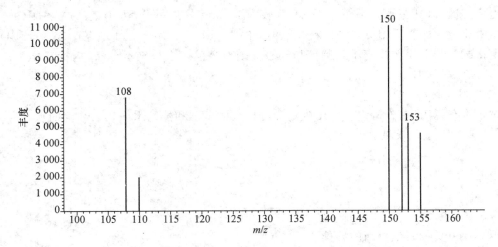

图 5-3　丙烯酰胺和其同位素的标记的丙烯酰胺质谱图

A_1 为同位素内标的峰面积(峰高)；ρ_n 为丙烯酰胺标样的浓度，ng/mL；ρ_1 为同位素内标的浓度，ng/mL。

　　试样中丙烯酰胺的残留含量，按下式计算(计算结果需将空白值扣除)：

$$X = \frac{A_{sn} \times m_{s1}}{A_{s1} \times R \times m}$$
(式 5-4)

式中：X 为试样中丙烯酰胺含量，ng/g；R 为丙烯酰胺和其同位素内标的相对校正因子；A_{sn} 为实际样品丙烯酰胺衍生物的峰面积(峰高)；A_{s1} 为实际测定时同位素内标的峰面积(峰高)；m_{s1} 为实际测定时同位素内标的量，ng；m 为样品的质量，g。

　　最低检出限：本标准测定低限为 5 ng/g。

　　回收率：丙烯酰胺添加浓度在 5～1 000 ng/g 范围，回收率为 85%～106%。

　　精密度：样品添加浓度 5 ng/g，相对标准偏差为 6.0%；添加浓度 1 000 ng/g，相对标准偏差为 5.9%。

二、食品中氯丙醇含量的测定

　　氯丙醇是一类在化学制作豉油的过程中所产生的致癌物质。日常比较常见的氯丙醇包括以下 3 种：1-氯-2-丙醇；3-氯-1,2-丙二醇；1,3-二氯-2-丙醇。

　　如果在生产酱油中用了添加盐酸的方法来加速生产，这会导致产品中氯丙醇含量偏高，对人体有害，会影响人的健康。

　　传统酱油酿造法是以微生物来分解黄豆蛋白，酿造过程约需半年。如果让黄豆自行发酵的话，由于需时较长，有部分厂商为了加快产品制作周期，会利用盐酸来加速脱脂的过程。而当中的盐酸如果与已发酵黄豆向产生的甘油发生化学反应，就会产生氯丙二醇及双氯丙醇等化合物。类似情况亦存在于化学方法制成的其他调味品，如鸡精。

(一)食品中 3-氯-1,2 丙二醇含量的测定

1. 检测原理

本标准采用同位素稀释技术，以 D_5-3-氯-1,2-丙二醇(D_5-3-MCPD)为内标定量。试样中

加入内标溶液,以硅藻土(Extrelut™ 20)为吸附剂,采用柱层析分离,用正己烷-乙醚(9+1)洗脱样品中非极性的脂质组分,用乙醚洗脱样品中的 3-MCPD,用七氟丁酰基咪唑(HFBI)溶液为衍生化试剂。采用选择离子监测(SIM)的质谱扫描模式进行定量分析,内标法定量。参照国标 GB/T 5009.191—2006 第一法。

2. 试剂和材料

除非另有说明,在分析中仅使用确定为分析纯的试剂和蒸馏水或相当纯度的水。

①2,2,4-三甲基戊烷。

②乙醚。

③正己烷。

④氯化钠。

⑤无水硫酸钠。

⑥Extrelut™20,或相当的硅藻土。

⑦七氟丁酰基咪唑。

⑧3-氯-1,2-丙二醇标准品(3-MCPD):纯度>98%。

⑨D_5-3-氯-1,2-丙二醇标准品(D_5-3-MCPD):纯度>98%。

⑩饱和氯化钠溶液(5 mol/L):称取氯化钠 290 g,加水溶解并稀释至 1 000 mL。

⑪正己烷-乙醚(9+1):量取乙醚 100 mL,加正己烷 900 mL,混匀。

⑫3-MCPD 标准储备液(1 000 mg/L):称取 3-MCPD 25 mg(精确至 0.01 mg),置 25 mL 容量瓶中,加正己烷溶解,并稀释至刻度。

⑬3-MCPD 中间溶液(100 mg/L):准确移取 3-MCPD 储备液 10 mL,置 100 mL 容量瓶中,加正己烷稀释至刻度。

⑭3-MCPD 系列溶液:准确移取 3-MCPD 中间溶液适量,置 25 mL 容量瓶中,加正己烷稀释至刻度(浓度为 0.00、0.05、0.10、0.50、1.00、2.00 和 6.00 mg/L)。

⑮D_5-3-MCPD 储备液(1 000 mg/L):称取 D_5-3-MCPD 25 mg(精确至 0.01 mg),置 25 mL 容量瓶中,加乙酸乙酯溶解,并稀释至刻度。

⑯D_5-3-MCPD 内标溶液(10 mg/L):准确移取 D_5-3-MCPD 储备液 1 mL,置 100 mL 容量瓶中,加乙酸乙酯稀释至刻度。

3. 仪器

①气相色谱-质谱联用仪(GC-MS)。

②色谱柱:DB-5 ms 柱,30 m×0.25 mm×0.25 μm,或等效毛细管色谱柱。

③玻璃层析柱:柱长 40 cm,柱内径 2 cm。

④旋转蒸发器。

⑤氮气蒸发器。

⑥恒温箱或其他恒温加热器。

⑦涡漩混合器。

⑧气密针:1 mL。

4. 分析步骤

(1)试样制备

①液状试样:称取试样 4.00 g,置 100 mL 烧杯中,加 D_5-3-MCPD 内标溶液(10 mg/L)

5 μL,加饱和氯化钠溶液 6 g,超声 15 min。

②汤料或固体与半固体植物水解蛋白:称取试样 4.00 g,置 100 mL 烧杯中,加 D_5-3-MCPD 内标溶液(10 mg/L)50 μL,加饱和氯化钠溶液 6 g,超声 15 min。

③香肠或奶酪:称取试样 10.00 g,置 100 mL 烧杯中,加 D_5-3-MCPD 内标溶液(10 mg/L)50 μL,加饱和氯化钠溶液 30 g,混合均匀,离心(3 500 r/min)20 min,取上清液 10 g。

④面粉(淀粉、谷物、面包):称取试样 5.00 g,置 100 mL 烧杯中,加 D_5-3-MCPD 内标溶液(10 mg/L)50 μL,加饱和氯化钠溶液 15 g,放置过夜。

(2)试样提取　将一袋 Extrelut™20 柱填料分为两份,取其中一份加到试样溶液中,混匀;将另一份柱填料装入层析柱中(层析柱下端填以玻璃棉)。将试样与吸附剂的混合物装入层析柱中,上层加 1 cm 高度的无水硫酸钠。放置 15 min 后,用正己烷-乙醚(9+1)80 mL 洗脱非极性成分,并弃去。用乙醚 250 mL 洗脱 3-MCPD(流速约为 8 mL/min)。在收集的乙醚中加无水硫酸钠 15 g,放置 10 min 后过滤。滤液于 35℃温度下旋转蒸发至约 2 mL,定量转移至 5 mL 具塞试管中,用乙醚稀释至 4 mL。在乙醚中加少量无水硫酸钠,振摇,放置 15 min 以上。

(3)衍生化　移取试样溶液 1 mL,置 5 mL 具塞试管中,并在室温下用氮气蒸发器吹至近干,立即加入 2,2,4-三甲基戊烷 1 mL。用气密针加入七氟丁酰基咪唑 0.05 mL,立即密塞。涡漩混合后,于 70℃保温 20 min。取出后,放至室温,加饱和氯化钠溶液 3 mL,涡漩混合30 s,使两相分离。取有机相加无水硫酸钠约为 0.3 g 干燥。将溶液转移至自动进样的样品瓶中,供 GC-MS 测定。

(4)空白试样制备　移取饱和氯化钠溶液(5 mol/L)10 mL,置于 100 mL 烧杯中,加 D_5-3-MCPD 内标溶液(10 mg/L)50 μL,超声 15 min。以下步骤与试样提取及衍生化方法相同。

(5)标准系列溶液的制备　移取标准系列溶液各 0.1 mL,加 D_5-3-MCPD 内标溶液(10 mg/L)10 μL,加 2,2,4-三甲基戊烷 0.9 mL,用气密针加入七氟丁酰基咪唑 0.05 mL,立即密塞。以下步骤与试样的衍生化方法相同。

(6)测定

①色谱条件。

色谱柱:DB-5 ms 柱,30 m×0.25 mm×0.25 μm。

进样口温度:230℃。

传输线温度:250℃。

程序温度:50℃保持 1 min,以 20℃/min 速度升至 90℃,再以 40℃/min 的速度升至250℃,并保持 5 min。

载气:氦气,柱前压为 41.4 kPa,相当于 6 psi。

不分流进样:进样体积 1 μL。

②质谱参数。

电离模式:电子轰击源(EI),能量为 70 eV。

离子源温度:200℃ 。

分析器(电子倍增器)电压:450 V。

溶剂延迟:12 min,质谱采集时间:12~18 min。

扫描方式:采用选择离子扫描(SIM)采集,3-MCPD 的特征离子为 m/z 253、275、289、291

和 453，D_5-3-MCPD 的特征离子为 m/z 257、294、296 和 456。选择不同的离子通道，以 m/z 253 作为 3-MCPD 定量离子，m/z 257 作为 D_5-3-MCPD 的定量离子，以 m/z 253、275、289、291 和 453 作为 3-MCPD 定性鉴别离子，考察各碎片离子与 m/z 453 离子的强度比，要求：4 个离子 (m/z 253、275、289 和 291) 中至少 2 个离子的强度比不得超过标准溶液的相同离子强度比的 $\pm 20\%$。

③测定。量取试样溶液 1 μL 进样。3-MCPD 和 D_5-3-MCPD 的保留时间约为 16 min。记录 3-MCPD 和 D_5-3-MCPD 的峰面积。计算 3-MCPD (m/z 253) 和 D_5-3-MCPD (m/z 257) 的峰面积比，以各系列标准溶液的进样量 (ng) 与对应的 3-MCPD (m/z 235) 和 D_5-3-MCPIJ (m/z 257) 的峰面积比绘制标准曲线。如图 5-4 至图 5-7 所示。

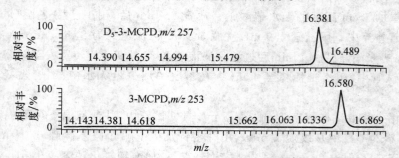

图 5-4　3-氯-1,2-丙二醇及其氘代同位素的全扫描总离子流图

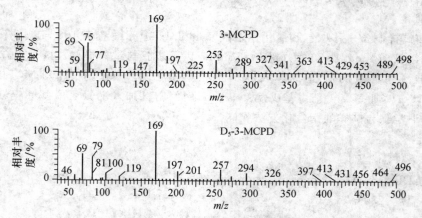

图 5-5　3-氯-1,2-丙二醇及其氘代同位素的质谱图

5. 结果计算

按内标法计算样品中 3-氯-1,2-丙二醇的含量。

$$X = \frac{m_1 \times f}{m} \qquad\qquad (式 5\text{-}5)$$

式中：X 为试样中 3-氯-1,2-丙二醇含量，μg/kg 或 μg/L；m_1 为试样色谱峰与内标色谱峰的峰面积比值对应的 3-氯-1,2-丙二醇质量，ng；f 为试样溶液的稀释倍数；m 为试样的取样量，mg。

计算结果保留 3 位有效数位。在重复性条件下获得的 2 次独立测定结果的绝对差值不得超过算术平均值的 20%。

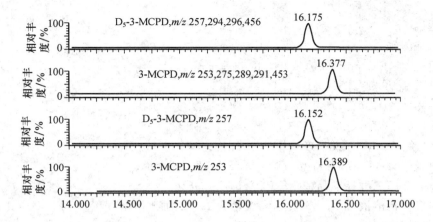

图 5-6　3-氯-1,2-丙二醇及其氘代同位素选择性离子扫描质量色谱图

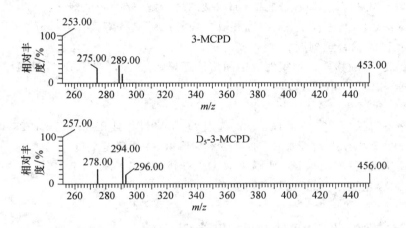

图 5-7　3-氯-1,2-丙二醇及其氘代同位素选择离子扫描质谱图

(二)食品中氯丙醇多组分含量的测定

1. 检测原理

采用稳定性同位素稀释技术,在试样中加入五氘代-1,3-二氯-2-丙醇(D_5-1,3-DCP)和五氘代-3-氯-1,2-丙二醇(D_5-3-MCPD)内标溶液,以硅藻土为吸附剂进行基质固相分散萃取分离,用正己烷洗脱试样中非极性的脂质组分,用乙醚洗脱试样中氯丙醇,用七氟丁酰基咪唑(HFBI)溶液为衍生化试剂,采用四极杆质谱仪的选择离子监测(SIM)或离子阱质谱仪的选择离子存储(SIS)质谱扫描模式进行分析,内标法定量。参照国标 GB/T 5009.191－2006 第二法。

2. 试剂

除非另有说明,所用试剂均为分析纯,水为蒸馏水。

①2,2,4-三甲基戊烷,可用正己烷替代。

②乙醚:经重蒸后使用。

③正己烷:经重蒸后使用。

④氯化钠。

⑤无水硫酸钠。

⑥硅藻土,如 Extrelut™20,或相当的硅藻土。

⑦七氟丁酰基咪唑。

⑧D_5-1,3-二氯-2-丙醇标准品(D_5-1,3-DCP):纯度>98%。

⑨1,3-二氯-2-丙醇标准品(1,3-DCP):纯度>98%。

⑩2,3-二氯-1-丙醇标准品(2,3-DCP):纯度>97%。

⑪D_5-3-氯-1,2-丙二醇标准品(D_5-3-MCPD):纯度>98%。

⑫3-氯-1,2-丙二醇标准品(3-MCPD):纯度>98%。

⑬饱和氯化钠溶液(5 mol/L):称取氯化钠 290 g,加水溶解并稀释至 1 000 mL。

⑭氯丙醇标准溶液。

a. 标准储备溶液(1 000 mg/L):分别称取 3-MCPD,1,3-DCP 或 2,3-DCP 25.0 mg(精确至 0.1 mg),置于 3 个 25 mL 容量瓶中,加乙酸乙酯溶解,并稀释至刻度。

b. 中间溶液(100 mg/L):分别准确移取 3 种氯丙醇储备溶液 1.00 mL,置于 3 支 10 mL 容量瓶中,加正己烷稀释至刻度。

c. 使用溶液:准确移取 3 种氯丙醇中间溶液适量,置于同一 25 mL 容量瓶中,加正己烷稀释至刻度(浓度为 2.00 mg/L)。

⑮氯丙醇内标溶液。

a. 内标储备溶液(1 000 mg/L):分别称取 D_5-3-MCPD 或 D_5-1,3-DCP 25.0 mg(精确至 0.1 mg),置于 2 个 25 mL 容量瓶中,加乙酸乙酯溶解,并稀释至刻度。

b. 内标使用溶液(10 mg/L):准确移取 D_5-3-MCPD 和 D_5-1,3-DCP 储备液 1.00 mL,置于同一 100 mL 容量瓶中,加正己烷稀释至刻度。

3. 仪器

①四极杆或离子阱的气相色谱-质谱联用仪(GC-MS)。

②色谱柱:DB-5 ms 柱,30 m×0.25 mm×0.25 μm,或等效毛细管色谱柱。

③玻璃层析柱:柱长 40 cm,柱内径 2 cm 。

④旋转蒸发器。

⑤氮气浓缩器。

⑥恒温箱或其他恒稳加热器。

⑦涡漩混合器。

⑧气密针:1.0 mL。

4. 分析步骤

(1)试样提取

①酱油等液状试样:称取试样 4.00 g,置于 100 mL 烧杯中,加 10 mg/L 内标使用液 20 μL,加饱和氯化钠溶液至 10 g,超声 15 min。

②香肠等食物试样:称取匀浆试样 2.00~5.00 g,置于离心管中,加 10 mg/L 内标使用液 20 μL,加饱和氯化钠溶液至 10 g,超声 15 min 后,离心(3 500 r/min)20 min,取上清液。

③酸水解蛋白粉、固体汤料等粉末试样:称取试样 1.00～2.00 g,置于 100 mL 烧杯中,加 10 mg/L 内标使用液 20 μL,加饱和氯化钠溶液至 10 g,超声 15 min。

(2)试样净化 称取 10 g Extrelut™ 20 硅藻土柱填料 2 份,取其中一份加到试样溶液中,搅拌均匀;将另一份柱填料装入层析柱中(层析柱下端填以玻璃棉)。将试样与吸附剂的混合物装入层析柱中,上层加 1 cm 高度的无水硫酸钠。放置 15 min 后,用正己烷 40 mL 洗脱非极性成分,并弃去正己烷淋洗液。用乙醚 150 mL 洗脱(流速约为 8 mL/min),收集乙醚洗脱液。在收集的乙醚中加无水硫酸钠 15 g,振摇,放置 10 min 后过滤,滤液于 35℃温度下旋转蒸发至约 0.5 mL,转移至 5 mL 具塞试管中,用正己烷洗涤旋转蒸发瓶,合并洗涤液至试管中,并用正己烷稀释至刻度,此为试样提取液。

(3)衍生化 将试样提取液在室温下用氮气浓缩至 1.0 mL。用气密针迅速加入七氟丁酰基咪唑衍生剂 50 μL,立即密塞。涡漩充分混合后,于 75℃下保温 30 min。取出后,放至室温,加饱和氯化钠溶液 3 mL,涡漩混合 0.5 min,静置使两相分离。取上层正己烷加无水硫酸钠约 0.3 g 干燥,静置 2～5 min。将正己烷溶液转移至试样瓶中,供 GC-MS 测定。

(4)空白试样制备 称取饱和氯化钠溶液(5 mol/L)10 g,置于 100 mL 烧杯中,加 10 mg/L 内标使用溶液 20 μL,超声 15 min。以下步骤与试样净化、衍生化方法相同。

(5)标准系列溶液的制备 在预先准备的 5 个带塞试管中分别加入 0.5 mL 正己烷及 10、30、80、150 和 250 μL 标准系列溶液,然后分别加入 10 mg/L 氯丙醇内标使用溶液 20 μL,以正己烷稀释至 1.0 mL。用气密针加入七氟丁酰基咪唑 50 μL,立即密塞,振匀。以下步骤与试样的衍生化方法相同。

(6)测定

①色谱条件。

色谱柱:DB-5 ms 柱,30 m×0.25 mm×0.25 μm。

进样口温度:230℃。

色谱柱升温程序:50℃保持 1 min,以 2℃/min 速度升至 90℃,再以 44℃/min 的速度升至 250℃并保持 5 min。

载气:氦气,柱前压为 41.4 kPa,相当于 6 psi。

不分流进样体积:1 μL。

②质谱参数。

a. 四极杆质谱仪。

电离模式:电子轰击源(EI),能量为 70 eV。

传输线温度:250℃。

离子源温度:200℃。

分析器(电子倍增器)电压:450 V。

溶剂延迟:5 min。

质谱采集时间:5～12 min。

扫描方式:采用选择离子监测(SIM)采集,各氯丙醇及其内标的定性和定量离子如表 5-2 所示。

b. 离子阱质谱仪。

离子化方式:EI、电子倍增器增益+150 V、灯丝电流:50 μA。

阱温度:220℃;传输线温度:250℃;歧盒温度:48℃。

溶剂延迟:10 min。

扫描方式:采用选择离子存储(SIS)采集,氯丙醇及其内标的定性、定量离子见表 5-2。

质谱采集条件如下。

表 5-1　质谱采集条件

项目	扫描时间段/min	质量数范围/(m/z)	扫描速率/(s/次)
片段 1(D_5-1,3-DCP,1,3-DCP)	10~12	70~285	0.53
片段 2(2,3-DCP)	12~13	70~260	0.51
片段 3(D_5-3-MCPD,3-MCPD,2-MCPD)	13~15	250~460	0.53

表 5-2　监测的氯丙醇及内标特征离子

检测要求	D_5-1,3-DCP	1,3-DCP	2,3-DCP	D_5-3-MCPD	3-MCPD	2-MCPD
定性离子/(m/z)	278、280、79、81	75、77、275、277	253、75、77、169	257、278、280、294、296、456	253、275、277、289、291、453	253、289、291
定量离子/(m/z)	278+280	275+277	75+77	257	253	253
定性要求	不做规定	75 为基峰,275 与 277 丰度比不得大于标准溶液相同离子丰度比的±20%	不做规定	不做规定	监测离子中至少两个离子丰度比不得超过标准溶液的相同离子强度比的±20%	253 为基峰,289 和 291 丰度比不得超过理论强度比的±20%;没有 453 离子

选择性离子监测(SIM)或者选择性离子储存(SIS)监测定性质谱图和质量色谱图分别见图 5-8 至图 5-11。

③测定。吸取标准溶液和试样溶液 1 μL 进样,记录总离子流图以及氯丙醇及其内标的峰面积。

5. 结果计算

3-MGPD:计算 3-MCPD 与 D_5-3-MGPD 的峰面积比,以各标准系列溶液中 3-MCPD 进样量与对应的 3-MCPD 与 D_5-3-MCPD 的峰面积比作线性回归,由回归方程计算 3-MCPD 的质量,按式(式 5-6)计算试样中 3-MCPD 和 2-MCPD 含量,且 2-MCPD 以 3-MCPD 为参考标准进行计算。

1,3-DCP 和 2,3-DCP:计算 1,3-DCP 或 2,3-DCP 与 D_5-1,3-DCP 的峰面积比,以各标准系列溶液的 1,3-DCP 或 2,3-DCP 进样量与对应的 1,3-DCP 或 2,3-DCP 与 D_5-1,3-DCP 的峰面积比作线性回归,由回归方程计算 1,3-DCP 和 2,3-DCP 的质量,按式(式 5-6)计算试样中

1,3-DCP 和 2,3-DCP 的含量。

$$X = \frac{A \times f}{m}$$ （式 5-6）

式中：X 为试样中目标氯丙醇组分的含量，μg/kg 或 μg/L；A 为试样色谱峰与内标色谱峰的峰面积比值对应的目标氯丙醇组分的质量，ng；f 为试样溶液的稀释倍数；m 为加入内标时的取样量，g 或 mL。

计算结果表示到 3 位有效数字。在重复性条件下获得的 2 次独立测定结果绝对差值不得超过算术平均值的 20%。

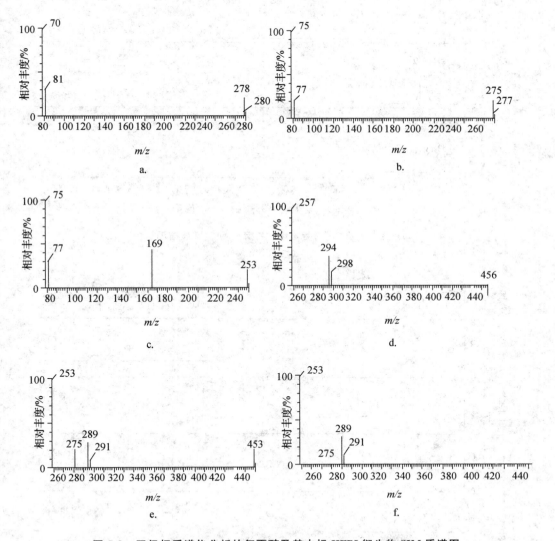

图 5-8 四级杆质谱仪分析的氯丙醇及其内标 HFBI 衍生物 SIM 质谱图

a. D₅-1,3-DCP　b. 1,3-DCP　c. 2,3-DCP　d. D₅-3-MCPD

e. 3-MCPD　f. 2-MCPD

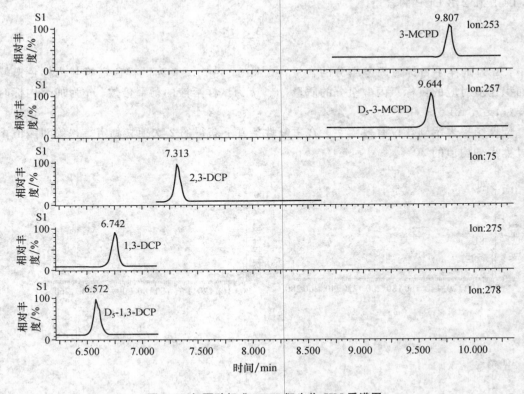

图 5-9 氯丙醇标准 HFBI 衍生物 SIM 质谱图

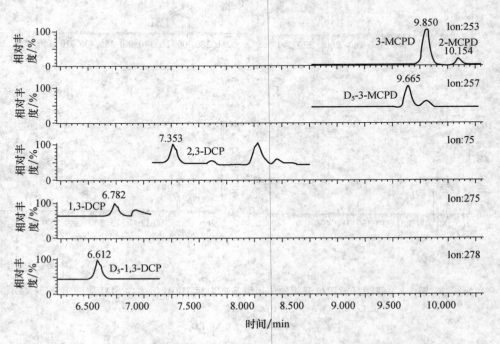

图 5-10 酱油样品中氯丙醇标准 HFBI 衍生物 SIM 质谱图

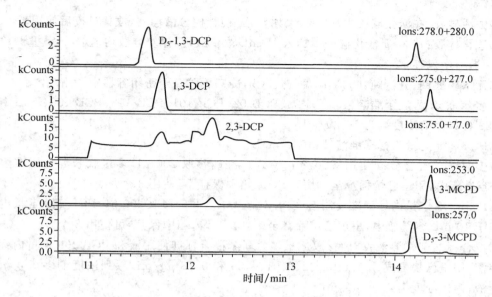

图 5-11 氯丙醇标准 HFBI 衍生物选择离子(SIS)色谱图

三、水产品中多氯联苯残留量的测定

多氯联苯(PCB)在环境中有很高的残留性。据 IPCS 出版的(1987)环境卫生基准(2)介绍,自 1930 年以来,全世界 PCB 的累计产量约为 100 万 t,其中一半以上已进入垃圾堆放场和被填埋,它们相当稳定,而且释放很慢。其余的大部分通过下列途径进入环境:随工业废水进入河流或沿岸水体;从非密闭系统的渗漏或堆放在垃圾堆放场,由于焚化含 PCB 的物质释放到大气中。进入环境中的 PCB 的最终贮存所主要是河流沿岸水体的底泥,只有很少部分通过生物作用和光解作用发生转化。PCB 在机体内有很强的蓄积性,并通过食物链逐渐被富集。已知水中含 0.01 μg/L 的 PCB 时,在鱼体内的蓄积可达到水中浓度的 20 万倍,因此食鱼性鸟、兽体内的蓄积浓度较高。一些海中的大鱼和空中的凶鸟,如鲨鱼、海豹、猛禽,其体内 PCB 浓度可比周围环境高 $10.7 \sim 10.8$ 倍。从南极的企鹅到北极的海豹体内都曾检出 PCB,因而 PCB 污染已成为全球性的问题。PCB 一旦进入环境就会长时间地存在于环境中,难于降解,受 PCB 污染的水和土壤也很难得到恢复。

(一)检测原理

试样中的多氯联苯残留物经超声提取,浓硫酸硅胶净化柱净化,浓缩,采用配有电子捕获检测器的气相色谱仪测定,内标法定量。参照国标 GB/T 22330—2008。

(二)试剂

所有试剂在多氯联苯出峰处应无干扰峰,试验用水应符合 GB/T 6682 一级水的要求。

①正己烷:色谱纯。

②丙酮:色谱纯。

③浓硫酸:优级纯。

④硅胶:层析用,粒度 $0.075 \sim 0.150$ mm;150℃下烘干 2 h,冷却后贮存于密闭容器中备用。

⑤去活硅胶：在活化硅胶中加入 10% 水降活，搅拌使分散均匀，放置过夜后使用。

⑥酸化硅胶：在 30 g 活化硅胶中加入 15 mL 浓硫酸，搅拌使分散均匀，装入具塞磨口试剂瓶中，干燥器中保存。

⑦无水硫酸钠：分析纯，650℃高温灼烧 4 h，冷却后贮存于密闭容器中备用。

⑧多氯联苯混合标准溶液：PCB 28、PCB 52、PCB 101、PCB 118、PCB 138、PCB 153 和 PCB 180 各单体的浓度均为 10 μg/mL。

⑨PCB 209 定量内标标准溶液：10 μg/mL。

⑩多氯联苯混合标准使用液：0.2 μg/mL。准确移取 200 μL 多氯联苯混合标准溶液于 10 mL 容量瓶中，用正己烷稀释至刻度。4℃冰箱中保存，可使用 3 个月。

⑪PCB 209 定量内标标准使用溶液：0.2 μg/mL。准确移取 200 μL PCB 209 定量内标标准溶液于 10 mL 容量瓶中，用正己烷稀释至刻度。4℃冰箱中保存，可使用 3 个月。

⑫混合标准工作溶液：准确移取适量多氯联苯混合标准使用液和 PCB 209 定量内标标准使用溶液，用正己烷配成 0.001、0.002、0.01、0.05 和 0.18 μg/mL 系列浓度的多氯联苯标准工作溶液，内标浓度为 0.02 μg/mL。

(三)仪器

①气相色谱仪：具有 ^{63}Ni 电子捕获检测器。

②电子天平：感量 0.01 g。

③旋转蒸发器。

④超声波清洗器。

⑤涡漩混合器。

⑥梨形瓶：50 mL、100 mL；细口。

⑦离心管：100 mL，具塞。

⑧净化柱：20.0 cm×1.0 cm(内径)带砂板的玻璃层析柱，依次装入 2 g 无水硫酸钠、1 g 去活硅胶、2 g 酸化硅胶、2 g 无水硫酸钠。临用前用 10 mL 正己烷淋洗 1 次。

(四)测定步骤

1. 样品预处理

取水产品可食部分，切为不大于 0.5 cm×0.5 cm×0.5 cm 的小块后混匀，充分匀浆，冷冻保存备用。

2. 样品提取

将试样解冻，称取试样 5 g(精确到 0.01 g)，置于 100 mL 具塞离心管中，加入 PCB 209 定量内标标准使用溶液 100 μL，同时加入 10 g 无水硫酸钠，加入 30 mL 正己烷与丙酮的混合溶液(1∶1，体积比)，超声提取 30 min，4 000 r/min 离心 5 min，将提取液转移至 100 mL 梨形瓶中。在离心管中再加入 20 mL 正己烷与丙酮的混合溶液(1∶1，体积比)重复提取 1 次，合并提取液于同一梨形瓶中。

3. 样品净化

将提取液于 40℃水浴中减压旋转蒸发浓缩至约 2 mL，加入 1 g 酸化硅胶，涡漩 1 min，静置，将上层溶液转移至预先用 10 mL 正己烷淋洗过的净化柱中，净化柱下接 50 mL 梨形瓶，在原梨形瓶中加入 2 mL 正己烷，涡漩 30 s，静置，上层溶液转移至净化柱中，再重复进行一次。

待净化柱中液面降至上层无水硫酸钠层时,用 30 mL 正己烷分两次洗脱,洗脱液全部收集到 50 mL 梨形瓶中,于 40℃ 水浴中减压旋转蒸发至近干,正己烷定容至 1.0 mL,涡漩混合溶解残留物,供气相色谱测定。

4. 样品测定

①色谱条件。

色谱柱:DB-5 石英毛细管柱,30 m×0.32 mm×0.25 μm,或性能相当者。

载气:高纯氮,流速 0.8 mL/min。

进样口温度:240℃。

温度程序:初始柱温 60℃,维持 2 min;30℃/min 升至 180℃,维持 4 min;20℃/min 升至 200℃,维持 8 min;20℃/min 升至 250℃,维持 5 min;30℃/min 升至 280℃,维持 8 min,确保所有的样品已经流出。

检测器温度:300℃。

检测器:^{63}Ni 电子捕获检测器。

进样方式及进样量:不分流方式进样,1.0 μL。

②色谱测定。

分别注入 1 μL 适当浓度的多氯联苯标准工作液及样品溶液于气相色谱仪中,在同一色谱条件下进行色谱分析,标准溶液色谱图参见图 5-12 所示,样品溶液中待测物的响应值均应在仪器检测的线性范围之内。根据标准品的保留时间定性,内标法定量。

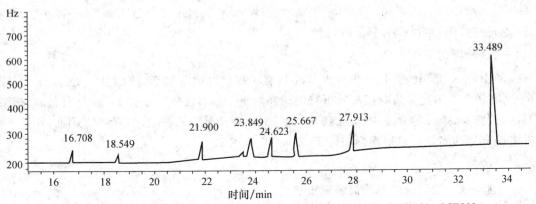

注:出峰顺序:PCB 28、PCB 52、PCB 101、PCB 118、PCB 153、PCB 138、PCB 180、PCB209。

图 5-12　多氯联苯标准色谱图

5. 空白试验

除不加试样外,均按上述测定步骤进行。

(五)结果计算

样品中多氯联苯各组分的含量按下式计算:

$$X = \frac{\rho \times \rho_i \times A \times A_{si} \times V \times 1\,000}{\rho_{si} \times A_i \times A_s \times m} \qquad (式 5-7)$$

式中:X 为样品中待测组分残留量,μg/kg;ρ 为标准工作溶液中被测物的浓度,μg/mL;ρ_i 为样液中内标物的浓度,μg/mL;A 为样液中被测组分的峰面积或峰高;A_{si} 为标准工作溶液中内标物的峰面积或峰高；V 为样液最终定容体积，mL；ρ_{si} 为标准工作溶液中内标物的浓度，$\mu g/mL$；A_i 为样液中内标物的峰面积或峰高；A_s 为标准工作溶液中被测物的峰面积或峰高；m 为样品称样量，g。

计算结果需扣除空白值。在重复性条件下获得的 2 次独立测定结果的绝对差值不得超过算术平均值的 15%。

检出限：方法检出限为 0.3 $\mu g/kg$，定量限为 0.5 $\mu g/kg$。

回收率：标准添加浓度为 1.0～10.0 $\mu g/kg$ 时，PCB 28，PCB 52，PCB 101，PCB 118，PCB 138，PCB 153 和 PCB 180 的回收率均为 70%～120%。

线性范围：本方法的线性范围：0.001～0.18 $\mu g/mL$。

四、食品中 N-亚硝胺类的测定

亚硝胺类化合物就是世界公认的强致癌食品污染物。大量的实验证明某些食品中存在一定量的亚硝胺，其中有的是食品中天然形成的，有的是生产过程需要添加的。天然食品中的含氮物质在一定条件下可与亚硝酸盐合成亚硝胺。亚硝胺类化合物不仅多次长期摄入体内可以产生肿瘤，即使一次冲击同样可以诱发肿瘤。

N-亚硝胺是研究最多的 N-亚硝基化合物。Freund 于 1937 年首次报道了 2 例在职业接触 N-亚硝基二甲胺（NDMA，又称二甲基亚硝胺）中毒案例，病人表现为中毒性肝炎和腹水，其后以 NDMA 给小白鼠和小狗染毒也出现肝脏退化性坏死。此后由 Bames 和 Magee（于 1954 年和 1956 年）所做的工作引起了人们对亚硝胺的注意，他们揭示了 NDMA 不仅是肝脏的剧毒物质，也是强致癌物，可以引起肝脏肿瘤。

(一)检测原理

样品中的 N-亚硝胺类化合物经水蒸气蒸馏和有机溶剂萃取后，浓缩至一定量，采用气相色谱-质谱联用仪的高分辨峰匹配法进行确认和定量。本方法适用于酒类、肉及肉制品、蔬菜、豆制品、调味品、茶叶等食品中 N-亚硝基二甲胺、N-亚硝基二乙胺、N-亚硝基二丙胺及 N-亚硝基吡咯烷含量的测定。参照国标 GB/T 5009.26—2003。

(二)试剂

①二氯甲烷：须用全玻璃蒸馏装置重蒸。

②硫酸(1+3)。

③无水硫酸钠。

④氯化钠(优级纯)。

⑤氢氧化钠溶液。

⑥N-亚硝胺标准溶液：用二氯甲烷作溶剂，分别配制 N-亚硝基二甲胺、N-亚硝基二乙胺、N-亚硝基二丙胺、N-亚硝基吡咯烷的标准溶液，使每 1 mL 分别相当于 0.5 mg N-亚硝胺。

⑦N-亚硝胺标准使用液：在 4 个 10 mL 容量瓶中，加入适量二氯甲烷，用微量注射器各吸取 100 μL N-亚硝胺标准溶液，分别置于上述 4 个容量瓶中，用二氯甲烷稀释至刻度。此溶液每 1 mL 分别相当于 5 μg N-亚硝胺。

⑧耐火砖颗粒：将耐火砖破碎，取直径为 1～2 mm 的颗粒，分别用乙醇、二氯甲烷清洗后，在高温炉中(400℃)灼烧 1 h，作助沸石使用。

(三)仪器

①水蒸气蒸馏装置。

②K-D浓缩器。

③气相色谱-质谱联用仪。

(四)水蒸气蒸馏

称取200 g切碎(或绞碎、粉碎)后的样品,置于水蒸气蒸馏装置的蒸馏瓶中(液体样品直接量取200 mL),加入100 mL水(液体样品不加水),摇匀。在蒸馏瓶中加入120 g氯化钠,充分摇动,使氯化钠溶解。将蒸馏瓶与水蒸气发生器及冷凝器连接好,并在锥形接收瓶中加入40 mL二氯甲烷及少量冰块,收集400 mL馏出液。

(五)萃取纯化

在锥形接收瓶中加入80 g氯化钠和3 mL的硫酸(1+3),搅拌使氯化钠完全溶解:然后转移到500 mL分液漏斗中,振荡5 min,静置分层,将二氯甲烷层分至另一锥形瓶中,再用120 mL二氯甲烷分3次提取水层,合并4次提取液,总体积为160 mL。

对于含有较高浓度乙醇的样品,如蒸馏酒、配制酒等,须用50 mL氢氧化钠溶液(120 g/L)洗有机层两次,以除去乙醇的干扰。

(六)浓缩

将有机层用10 g无水硫酸钠脱水后,转移至K-D浓缩器中,加入一粒耐火砖颗粒,于50℃水浴上浓缩至1 mL,备用。

(七)测定

1. 色谱条件

汽化室温度:190℃;

色谱柱温度:对N-亚硝基二甲胺、N-亚硝基二乙胺、N-亚硝基二丙胺、N-亚硝基吡咯烷分别为130、145、130和160℃;

色谱柱:内径1.8~3.0 mm,长2 m的玻璃柱,内装涂以15%(质量分数)PEG20M固定液和氢氧化钾溶液(10 g/L)的80~100目Chromosorb WAW. DMCs;

载气:氦气,流速为40 mL/min。

2. 质谱仪条件

①分辨率≥7 000。

②离子化电压:70 V。

③离子化电流:300 μA。

④离子源温度:180℃。

⑤离子源真空度:1.33×10^{-4} Pa。

⑥界面温度:180℃。

3. 测定

采用电子轰击源高分辨峰匹配法,用全氟煤油(PFK)的碎片离子(它们的质荷比为68.995 27、99.993 6、130.992 0、99.993 6)分别监视N-亚硝基二甲胺、N-亚硝基二乙胺、N-亚硝基二丙胺及N-亚硝基吡咯烷的分子、离子(它们的质荷比为74.048 0、102.079 3、

130.110 6、100.063 6),结合它们的保留时间来定性,以示波器上该分子、离子的峰高来定量。

(八)结果处理

$$X = \frac{\dfrac{h_1}{h_2} \times \rho}{m} \times 1\,000$$ (式 5-8)

式中:X 为样品中某一 N-亚硝胺化合物的含量,$\mu g/kg$ 或 $\mu g/L$;h_1 为浓缩液中该 N-亚硝胺化合物的峰高,mm;h_2 为标准使用液中该 N-亚硝胺化合物的峰高,mm;ρ 为标准使用液中该 N-亚硝胺化合物的浓度,$\mu g/mL$;m 为样品质量(体积),g 或 mL。

任务二　水产品中组胺等 5 种生物胺的检测

【检测要点】

1. 掌握样品处理的能力。

2. 掌握分光光度计的基本操作技术。

【仪器试剂】

(一)试剂

①苯甲酰氯。

②乙醚。

③甲醇:色谱纯。

④乙腈:色谱纯。

⑤氯化钠。

⑥氮气:99.99%。

⑦滤膜:0.45 μm,水相。

⑧一次性过滤器:$\phi 13 \sim 15$ mm,0.45 μm,有机相。

⑨氢氧化钠溶液(2.0 mol/L):称取 4 g 氢氧化钠,用 50 mL 水溶解完全后,混匀。

⑩乙酸铵溶液(0.02 mol/L):称取 1.54 g 乙酸铵于 1 L 容量瓶中,用水完全溶解,稀释至刻度,经滤膜过滤。

⑪腐胺标准贮备溶液(1.00 mg/mL):准确称取 0.182 7 g 盐酸腐胺($C_4H_{12}N_2 \cdot 2HCl$,纯度$\geqslant 99\%$)准确至 0.000 1 g,于 100 mL 容量瓶中,用水溶解完全后,稀释至刻度,混匀。于 4℃保存,有效期为 3 个月。

⑫尸胺标准贮备溶液(1.00 mg/mL):准确称取 0.100 0 g 尸胺(纯度$\geqslant 99\%$)准确至 0.000 1 g,于 100 mL 容量瓶中,用水完全溶解后,稀释至刻度,混匀。于 4℃保存,有效期为 3 个月。

⑬亚精胺标准贮备溶液(1.00 mg/mL):准确称取 0.100 0 g 亚精胺(纯度$\geqslant 99\%$)准确至 0.000 1 g,于 100 mL 容量瓶中,用水完全溶解后,稀释至刻度,混匀。于 4℃保存,有效期为 3 个月。

⑭精胺($C_{10}H_{26}N_4$)标准贮备溶液(1.00 mg/mL)：准确称取 0.100 0 g 精胺(纯度≥99%)准确至 0.000 1 g，于 100 mL 容量瓶中，用水完全溶解后，稀释至刻度，混匀。于 4℃保存，有效期为 3 个月。

⑮组胺($C_5H_9N_3$)标准贮备溶液(1.00 mg/mL)：准确称取 0.100 0 g 组胺(纯度≥99%)准确至 0.000 1 g，于 100 mL 容量瓶中，用水完全溶解后，稀释至刻度，混匀。于 4℃保存，有效期为 3 个月。

⑯标准工作溶液：使用时配制。

a. 分别移取 10.0 mL 腐胺、尸胺、亚精胺、精胺及组胺标准贮备溶液，置于 100 mL 容量瓶中，用水稀释至刻度，混匀，获得标准混合溶液。此标准混合溶液 1 mL 含腐胺、尸胺、亚精胺、精胺及组胺各 0.100 mg。

b. 按表 5-3 分别移取不同体积的标准混合溶液置于 50 mL 容量瓶中，用水稀释至刻度，混匀。

表 5-3　标准工作溶液配制

标准混合溶液体积/mL	1.00	2.00	5.00	10.00	20.00
腐胺、尸胺、亚精胺、精胺、组胺浓度/(mg/L)	2.00	4.00	10.00	20.00	40.00
定容体积/mL	50	50	50	50	50

(二)仪器

①高效液相色谱仪，紫外检测器：带梯度洗脱装置。

②色谱柱：C_{18}色谱柱，或性能相当者。

③液体混匀器(或称涡漩混匀器)。

④恒温水浴箱。

⑤具塞刻度试管：10 mL。

⑥分析天平：感量 0.1 mg。

【工作过程】

一、样品的制备和保存

①水样保存。水样密封，于 4℃保存，保存期不超过 7 d。

②试样保存。试样密封，于 4℃保存，保存期不超过 7 d。

> 课堂互动
> 1. 为什么要保存水样？
> 2. 萃取中氯化钠的作用是什么？
> 3. 萃取中甲醇的作用是什么？

二、测定步骤

警告：由于有机生物胺成分可能存在有一定的毒副作用及过敏反应，实施本标准操作时建议戴口罩和橡胶手套。

1. 水样的衍生和萃取

①移取 2.00 mL 水样置于 10 mL 具塞刻度试管中，加入 1 mL 氢氧化钠溶液、20 μL 苯甲酰氯，在液体混匀器上涡漩 30 s，置于 37℃水浴中振荡，反应时间 20 min，反应期间每隔 5 min 涡漩 30 s。

②衍生反应完毕后，加入 1 g 氯化钠、2 mL 乙醚，振荡混匀，涡漩 30 s，静置。待溶液分层

后,用滴管将乙醚层完全移取至 10 mL 具塞刻度试管中,用氮气或吸耳球缓缓吹干乙醚,加 1.00 mL 甲醇溶解,再用一次性过滤器过滤后,作为高效液相色谱分析用试样。

2. 不同浓度标准工作溶液的衍生和萃取

①移取 2.00 mL 不同浓度的标准工作溶液分别置于 5 个 10 mL 具塞刻度试管中,加入 1 mL 氢氧化钠溶液,20 μL 苯甲酰氯,在液体混匀器上涡漩 30 s 充分混匀。

②萃取步骤同上。

3. 高效液相色谱测定

①色谱条件。

a. 色谱柱:C_{18} 色谱柱,5 μm,4.6 mm×250 mm,或性能相当者;

b. 柱温:室温;

c. 流动相:A(乙腈)、B(0.02 mol/L 乙酸铵)。梯度洗脱条件见表 5-4;

d. 检测波长:254 nm;

e. 进样量:20 μL。

表 5-4　梯度洗脱条件

时间/min	流速/(mL/min)	A(乙腈)/%	B(0.02 mol/L 乙酸铵)/%
0.00	1.0	30	70
5.00	1.0	75	25
10.00	1.0	75	25
15.00	1.0	30	70

②液相色谱分析测定。

a. 仪器的准备。开机,预热,使用流动相冲洗色谱柱,待基线稳定 30 min 后开始进样。

b. 定性分析。利用保留时间定性法。根据腐胺、尸胺、亚精胺、精胺及组胺的标准色谱图(图 5-13)中各物质的保留时间,确定样品中物质。

c. 定量分析。校准方法为外标法。

校准曲线制作:使用衍生化的标准工作溶液分别进样,以标准工作溶液浓度为横坐标,以峰面积为纵坐标,分别绘制腐胺、尸胺、亚精胺、精胺及组胺的校准曲线。

试样测定:使用试样分别进样,每个试样重复 3 次,获得每个物质的峰面积。根据校准曲线计算被测试样中腐胺、尸胺、亚精胺、精胺及组胺的含量(mg/L)。

水样中各待测物质的响应值均应在本标准的线性范围内。

注意:当试样中某种生物胺的响应值高于本标准的线性范围时,应将水样稀释适当倍数后再进行衍生、萃取和测定。

三、结果处理

结果按下式计算:

$$X = f \times \rho \qquad (式 5-9)$$

式中:X 为水样中被测物质含量,mg/L;f 为稀释倍数;ρ 为从标准工作曲线得到试样溶液中被测物质的含量,mg/L。

精密度:本标准精密度数据按照 GB/T 6379.1—2004 和 GB/T 6379.2—2004 规定确定,重复性和再现性值以 95%的置信度计算,精密度结果应满足表 5-5 要求。

表 5-5　水质中五种生物胺含量范围及重复性和再现性方程

成分	水平范围/(mg/L)	重复性限 (r)	再现性限 (R)
腐胺	2.0~40.0	$r=0.726\ 5+0.250\ 1\ m$	$R=0.908\ 1+0.381\ 4\ m$
尸胺	2.0~40.0	$r=0.90\ 8+0.305\ 4\ m$	$R=0.474\ 6+0.433\ 3\ m$
亚精胺	2.0~40.0	$r=0.008\ 4+0.295\ 1\ m$	$R=0.776\ 6+0.391\ 0\ m$
精胺	2.0~40.0	$r=-0.188\ 6+0.358\ 5\ m$	$R=1.393\ 0+0.609\ 7\ m$
组胺	2.0~40.0	$r=0.333\ 4+0.373\ 1\ m$	$R=0.336\ 9+0.589\ 7\ m$

注:m 表示 2 次测定结果的算术平均值,单位为毫克每升(mg/L)。

如果 2 次测定值的差值超过重复性限 r,应舍弃试验结果并重新完成 2 次单个试验的测定。

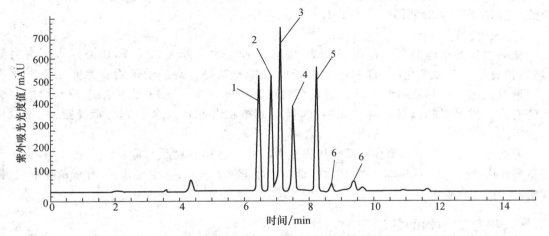

图 5-13　5 种生物胺标准物质衍生物的色谱图
1. 腐胺　2. 尸胺　3. 亚精胺　4. 精胺　5. 组胺　6. 反应副产物

【知识链接】

含高组胺鱼类中毒是由于食用含有一定数量组胺的某些鱼类而引起的过敏性食物中毒。引起此种过敏性食物中毒的鱼类主要是海产鱼中的青皮红肉鱼。产品中组胺是组氨酸在莫根氏变形杆菌、组胺无色杆菌的组氨脱羧酶作用下,脱去羧基后而形成的一种胺类物质。人体摄入一定量的组胺后,会引起组胺中毒。我国的水产品管理办法中规定:凡青皮红肉的鱼类,如鲤鱼、鲐鱼等,易分解产生大量组胺,出售时应注意鲜度质量。

(一)有毒成分及中毒机理

青皮红肉鱼类引起过敏性食物中毒主要是因为此类鱼含有较高量的组氨酸。当鱼体不新鲜或腐败时,污染于鱼体的细菌如组胺无色杆菌,产生脱羧酶,使组氨酸脱羧生成组胺。中毒机理是为组胺引起毛细血管扩张和支气管收缩,导致一系列的临床症状。

(二)中毒原因

因食用不新鲜或腐败的青皮红肉鱼而引起中毒。腌制咸鱼时,如原料不新鲜或腌的不透,含组胺较多,食用后也可引起中毒。

（三）中毒症状和急救治疗

组胺中毒的特点是发病快、症状轻、恢复快。潜伏期一般为 0.5～1 h，短者只有 5 min，长者 4 h，表现为脸红、头晕、头痛、心跳加快、脉快、胸闷和呼吸促迫、血压下降，个别患者出现哮喘。治疗首先催吐、导泻以排出体内毒物；抗组胺药能使中毒症状迅速消失，可口服苯海拉明、扑尔敏，或静脉注射 10% 葡萄糖酸钙，同时口服维生素 C。

（四）预防

主要是防止鱼类腐败变质。食用鲜、咸的青皮红肉类鱼时，烹调前应去内脏、洗净，切段后用水浸泡几小时，然后红烧或清蒸，酥闷，不宜油煎或油炸，可适量放些雪里红或红果，烹调时放醋，可以使组胺含量下降。

（五）检测原理

水样经苯甲酰氯衍生化后用乙醚萃取，萃取物经溶剂转换后用高效液相色谱-紫外检测器检测，外标法定量。参照国标 GB/T 21970—2008。

【知识拓展】

食品中的天然毒素主要是指某些动、植物中所含的有毒天然成分，如河豚中含有河豚毒素；苦杏仁中存在氰化物；毒蕈中含有毒肽或毒蝇碱等。有些动植物食品是由于贮存不当而形成某些有毒物质，例如，马铃薯发芽后可产生龙葵素。此外，由于某些特殊原因而引入的有毒物质，例如，蜂蜜本身并无毒性，但蜜源植物含有毒素会酿成有毒蜂蜜，食用后可引起中毒。

天然毒素可存在于动物性食品或植物性食品中。动物性食品有毒者多为海产品，主要包括鱼类的内源性毒素和贝类毒素；植物性食物中的毒素种类较多，主要包括：有毒植物蛋白、氨基酸、毒苷、生物碱等。

一、棉籽油中棉酚的测定

摄入棉酚引起的中毒。生棉籽榨油时，棉酚大部分移到油中，油中含量可达 1%～1.3%，吃这种油，就可引起中毒。游离棉酚不仅可使男性睾丸损伤，精子减少，又可使女性发生闭经及子宫萎缩。产棉区食用粗制棉籽油的人群可发生慢性中毒。该病在夏季多发，日晒及疲劳常为发病诱因，俗称烧热病、干烧病等。临床上可分为：烧热型及低血钾型，前者以皮肤灼热但无汗为特征，可伴有头晕、乏力、烦躁、恶心、瘙痒等；低血钾型以肢体无力、麻木、口渴、心悸、肢体软瘫为主。部分患者心电图异常。女性、青壮年发病较多。低血钾型若治疗不及时，可致死亡。治疗以对症治疗为主，如保肝、给钾、解毒等。预防措施：在产棉区宣传生棉籽粗制油的毒性。应将棉籽粉碎、蒸炒后再榨油，因加热可使游离型棉酚变成结合型，毒性降低。粗制油加碱精炼去毒才能食用。凡棉籽油中游离棉酚超过标准者，不得出售，要加碱精炼。

棉酚是棉子中的一种萘的衍生物。其测定方法有多种，其中氯化锡试验用于定性鉴定，三氯化锑法可以测定总棉酚的含量，苯胺法或紫外分光光度法可以测定游离棉酚的含量，高效液相色谱法是常用的用于测定游离棉酚的方法。

（一）检测原理

植物油中的游离棉酚经无水乙醇提取，经 C_{18} 色谱柱将棉酚与试样中杂质分开，在 235 nm 处测定。水溶性试样中的游离棉酚经无水乙醚提取，浓缩至干，再加入乙醇溶解，用 C_{18} 色谱柱将棉酚与试样中杂质分开，在 235 nm 处测定。根据色谱峰的保留时间定性，外标法峰高定量。参照国标 GB/T 5009.148—2003。

(二)试剂

①磷酸。

②无水乙醇。

③无水乙醚。

④普通氮气。

⑤甲醇(经 0.5 μm 滤膜过滤)。

⑥棉酚标准储备液：精密称取 0.100 0 g 棉酚纯品，用无水乙醚溶解，并定容至 100 mL。此溶液相当于每 1 mL 含棉酚 1.0 mg。

⑦棉酚应用液：取 1 mg/mL 棉酚储备液 5.0 mL 于 100 mL 容量瓶中，用无水乙醇定容至刻度，此溶液相当于每 1 mL 含棉酚 50 μg。

⑧磷酸溶液：取 300 mL 水；加 6.0 mL 磷酸，混匀，经 0.5 μm 滤膜过滤。

(三)仪器

①液相色谱仪：带紫外检测器。

②K-D 浓缩仪。

③离心机：3 000 r/min。

④10 μL 微量注射器。

⑤Micropark C$_{18}$(250 mm，直径 6 mm)不锈钢色谱柱。

(四)色谱条件

①柱温：40℃。

②流动相：甲醇＋磷酸溶液(85＋15)。

③测定波长：235 nm。

④流量：1.0 mL/min。

⑤纸速：0.25 mm/min。

⑥衰减：1。

⑦灵敏度：0.02AUFS。

⑧进样：10 μL。

(五)试样制备

①植物油：取油样 1.000 g，加入 5 mL 无水乙醇，剧烈振摇 2 min，静置分层(或冰箱过夜)，取上清液过滤，离心，取上清液 10 μL 进液相色谱。

②水溶性试样：吸取试样 10.0 mL 于离心试管中，加入 10 mL 无水乙醚，振摇 2 min，静置 5 min，取上层乙醚层 5 mL，用氮气吹干，用 1.0 mL 无水乙醇定容，过滤膜，取 1 μL 进液相色谱仪。

(六)测定

①标准曲线制备：准确吸取 1.00、2.00、5.00 和 8.00 mL 的 50 μg/mL 的棉酚标准液于 10.0 mL 容量瓶中，用无水乙醇稀释至刻度，此溶液相应于 5、10、25 和 40 μg/mL 的标准系

列,进样 10 μL,作标准系列,根据响应值绘制标准曲线。

②色谱分析:取 10 μL 试样溶液注入液相色谱仪,记录色谱峰的保留时间和峰高,根据保留时间确定游离棉酚,根据峰高,从标准曲线上查出游离棉酚含量。

(七)结果计算

$$X = \frac{5 \times \rho}{m}$$ （式 5-10）

式中:X 为试样中棉酚的含量,mg/kg;m 为试样的质量,g;ρ 为测定试样中棉酚的含量,μg/mL;5 为折合所用无水乙醇的体积,mL。

二、马铃薯毒素的检测

马铃薯毒素又称龙葵素、龙葵碱、茄碱,是由葡萄糖残基和茄啶组成的一种弱碱性糖苷,属生物碱类物质,广泛存在于马铃薯、番茄及茄子等茄科植物中。龙葵碱在马铃薯种含量一般在 0.005%～0.01%,在马铃薯贮藏过程中含量逐渐增加,马铃薯发芽后,其幼芽和芽眼部分的龙葵碱含量高达 0.3%～0.5%。龙葵碱对胃肠道黏膜有较强刺激性和腐蚀性,对中枢神经有麻痹作用,对红细胞有溶血作用。其中毒作用主要通过抑制胆碱酯酶的活性而引起。

(一)检测原理

龙葵碱不溶于水、乙醚及氯仿,但能溶于乙醇。龙葵碱在稀硫酸中与甲醛溶液作用生成橙红色化合物,于 520 nm 波长下比色测定。

(二)仪器

①匀浆机。

②离心机。

③旋转蒸发仪。

④721 分光光度计。

⑤水浴锅。

(三)试剂

①95%乙醇。

②5%硫酸溶液。

③氨水。

④1%氨水。

⑤1%硫酸溶液。

⑥硫酸。

⑦甲醛。

⑧龙葵碱标准溶液:精确称取 0.100 0 g 龙葵碱,以 1%硫酸溶液溶解并定容至 1 000 mL,此溶液中龙葵碱浓度为 1 mg/mL。

(四)样品提取

称取捣碎的马铃薯样品 20 g 于匀浆机中,加 100 mL 95%乙醇,均浆 3 min。将均浆离心

10 min(4 000 r/min),取上清液,残渣用 20 mL 乙醇洗涤两次,并入上清液。将上清液于旋转蒸发仪上浓缩至干。用 5%硫酸溶液溶解残渣,过滤后将滤液用浓氨水调至中性,再加 1~2 滴浓氨水调 pH 为 10~10.4,再于 80℃水浴中加热 5 min,冷却后置冰箱中过夜,使龙葵碱沉淀完全。离心,倾去上清液,以 1%氨水洗至无色透明,将残渣用 1%硫酸溶液溶解并定容至 10 mL,此为龙葵碱提取液。

(五)标准曲线制作

用龙葵碱标准溶液配成 100 μg/mL 浓度的标准使用液。分别吸取 0、0.1、0.2、0.3、0.4 和 0.5 mL 龙葵碱标准使用液相当于 0、20、30、40 和 50 μg 龙葵碱于 10 mL 比色管中,用 1%硫酸溶液补足至 2 mL,在冰浴中各滴加浓硫酸至 5 mL(滴加速度要慢,时间应不少于 3 min),摇匀。静置 3 min,然后在冰浴中滴加 1%甲醛溶液2.5 mL。静置 90 min,于 520 nm 波长下测吸光度,绘制标准曲线。

(六)样品测定

吸取样品龙葵碱提取液 2 mL 于 10 mL 比色管中,按标准曲线制作方法,测定其吸光度。

(七)结果计算

$$X = \frac{m_1 \times \frac{1}{1\,000}}{m_2 \times \frac{V_1}{V}} \times 100 \qquad (式 5\text{-}11)$$

式中:X 为样品中龙葵碱的含量,g/100 g;m_1 为由标准曲线查得的龙葵碱的量,μg;m_2 为样品质量,g;V_1 为测定时吸取样品提取液的体积,mL;V 为样品提取后定容总体积,mL。

任务三 食品包装材料中有害物质的检测

食品包装是指采用适当的包装材料、容器和包装技术,把食品包裹起来,以使食品在运输和贮藏过程中保持其价值和原有的状态。食品包装可将食品与外界隔绝,防止微生物以及有害物质的污染,避免虫害的侵袭。同时,良好的包装还可起到延缓脂肪的氧化,避免营养成分的分解、阻止水分、香味的蒸发散逸,保持食品固有的风味、颜色和外观等作用。

目前食品用的包装材料包括塑料成型品、涂料、橡胶制品及包装用纸等。食品包装材料的测定,一般是模拟不同食品,制备几种浸泡液(水、4%乙酸、20%或 65%乙醇及正己烷),在一定温度下,以试样浸泡一定时间后,测定其高锰酸钾消耗量、蒸发残渣、重金属及褪色试验。

聚乙烯、聚苯乙烯、聚丙烯成型品这 3 类不饱和烃的聚合物,是目前应用最多的树脂,广泛地用于食品包装、食品容器、食具餐具等。检测标准参照国标 GB/T 5009.60—2003。

【检测要点】

1. 掌握取样方法。

2. 掌握检测包装材料中有害物质的基本操作技术。

【工作过程】

一、取样方法

每批按 0.1‰取试样,小批时取样数不少于 10 只(以 500 mL 容积/只计,小于 500 mL/只时,试样应加倍取量)。其中半数供化验用,另 1/2 保存 2 个月,以备作仲裁分析用,分别注明产品名称、批号、取样时间。试样洗净备用。

二、浸泡条件

①水:60℃,保温 2 h。

②乙酸(40 g/L):60℃,保温 2 h。

③乙醇(65%):室温,浸泡 2 h。

④正己烷:室温,浸泡 2 h。

以上浸泡液按接触面积每平方厘米加 2 mL,在容器中则加入浸泡液至 2/3～4/5 容积为准。

三、高锰酸钾消耗量

1. 原理

试样经用浸泡液浸泡后,测定其高锰酸钾消耗量,表示可溶出有机物质的含量。

2. 试剂

①硫酸(1+2)。

②1/5 高锰酸钾标准滴定溶液:0.01 mol/L。

③草酸标准滴定溶液:0.01 mol/L。

3. 分析步骤

①锥形瓶的处理:取 100 mL 水,放入 250 mL 锥形瓶中,加入 5 mL 硫酸(1+2)、5 mL 高锰酸钾溶液,煮沸 5 min,倒去,用水冲洗备用。

②滴定:准确吸取 100 mL 水浸泡液(有残渣则需过滤)于上述处理过的 250 mL 锥形瓶中,加 5 mL 硫酸(1+2)及 10.0 mL 1/5 $KMnO_4$ 标准滴定溶液(0.01 mol/L),再加玻璃珠 2粒,准确煮沸 5 min 后,趁热加入 10.0 mL 草酸标准滴定溶液(0.01 mol/L),再以 1/5 $KMnO_4$标准滴定溶液(0.01 mol/L)滴定至微红色,记取二次高锰酸钾溶液滴定量。

③另取 100 mL 水,按上法同样做试剂空白试验。

4. 结果计算

$$X = \frac{(V_1 - V_2) \times c \times 31.6 \times 1\,000}{100}$$

(式 5-12)

式中:X 为试样中高锰酸钾消耗量,mg/L;V_1 为试样浸泡液滴定时消耗高锰酸钾溶液的体积,mL;V_2 为试剂空白滴定时消耗高锰酸钾溶液的体积,mL;c 为 1/5 $KMnO_4$ 标准滴定溶液的实际浓度,mol/L;31.6 为 1/5 $KMnO_4$ 的摩尔质量,g/mol。

四、蒸发残渣

1. 测定原理

试样经用各种溶液浸泡后,蒸发残渣即表示在不同浸泡液中的溶出量。四种溶液为模拟接触水、酸、酒、油不同性质食品的情况。

2. 分析步骤

取各浸泡液 200 mL,分次置于预先在(100±5)℃干燥至恒重的 50 mL 玻璃蒸发皿或恒量过的小瓶浓缩器(为回收正己烷用)中,在水浴上蒸干,于(100±5)℃干燥 2 h,在干燥器中冷却 0.5 h 后称重,再于(100±5)℃干燥 1 h,取出,在干燥器中冷却 0.5 h,称量。

同时进行空白试验。

3. 结果计算

$$X = \frac{(m_1 - m_2) \times 1\,000}{200}$$

(式 5-13)

式中:X 为试样浸泡液(不同浸泡液)蒸发残渣,mg/L;m_1 为试样浸泡液蒸发残渣质量,mg;m_2 为空白浸泡液的质量,mg。

五、重金属含量

1. 原理

浸泡液中重金属(以铅计)与硫化钠作用,在酸性溶液中形成黄棕色硫化铅,与标准比较不得更深,即表示重金属含量符合标准。

2. 试剂

①硫化钠溶液:称取 5 g 硫化钠,溶于 10 mL 水和 30 mL 甘油的混合液中,或将 30 mL 水和 90 mL 甘油混合后分成二等份,一份加 5 g 氢氧化钠溶解后通入硫化氢气体(硫化铁加稀盐酸)使溶液饱和后,将另一份水和甘油混合液倒入,混合均匀后装入瓶中,密闭保存。

②铅标准溶液:准确称取 0.159 8 g 硝酸铅,溶于 10 mL 硝酸(10%)中,移入 1 000 mL 容量瓶内,加水稀释至刻度。此溶液每 1 mL 相当于 100 μg 铅。

③铅标准使用液:吸取 10.0 mL 铅标准溶液,置于 100 mL 容量瓶中,加水稀释至刻度。此溶液每 1 mL 相当于 10 μg 铅。

3. 分析步骤

吸取 20.0 mL 乙酸(4%)浸泡液于 50 mL 比色管中,加水至刻度。另取 2 mL 铅标准使用液于 50 mL 比色管中,加 20 mL 乙酸(4%)溶液,加水至刻度混匀,两液中各加硫化钠溶液 2 滴,混匀后,放置 5 min,以白色为背景,从上方或侧面观察,试样呈色不能比标准溶液更深。

结果的表述:呈色大于标准管试样,重金属[以铅(Pb)计]报告值>1。

4. 脱色试验

取洗净待测食具一个,用沾有冷餐油、乙醇(65%)的棉花,在接触食品部位的小面积内,用力往返擦拭 100 次,棉花上不得染有颜色。

4 种浸泡液也不得染有颜色。

◈项目小结

(一)学习内容

食品中常见的有毒有害物质检测(表 5-6)。

表 5-6　食品中常见的有毒有害物质检测

检测项目	检测标准	检测项目	检测标准
苯并(a)芘	GB/T 5009.27—2003	N-亚硝胺类	GB/T 5009.26—2003
丙烯酰胺	SN/T 2096—2008	组胺	GB/T 5009.25—2003
氯丙醇	GB/T 5009.191—2008	包装材料	GB/T 5009.60—2003
多氯联苯	GB/T 22330—2008		

(二)学习方法体会

检测方法多次使用色谱仪-质谱仪连用,熟练使用仪器。

◈项目检测

一、选择题

1. 苯并(a)芘是由( )个苯环组成的多环芳烃。

A. 3　　　　　　　　B. 4　　　　　　　　C. 5　　　　　　　　D. 6

2. 丙烯酰胺为( )化合物。

A. 结构复杂的大分子　　　　　　　B. 结构简单的小分子

C. 结构复杂的芳烃　　　　　　　　D. 结构简单的芳烃

3. 预防杂环胺类化合物污染的措施是( )。

A. 增加蛋白质摄入量　　　　　　　B. 增加碳水化合物摄入量

C. 增加脂肪摄入量　　　　　　　　D. 增加蔬菜水果摄入量

4. 广泛用于食品包装的有以下哪种材料( )。

A. 聚碳酸酯塑料　　B. 聚苯乙烯　　　　C. 聚氯乙烯　　　　D. 聚丙烯

5. 下列不属于动植物中毒的是( )。

A. 河豚中毒　　　　　　　　　　　B. 毒蘑菇中毒

C. 鱼类引起组胺中毒　　　　　　　D. 砷化物中毒

6. 下列属于化学性食物中毒的是( )。

A. 有机磷农药中毒　　　　　　　　B. 肉毒梭菌素食物中毒

C. 副溶血弧菌食物中毒　　　　　　D. 含氰苷类植物中毒

7. 能引起化学性食物中毒的因素有( )。

A. 真菌　　　　　　B. 河豚毒素　　　　C. 农药　　　　　　D. 抗生素

E. 氯丙醇

8. 食品容器、包装材料的主要卫生问题为( )。

A. 聚合物单体　　　　　　　　　　B. 降解产物的毒性

C. 添加助剂的使用　　　　　　　　D. 有毒重金属

E. 以上都是

9. 引起组胺中毒的鱼类是(　　)。

A. 河豚　　　　　　B. 青皮红肉鱼　　　C. 红肉鱼　　　　　D. 湖泊鱼

10. 不属于有毒植物中毒的是(　　)。

A. 毒蕈中毒　　　　　　　　　　B. 发芽马铃薯中毒

C. 霉变甘蔗中毒　　　　　　　　D. 河豚毒素中毒

11. 陶瓷、搪瓷类容器主要的卫生问题是(　　)。

A. 有害金属　　　　B. 添加剂　　　　　C. 细菌污染　　　　D. 多环芳烃

12. 哪种塑料单体对人无害(　　)。

A. 氯乙烯　　　　　B. 苯乙烯　　　　　C. 乙烯　　　　　　D. 甲醛

13. 下列食物中有毒物质的有毒成分是:发芽马铃薯(　　),不新鲜的金枪鱼(　　),未煮熟的鸡蛋(　　),鲜黄花菜(　　)。

A. 龙葵素　　　　　B. 秋水仙碱　　　　C. 组胺　　　　　　D. 沙门氏菌

E. 曼陀罗

14. 目前广泛使用的最理想的包装材料是(　　)。

A. 聚乙烯　　　　　B. 聚丙烯　　　　　C. 聚苯乙烯　　　　D. 聚氯乙烯

E. 三聚氰胺

15. 聚乙烯塑料制品作为食品包装材料使用,其安全性是(　　)。

A. 安全　　　　　　B. 不安全　　　　　C. 限定使用范围　　D. 限定乙烯量

二、判断题

1. 经过熏烤工艺的食品只受杂环胺的污染。(　　)

2. 中国目前制定的卫生要求中熏烤食品中苯并(a)芘的含量不应超过 10 $\mu g/kg$。(　　)

3. 增加蔬菜水果摄入量对防止杂环胺的危害有积极的作用。(　　)

4. 蛋白质含量丰富的鱼类食品在高温烹调中可产生杂环胺类化合物。(　　)

5. 烧烤不仅使维生素 A、B 族维生素、维生素 C 受到相当大的损失,而且也使脂肪受到损失。如用明火直接烧烤,还会使食物含有苯并(a)芘致癌物质。(　　)

三、简答题

1. 检测苯并(a)芘时为什么用环己烷和二甲基甲酰胺作为提取剂?

2. 检测苯并(a)芘时制备乙酰化滤纸应注意什么?

3. 检测组胺时,氯化钠和甲醇的作用是什么?

4. 塑料检测中高锰酸钾试验的原理是什么?

项目六　食品中微生物毒素的安全检测

◆学习目的

掌握食品中黄曲霉毒素、杂色曲霉素、细菌毒素等的检测方法。

◆知识要求

1. 了解食品中黄曲霉毒素、杂色曲霉素、细菌毒素等的影响及危害；

2. 掌握黄曲霉毒素、杂色曲霉素等的测定方法；

3. 掌握细菌毒素的测定方法。

◆技能要求

1. 能够正确测定黄曲霉毒素、杂色曲霉素等。

2. 能够正确测定细菌毒素。

◆项目导入

霉菌毒素是谷物或者饲料中的霉菌在适宜的条件下，在农田里、在收获时、在储存或在加工过程中生长产生的、有毒的二次代谢产物。

迄今为止已经分离和鉴定出来的霉菌毒素有 300 多种。一般而言，霉菌毒素主要是由 4 种霉菌属所产生：曲霉菌属（主要分泌黄曲霉毒素、赭曲霉毒素等）、青霉菌属（主要分泌橘霉素等）、麦角菌属（主要分泌麦角毒素）、镰孢菌属（主要分泌玉米赤霉烯酮、呕吐毒素、T-2 毒素、串珠镰孢菌毒素），也是最常见的几种霉菌毒素。

细菌可产生内、外毒素及侵袭性酶，与细菌的致病性密切相关。细菌毒素可以区分为两种：放到菌体外的称为菌体外毒素；含在体内的，在菌体破坏后而放出的，称为菌体内毒素。但是在菌体外毒素中，也有通过菌体的破坏而放出体外的，所以这种区分法并不是很严密的。菌体外毒素大多是蛋白质，其中有的起着酶的作用。白喉杆菌、破伤风杆菌、肉毒杆菌等的毒素均为菌体外毒素。而菌体内毒素，其化学主体是来自细菌细胞壁的脂多糖和蛋白质的复合体，赤痢杆菌、霍乱弧菌及绿脓杆菌等的毒素都是这方面的例子。

任务一　奶粉中黄曲霉毒素 M_1 的检测

【检测要点】

1. 掌握样品处理的能力。

2. 掌握气相色谱-质谱法的基本操作技术。

【仪器试剂】

（一）试剂

①甲酸。

②乙腈：色谱纯。

③石油醚：沸程为 30～60℃。

④三氯甲烷（$CHCl_3$）。

⑤氮气：纯度≥99.9%。

⑥黄曲霉毒素 M_1 标准样品：纯度≥98%。

⑥乙腈-水溶液（1+4）：在 400 mL 水中加入 100 mL 乙腈。

⑦乙腈-水溶液（1+9）：在 450 mL 水中加入 50 mL 乙腈。

⑨0.1%甲酸水溶液：吸取 1 mL 甲酸，用水稀释至 1 000 mL。

⑩乙腈-甲醇溶液（50+50）：在 500 mL 乙腈中加入 500 mL 甲醇。

⑪氢氧化钠溶液（0.5 mol/L）：称取 2 g 氢氧化钠溶解于 100 mL 水中。

⑫黄曲霉毒素 M_1 标准储备溶液：分别称取标准品黄曲霉毒素 M_1 0.10 mg（精确至 0.01 mg），用三氯甲烷溶解定容至 10 mL。此标准溶液浓度为 0.01 mg/mL。溶液转移至棕色玻璃瓶中后，在 −20℃ 电冰箱内保存，备用。

⑬黄曲霉毒素 M_1 标准系列溶液：吸取黄曲霉毒素 M_1 标准储备溶液 10 μL 于 10 mL 容量瓶中，用氮气将三氯甲烷吹至近干，空白基质溶液定容至刻度，所得浓度为 10 ng/mL 的 M_1 标准中间溶液。再用空白基质溶液将黄曲霉毒素 M_1 标准中间溶液稀释为 0.5、0.8、1.0、2.0、4.0、6.0 和 8.0 ng/mL 的系列标准工作液。

（二）仪器

①液相色谱-质谱联用仪，带电喷雾离子源。

②色谱柱：ACQUITY UPLC HSS T3，柱长 100 mm，柱内径 2.1 mm；填料粒径 1.8 μm，或同等性能的色谱柱。

③天平：感量为 0.001 g 和 0.000 1 g。

④匀浆器。

⑤超声波清洗器。

⑥离心机：转速≥6 000 r/min。

⑦50 mL 具塞 PVC 离心管。

⑧水浴：温控（30±2）℃，（50±2）℃，温度范围 25～60℃。

⑨容量瓶：100 mL。

⑩玻璃烧杯：250 mL、50 mL；250 mL 具塞锥形瓶。

⑪带刻度的磨口玻璃试管：5 mL、10 mL、20 mL。

⑫移液管：1.0 mL、2.0 mL、50.0 mL。

⑬玻璃棒。

⑭10 目圆孔筛。

⑮250 mL 分液漏斗；100 mL 圆底烧瓶。

⑯一次性微孔滤头：带 0.22 μm 微孔滤膜（水相系）。

⑰旋转蒸发仪。

⑱pH 计：精度为 0.01。

⑲免疫亲和柱：针筒式 3 mL；10 mL 和 50 mL 一次性注射器。

⑳固相萃取装置（带真空系统）。

【工作过程】

一、空白基质溶液

分别称取与待测样品基质相同的、不含所测黄曲霉毒素的阴性试样 8 份于 100 mL 烧杯中。以下操作按试液提取和净化步骤进行。合并所得 8 份试样的纯化液，用 0.22 μm 微孔滤膜的一次性滤头过滤。弃去前 0.5 mL 滤液，接取少量滤液供液相色谱-质谱联用仪检测。获得色谱-质谱图后，对照图 6-1，在相应的保留时间处，应不含黄曲霉毒素 M₁ 剩余滤液转移至棕色瓶中，在 −20℃ 电冰箱内保存，供配制标准系列溶液使用。

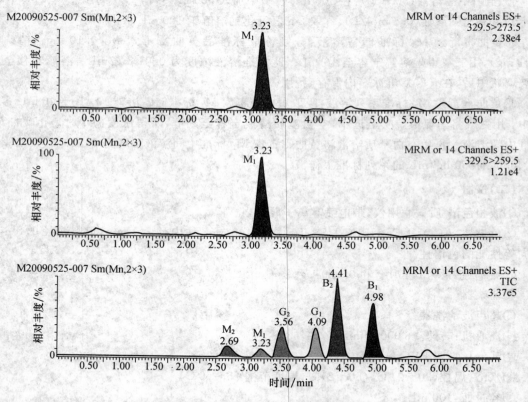

图 6-1 黄曲霉毒素 M₁ 质谱色谱图

二、试液提取

称取 10 g（精确至 0.01 g）试样，置于 250 mL 烧杯中。将 50 mL 已预热到 50℃ 的水加入到乳粉中，用玻璃棒将其混合均匀。如果乳粉仍未完全溶解，将烧杯置于 50℃ 的水浴中放置 30 min。溶解后冷却至 20℃，移入 100 mL 容量瓶中，用少量的水分次洗涤烧杯，洗涤液一并移入容量瓶中，用水定容至刻度，摇匀后分别移至两个 50 mL 离心管中，在 6 000 r/min 下离心

15 min,混合上清液,用移液管移取 50 mL 上清液供净化处理用。

三、净化

课堂互动
1. 为什么要离心提取试液?
2. 离心后上清液中具有什么成分?

1. 免疫亲和柱的准备

将一次性的 50 mL 注射器筒与亲和柱上顶部相串联,再将亲和柱与固相萃取装置连接起来。

注意:根据免疫亲和柱的使用说明书要求,控制试液的 pH。

2. 试样的纯化

将以上试液提取液移至 50 mL 注射器筒中,调节固相萃取装置的真空系统,控制试样以 2~3 mL/min 稳定的流速过柱。取下 50 mL 的注射器筒,装上 10 mL 注射器筒。注射器筒内加入水,以稳定的流速洗柱,然后,抽干亲和柱。脱开真空系统,在亲和柱下部放入 10 mL 刻度试管,上部装上另一个 10 mL 注射器筒,加入 4 mL 乙腈,洗脱黄曲霉毒素 M_1,洗脱液收集在刻度试管中,洗脱时间不少于 60 s。然后用氮气缓缓地在 30℃下将洗脱液蒸发至近干(如果蒸发至干,会损失黄曲霉毒素 M_1),用乙腈-水溶液稀释至 1 mL。

四、液相色谱参考条件

①流动相:A 液:0.1%甲酸溶液;B 液:乙腈-甲醇溶液(1+1)。

②梯度洗脱:参见表 6-1。

③流动相流动速度:0.3 mL/min。

④柱温:35℃。

⑤试液温度:20℃。

⑥进样量:10 μL。

表 6-1 梯度洗脱

时间/min	流动相 A/%	流动相 B/%	梯度变化曲线
0	68.0	32.0	
4.20	55.0	45.0	6
5.00	0.0	100.0	6
5.70	0.0	100.0	1
6.00	68.0	32.0	6

注:1 为即时变化,6 为线性变化。

五、质谱参考条件

检测方式:多离子反应监测(MRM),详见表 6-2 中母离子、子离子和碰撞能量。扫描图见图 6-2。离子源控制条件见表 6-3。

表 6-2 离子选择参数表

黄曲霉毒素	母离子	定量子离子	碰撞能量	定性子离子	碰撞能量	离子化方式
M1	329.0	273.5	22	259.5	22	ESI+

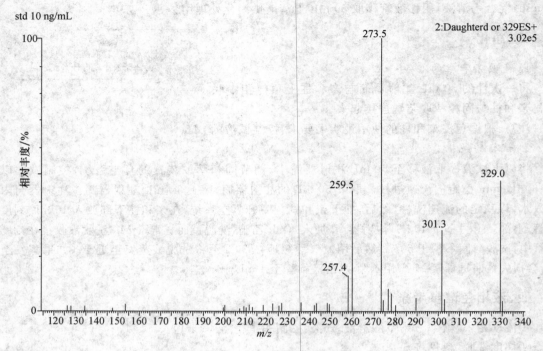

图 6-2　黄曲霉毒素 M₁ 色谱图

表 6-3　离子源控制条件

电离方式	毛细管电压 /kV	锥孔电压 /V	射频透镜1电压 /V	射频透镜2电压 /V	离子源温度 /℃	锥孔反吹气流量 /(L/h)	脱溶剂气温度 /℃	脱溶剂气流量 /(L/h)	电子倍增电压 /V
电喷雾电离,负离子	3.5	45	12.5	12.5	120	50	350	500	650

六、定性检测

试样中黄曲霉毒素 M_1 色谱峰的保留时间与相应标准色谱峰的保留时间相比较,变化范围应在 ±2.5% 之内。

黄曲霉毒素 M_1 的定性离子的重构离子色谱峰的信噪比应大于等于 3(S/N≥3),定量离子的重构离子色谱峰的信噪比应大于等于 10(S/N≥10)。

每种化合物的质谱定性离子必须出现,至少应包括一个母离子和两个子离子,而且同一检测批次,对同一化合物,样品中目标化合物的两个子离子的相对丰度比与浓度相当的标准溶液相比,其允许偏差不超过表 6-4 规定的范围。

表 6-4　定性时相对离子丰度的最大允许偏差　　　　　　　　　　　　　　　　　%

相对丰度	>50	>20 至 50	>10 至 20	≤10
允许相对偏差	±20	±25	±30	±50

各检测目标化合物以保留时间和两对离子(特征离子对/定量离子对)所对应的 LC-MS/MS 色谱峰面积相对丰度进行定性。要求被测试样中目标化合物的保留时间与标准溶液中目标化合物的保留时间一致(一致的条件是偏差小于 20%),同时要求被测试样中目标化合物的两对离子对应 LC-MS/MS 色谱峰面积比与标准溶液中目标化合物的面积比一致。

七、试样测定

按照四和五确立的条件,测定试液和标准系列溶液中黄曲霉毒素 M_1 的离子强度,外标法定量。色谱图如图 6-2 所示。

色谱参考保留时间:黄曲霉毒素 M_1 3.23 min。

八、空白试验

不称取试样,按六的步骤做空白试验。应确认不含有干扰被测组分的物质。

九、标准曲线绘制

将标准系列溶液由低到高浓度进样检测,以峰面积-浓度作图,得到标准曲线回归方程。

十、定量测定

待测样液中被测组分的响应值应在标准曲线线性范围内,超过线性范围时,则应将样液用空白基质溶液稀释后重新进样分析或减少取样量,重新按一进行处理后再进样分析。

十一、结果处理

外标法定量,按下式计算黄曲霉毒素 M_1 的残留量:

$$X = \frac{\rho \times V \times f \times 1}{m} \qquad (式 6\text{-}1)$$

式中:X 为试样中黄曲霉毒素 M_1 的含量,$\mu g/kg$;ρ 为试样中黄曲霉毒素 M_1 的浓度,ng/mL;V 为样品定容体积,mL;f 为样液稀释因子;m 为试样的称样量,g。

以重复性条件下获得的 2 次独立测定结果的算术平均值表示,结果保留 3 位有效数字。在重复性条件下获得的 2 次独立测定结果的绝对差值不得超过算术平均值的 10%。

【知识链接】

1993 年黄曲霉毒素被世界卫生组织(WHO)的癌症研究机构划定为一类致癌物,是一种毒性极强的剧毒物质。黄曲霉毒素的危害性在于对人及动物肝脏组织有破坏作用,严重时可导致肝癌甚至死亡。在天然污染的食品中以黄曲霉毒素 B_1 最为多见,其毒性和致癌性也最强。

黄曲霉毒素 B_1 是最危险的致癌物,经常在玉米,花生,棉花种子,一些干果中常能检测到。它们在紫外线照射下能产生荧光,根据荧光颜色不同,将其分为 B 族和 G 族两大类及其衍生物。黄曲霉毒素(AFT)目前已发现 20 余种。AFT 主要污染粮油食品、动植物食品等;如花生、玉米、大米、小麦、豆类、坚果类、肉类、乳及乳制品、水产品等均有黄曲霉毒素污染。其中以花生和玉米污染最严重。家庭自制发酵食品也能检出黄曲霉毒素,尤其是高温高湿地区的粮油及制品中检出率更高。

黄曲霉毒素（AFT）是一类化学结构类似的化合物，均为二氢呋喃香豆素的衍生物。黄曲霉毒素主要是由黄曲霉、寄生曲霉产生的次生代谢产物，在湿热地区食品和饲料中出现黄曲霉毒素的概率最高。产生的黄曲霉毒素主要有 B_1、B_2、G_1、G_2 以及另外 2 种代谢产物 M_1、M_2。其中 M_1 和 M_2 是从牛奶中分离出来的。

一、测定原理

试样液体或固体试样提取液经均质、超声提取、离心，取上清液经免疫亲和柱净化，洗脱液经氮气吹干，定容，微孔滤膜过滤，经液相色谱分离，电喷雾离子源离子化，多反应离子监测（MRM）方式检测。基质加标外标法定量。参照国标 GB 541337—2010。

二、乳及乳制品样品处理方法

①乳：称取 50 g（精确至 0.01 g）混匀的试样，置于 50 mL 具塞离心管中，在水浴中加热到 35～37℃。在 6 000 r/min 下离心 15 min。收集全部上清液，供净化用。

②发酵乳（包括固体状、半固体状和带果肉型）：称取 50 g（精确至 0.01 g）混匀的试样，用 0.5 mol/L 的氢氧化钠溶液在酸度计指示下调 pH 至 7.4，在 9 500 r/min 下匀浆 5 min，以下按①进行操作。

③乳粉和粉状婴幼儿配方食品：称取 10 g（精确至 0.01 g）试样，置于 250 mL 烧杯中。将 50 mL 已预热到 50℃的水加入到乳粉中，用玻璃棒将其混合均匀。如果乳粉仍未完全溶解，将烧杯置于 50℃的水浴中放置 30 min。溶解后冷却至 20℃，移入 100 mL 容量瓶中，用少量的水分次洗涤烧杯，洗涤液一并移入容量瓶中，用水定容至刻度，摇匀后分别移至两个 50 mL 离心管中，在 6 000 r/min 下离心 15 min，混合上清液，用移液管移取 50 mL 上清液供净化处理用。

④干酪：称取经切细、过 10 目圆孔筛混匀的试样 5 g（精确至 0.01 g），置于 50 mL 离心管中，加 2 mL 水和 30 mL 甲醇，在 9 500 r/min 下匀浆 5 min，超声提取 30 min，在 6 000 r/min 下离心 15 min。收集上清液并移入 250 mL 分液漏斗中。在分液漏斗中加入 30 mL 石油醚，振摇 2 min，待分层后，将下层移于 50 mL 烧杯中，弃去石油醚层。重复用石油醚提取 2 次。将下层溶液移到 100 mL 圆底烧瓶中，减压浓缩至约 2 mL，浓缩液倒入离心管中，烧瓶用乙腈-水溶液（1+4）5 mL 分 2 次洗涤，洗涤液一并倒入 50 mL 离心管中，加水稀释至约 50 mL，在 6 000 r/min 下离心 5 min，上清液供净化处理。

⑤奶油：称取 5 g（精确至 0.01 g）试样，置于 50 mL 烧杯中，用 20 mL 石油醚将其溶解并移于 250 mL 具塞锥形瓶中。加 20 mL 水和 30 mL 甲醇，振荡 30 min 后，将全部液体移于分液漏斗中，待分层后，将下层溶液全部移到 100 mL 圆底烧瓶中，在旋转蒸发仪中减压浓缩至约 5 mL，加水稀释至约 50 mL，供净化处理。

【知识拓展】

一、食用油中黄曲霉毒素 B_1 的检测

（一）检测原理

样品中黄曲霉毒素 B_1 经提取、浓缩、薄层分离后，在 365 mm 紫外线下产生蓝紫色荧光，根据其在薄层上显示的荧光的最低检出量来测定含量。参照国标 GB/T 5009.22—2003。

(二)试剂

①三氯甲烷。

②硅胶 G(薄层色谱用)。

③无水硫酸钠。

④苯-乙腈混合液:量取 98 mL 苯,加 2 mL 乙腈,混匀。

⑤甲醇水溶液:55 mL 甲醇,加 45 mL 水,混匀。

⑥黄曲霉毒素 B_1 标准溶液。

a. 仪器校正:测定重铬酸钾溶液的摩尔消光系数,以求出使用仪器的校正因素。准确称取 25 mg 经干燥的重铬酸钾(基准级),用稀硫酸(0.5 mL 浓硫酸加 1 000 mL 水)溶解后准确稀释至 200 mL($K_2Cr_2O_7$ 浓度为 0.000 4 mol/L)。吸取 25 mL 此稀释液于 50 mL 容量瓶中,再加稀硫酸定容,配成 0.000 2 mol/L 的溶液。再吸取 25 mL 此稀释液于 50 mL 容量瓶中,加稀硫酸定容,配成浓度为 0.000 1 mol/L 的溶液。用 1 cm 石英杯在 350 nm 以稀硫酸为参比,测得以上 3 种不同浓度的摩尔溶液的吸光度,并按下式计算出以上 3 种浓度的摩尔消光系数的平均值。

$$E_1 = \frac{A}{c} \tag{式 6-2}$$

式中:E_1 为重铬酸钾溶液的摩尔消光系数,L/mol;A 为测得重铬酸钾溶液的吸光度;c 为重铬酸钾溶液的摩尔浓度,mol/L。

再以此平均值与重铬酸钾的摩尔消光系数值(3 160 L/mol)比较,即求出使用仪器的校正因数(f),按下式计算:

$$f = \frac{3\ 160}{E} \tag{式 6-3}$$

式中:f 为使用仪器的校正因数;E 为测得的重铬酸钾摩尔消光系数平均值,L/mol。

若 f 大于 0.95 或小于 1.05,则所用仪器校正因数可略去不计。

b. 黄曲霉毒素 B_1 标准溶液的制备:准确称取 1～1.2 mg 黄曲霉毒素 B_1 标准品,先加入 2 mL 乙腈溶解后,再用苯稀释至 100 mL,置于 4℃冰箱避光保存。该标准液浓度约为 10 μg/mL。用紫外分光光度计测标准溶液的最大吸收峰的波长及该波长的吸光度值。

c. 黄曲霉毒素 B_1 标准溶液的浓度按下式计算:

$$X = \frac{A \times M \times 1\ 000. \times f}{E_2} \tag{式 6-4}$$

式中:X 为黄曲霉毒素 B_1 标准溶液的浓度,μg/mL;A 为测定的吸光值;f 为所使用仪器的校正因数;M 为黄曲霉毒素 B_1 的摩尔质量(312 g/mol);E_2 为黄曲霉毒素 B_1 在苯-乙腈混合液中的摩尔消光系数(19 800 L/mol)。

根据计算,用苯-乙腈混合液调到标准溶液浓度恰为 10.0 μg/mL,并用分光光度计核对其浓度。

d. 黄曲霉毒素样品纯度测定:取 10 μL/mL 黄曲霉毒素标准溶液 5 μL,滴加于涂层厚度 0.25 mm 的硅胶 G 薄层板上,用甲醇-三氯甲烷(体积比 4:96)与丙酮-三氯甲烷(体积比

8∶92)展开剂展开,在紫外光灯下观察光的产生,应符合以下条件:在展开后,只有单一的荧光点,无其他杂质的荧光点;原点上没有任何残留的荧光物质。

⑦黄曲霉毒素 B$_1$ 标准使用液:准确吸取 1 mL 标准溶液(10 μg/mL)于 10 mL 容量瓶中,加苯-乙腈混合液至刻度。此溶液中黄曲霉毒素 B$_1$ 浓度为 1.0 μg/mL。吸取 1.0 mL 此稀释液,置于 5 mL 容量瓶中,加苯-乙腈混合液定容。此溶液中黄曲霉毒素 B$_1$ 浓度为 0.2 μg/mL。再吸取此黄曲霉毒素 B$_1$ 标准溶液(0.2 μg/mL)1.0 mL 置于 5 mL 容量瓶中,加苯-乙腈混合液定容,使溶液黄曲霉毒素 B$_1$ 浓度为 0.04 μg/mL。

(三)仪器

①全玻璃浓缩器。

②玻璃板:5 cm×20 cm。

③展开槽:25 cm×6 cm×4 cm。

④紫外光灯:100～125 W,带有波长 365 nm 滤光片。

⑤微量注射器或血色素吸管。

(四)样品处理

于小烧杯中称取油样 4.00 g,用 20 mL 正己烷或石油醚将试样移于 125 mL 分液漏斗中。用 20 mL 甲醇水溶液分数次洗烧杯,洗液并入分液漏斗中,振摇 2 min,静置分层后,将下层甲醇水溶液移入第 2 个分液漏斗中,再用 5 mL 甲醇水溶液重复振摇提取 1 次,提取液并入第 2 个分液漏斗中。在第 2 个分液漏中加入 20 mL 三氯甲烷,振摇 2 min,静置分层,如出现乳化现象可滴加甲醇促使分层,放出三氯甲烷层。经盛有约 10 g 无水硫酸钠(预先用三氯甲烷湿润)的定量慢速滤纸置于 50 mL 蒸发皿中。再加 5 mL 三氯甲烷于分液漏斗中,重复振摇提取,三氯甲烷层一并滤于蒸发皿中。最后再用少量三氯甲烷洗涤过滤器,洗液并于蒸发皿中。将蒸发皿放在通风柜于 65℃水浴上通风挥干,放在冰盒上冷却 2～3 min 后,准确加入 1 mL 苯-乙腈混合液(或将三氯甲烷用浓缩蒸馏器减压吹气蒸干后,准确加入 1 mL 苯-乙腈混合液),用带橡皮头的滴管的管尖将残渣与溶液充分混合。若有苯的结晶析出,将蒸发皿从冰盒上取下,继续溶解、混合,晶体即消失。用滴管吸取上清液转移于 2 mL 具塞试管中。

(五)单向展开法测定

1. 薄层板的制备

称取 3 g 硅胶 G,加相当于硅胶量 2～3 倍的水,用力研磨 1～2 min,成糊状后立即倒入玻璃板(5 cm×20 cm)上,均匀铺在整块玻璃板上。在空气中干燥 15 min 后,于 100℃活化 2 h,取出后,放于干燥器保存。一般可保存 2～3 d,若放置时间较长,可再活化后使用。

2. 点样

将薄层板边缘附着的吸附剂刮净,在距薄层板下端 3 cm 的基线上,用微量注射器均匀点 4 个样点,样点距边缘和点间距约为 1 cm,点直径约 3 mm。在同一块板上滴加点的大小应一致,点样时可借助吹风机用冷风边吹边点。

各样点的样液成分如下:

①第一点,10 μL 黄曲霉毒素 B$_1$ 标准使用液(0.04 μg/mL)。

②第二点,20 μL 待测样液。

③第三点,20 μL 待测样液＋10 μL 0.04 μg/mL 黄曲霉毒素 B$_1$ 标准使用液。

④第四点，20 μL 待测样液＋10 μL 0.2 μg/mL 黄曲霉毒素 B_1 标准使用液。

3. 展开

在展开槽内加 10 mL 无水乙醚，预展 12 cm，取出挥干。再于另一展开槽内加 10 mL 丙酮-三氯甲烷（体积比为 8∶92），展开 10～12 cm 取出。

4. 结果观察

在 365 nm 紫外灯下观察样点结果。由于待测样液点上加滴黄曲霉毒素 B_1 标准使用溶液，可使黄曲霉毒素 B_1 的标准点与样液中的黄曲霉毒素 B_1 荧光点重叠。如待测样液为阴性，薄层板上的第三点中黄曲霉毒素 B_1 多 0.000 4 μg，可用作检查在样液内黄曲霉毒素 B_1 最低检出量是否正常出现；如为阳性，则起定性作用。薄层板上的第四点中黄曲霉毒素 B_1 为 0.002 μg，主要起定位作用。

5. 验证实验

若第二点在与黄曲霉毒素 B_1 标准点的相应位置上无蓝紫色荧光点，表示试样中黄曲霉毒素 B_1 含量在 5 μg/kg 以下；如在相应位置上有蓝紫色荧光点，则需进行进一步验证试验。

为了证实薄层板上样液荧光系由黄曲霉毒素 B_1 产生的，可在样品和标样分别滴加三氟乙酸，产生黄曲霉毒素 B_1 的衍生物，展开后此衍生物的比移值约在 0.1 左右。

操作方法：于薄层板左边依次滴加两个点：第一点，0.04 μg/mL 黄曲霉毒素 B_1 标准使用液 10 μL；第二点，20 μL 样液。于以上两点各加一小滴三氟乙酸盖于其上，反应 5 min，用吹风机吹热风 2 min，使热风吹到薄层板上的温度不高于 40 ℃。再于薄层板上滴加以下两点：第三点，0.04 μg/mL 黄曲霉毒素 B_1 标准使用液 10 μL；第四点，20 μL 样液。展开方法同上。在紫外光灯下观察样液是否产生与黄曲霉毒素 B_1 标准点相同的衍生物。未加三氟乙酸的三、四两点，可依次作为样液与标准的衍生物空白对照。

6. 稀释定量

样液中的黄曲霉毒素 B_1 荧光点的荧光强度如与黄曲霉毒素 B_1 标准点的最低检出量（0.000 4 μg）的荧光强度一致，则试样中黄曲霉毒素 B_1 含量即为 5 μg/kg。如样液中荧光强度比最低检出量强，则根据其强度估计减少加样体积或将样液稀释后再加不同体积，直到样液点的荧光强度与最低检出量的荧光强度一致为止。

（六）结果计算

试样中黄曲霉毒素 B_1 含量由下式计算，结果表示到测定值的整数位。

$$X = 0.000\ 4 \times \frac{V_1 \times D}{V_2} \times \frac{1\ 000}{m}$$

（式 6-5）

式中：X 为试样中黄曲霉毒素 B_1 的含量，μg/kg；V_1 为加入苯-乙腈混合液的体积，mL；V_2 为出现最低荧光时滴加样液的体积，mL；D 为样液的总稀释倍数；m 为加入苯-乙腈混合液溶解时相当试样的质量，g；0.000 4 为黄曲霉毒素 B_1 的最低检出量，μg。

（七）注意事项

①实验后玻璃仪器可用 10 g/L 次氯酸钠溶液浸泡半天或用 50 g/L 次氯酸钠溶液浸泡片刻后，即可达到去毒效果。

消毒用次氯酸钠溶液的配制方法如下：取 100 g 漂白粉，加 500 mL 水，搅拌均匀。另将 80 g 工业用碳酸钠溶于 500 mL 温水中，再将两液混合，搅拌澄清后过滤。此溶液含次氯酸钠浓度约为 25 g/L。若用漂粉精制备,则碳酸钠的量可以加倍,所得溶液的浓度约为 50 g/L。

②黄曲霉毒素 B_1 标准液的保存时应将标准液保存于具塞试管中,将塞密闭并封严,于 4℃冰箱避光保存。用后在标准液的液面处做记号,用前检查标准液在贮备期的体积有无改变,若有明显地减少,则应准确补充溶剂到记号处后再用。必要时重测浓度及纯度。

③如用单向展开法展开后,薄层色谱由于杂质干扰掩盖了黄曲霉毒素 B_1 的荧光强度,可采用双向展开法。薄层板先用无水乙醚作横向展开,将干扰的杂质展至样液点的一边而黄曲霉毒素 B_1 不动;再用丙酮-三氯甲烷(体积比为 8:92)作纵向展开,使试样在黄曲霉毒素 B_1 处的杂质底色大量减少,因而提高了方法灵敏度。如滴加两点法展开仍有杂质干扰时,则可改用滴加一点法。检测方法可参照 GB/T 5009.22—2003 标准方法进行。

二、食品中黄曲霉毒素 B_1、B_2、G_1、G_2 的检测

(一)检测原理

试样经提取、浓缩、薄层分离后,在 365 nm 紫外光下,黄曲霉毒素 B_1、B_2 产生蓝紫色荧光,黄曲霉毒素 G_1、G_2 产生黄绿色荧光,根据其在薄层板上显示的荧光的最低检出量来定量。参照国标 GB/T 5009.23—2006。

(二)试剂

①同国标 GB/T 5009.22—2003 中的试剂。

②次氯酸钠溶液(消毒用):配制方法见 GB/T 5009.22—2003 中的配制方法。

③苯-乙醇-水(46+35+19)展开剂:取此比例配制的溶液置于分液漏斗中,振摇 5 min,静置过夜。将上下层溶液分别置于具塞瓶中保存,上下层交界的溶液弃去不要。若溶液出现混浊,则在 80℃水浴上加热,待清晰后,即停止加热,取上层溶液作展开剂用。另取一定量的下层溶液置小皿中,再放于展开槽内。将薄层板放入展开槽内,预先饱和 10 min 后展开。

④硫酸(1+3)。

⑤黄曲霉毒素 B_1、B_2、G_1、G_2 标准溶液如下。

a. 单一标准溶液(10 μg/mL):准确称取黄曲霉毒素 B_1、G_1 标准品各 1～1.2 mg,黄曲霉毒素 B_2、G_2 标准品各 0.5～0.6 mg,用苯-乙腈混合液作溶剂。配制方法、浓度及纯度的测定参照 GB/T 5009.22—2003 中的配制。

黄曲霉毒素 B_1、B_2、G_1、G_2 的分子质量及用苯-乙腈作溶剂时的最大吸收峰的波长及摩尔消光系数见表 6-5。

表 6-5　黄曲霉毒素的分子质量、最大吸收峰波长及摩尔消光系数

黄曲霉毒素名称	最大吸收峰波长/nm	摩尔消光系数	相对分子质量
B_1	346	19 800	312
B_2	348	20 900	314
G_1	353	17 100	328
G_2	354	18 200	330

b. 各标准使用液:以下各标准液均用苯-乙腈混合液配制。

黄曲霉毒素混合标准使用液 I:每毫升相当于 0.2 μg 黄曲霉毒素 B_1、G_1 及 0.1 μg 黄曲

霉毒素 B_2、G_2,作定位用。

黄曲霉毒素混合标准使用液Ⅱ:每毫升相当于 $0.04\ \mu g$ 黄曲霉毒素 B_1、G_1,及 $0.02\ \mu g$ 黄曲霉毒素 B_2、G_2,作最低检出量用。

(三)仪器

同国标 GB/T 5009.22—2003。

(四)分析步骤

(1)取样　同 GB/T 5009.22—2003。

(2)提取　同 GB/T 5009.22—2003。

(五)测定

1. 单向展开法

(1)薄层板的制备　同 GB/T 5009.22—2003。

(2)点样　同 GB/T 5009.22—2003。

滴加式样如下。

第一点:$10\ \mu L$ 黄曲霉毒素混合标准使用液Ⅱ。

第二点:$20\ \mu L$ 样液。

第三点:$20\ \mu L$ 样液$+10\ \mu L$ 黄曲霉毒素混合标准使用液Ⅱ。

第四点:$20\ \mu L$ 样液$+10\ \mu L$ 黄曲霉毒素混合标准使用液Ⅰ。

(3)展开与观察

①黄曲霉毒素 B_1、B_2、G_1、G_2 的比移值依次排列为 $B_1 > B_2 > G_1 > G_2$。

②在展开槽内加 $10\ mL$ 无水乙醚,预展 $12\ cm$,取出挥干,再于另一展开槽内加 $10\ mL$ 丙酮-三氯甲烷(8+92),展开 $10 \sim 12\ cm$,取出。

③在紫外光灯下观察结果,方法如下。

④由于样液点上加滴黄曲霉毒素混合标准使用液Ⅰ或Ⅱ,可使黄曲霉毒 B_1、B_2、G_1、G_2 分别与样液中的黄曲霉毒素 B_1、B_2、G_1、G_2 荧光点重叠。如样液为阴性,薄层板上的第三点中黄曲霉毒素 B_1、B_2、G_1、G_2 依次为 0.0004、0.0002、0.0004 和 $0.0002\ \mu g$,可用作检查在样液内黄曲霉毒素 B_1、B_2、G_1、G_2 的最低检出量是否正常出现。如为阳性,则起定位作用。薄层板上的第四点中黄曲霉毒素 B_1、B_2、G_1、G_2 依次为 0.002、0.001、0.002 和 $0.001\ \mu g$,主要起定位作用。

⑤若第二点在与黄曲霉毒素 B_1、B_2 的相应位置上无蓝紫色荧光点,或在与黄曲霉毒素 G_1、G_2 的相应位置上无黄绿色荧光点,表示试样中黄曲霉毒素 B_1、G_1 含量在 $5\ \mu g/kg$ 以下; B_2、G_2 含量在 $2.5\ \mu g/kg$ 以下;如在相应位置上有以上荧光点,则需进行确证试验。

(4)确证试验

①黄曲霉毒素与三氟乙酸反应产生衍生物,只限于 B_1 和 G_1,B_2 和 G_2 与三氟乙酸不起反应。B_1 和 G_1 的衍生物比移值为 $B_1 > G_1$。于薄层板左边依次滴加两个点。

第一点:$10\ \mu L$ 黄曲霉毒素混合标准使用液Ⅱ。

第二点:$20\ \mu L$ 样液。

②于以上两点各加三氟乙酸 1 小滴盖于其上,反应 $5\ min$ 后,用吹风机吹热风 $2\ min$,使热风吹到薄层板上的温度不高于 $40\ ℃$。再于薄层板上滴加以下两个点。

第三点:$10\ \mu L$ 黄曲霉毒素混合标准使用液Ⅱ。

第四点：20 μL 样液。

③再展开，在紫外光灯下观察样液是否产生与黄曲霉毒素 B_1 或 G_1 标准点相同的衍生物，未加三氟乙酸的三、四两点，可依次作为样液与标准的衍生物空白对照。

黄曲霉毒素 B_2 和 G_2 的确证试验，可用苯-乙醇-水（46＋35＋19）展开，若标准点与样液点出现重叠，即可确定。

在展开的薄层板上喷以硫酸（1＋3），黄曲霉毒素 B_1、B_2、G_1、G_2 都变为黄色荧光。

（5）稀释定量　样液中黄曲霉毒素 B_1、B_2、G_1、G_2 荧光点的荧光强度如各与黄霉毒素 B_1、B_2、G_1、G_2 标准点的最低检出量（B_1、G_1 为 0.000 4 μg，B_2、G_2 为 0.000 2 μg）的荧光强度一致，则试样中黄曲霉毒素 B_1、G_1 含量为 5 μg/kg；B_2、G_2 含量为 2.5 g/kg。如样液中任何一种黄曲霉毒素的荧光强度比其最低检出量强，则需逐一进行定量，直至样液点的荧光强度与最低检出量点的荧光强度一致为止。定量与计算方法参照 GB/T 5009.22—2003。

2. 双向展开法

（1）滴加两点法

①点样：取薄层板三块，在距下端 3 cm 基线上滴加黄曲霉毒素标准使用液与样液。即在三块板的距左边缘 0.8～1 cm 处各滴加 10 μL 黄曲霉毒素混合标准使用液Ⅱ，在距左边缘 2.8～3.0 cm 处各滴加 20 μL 样液，然后在第二板的样液点上加滴 10 μL 黄曲霉毒素混合标准使用液Ⅱ；在第三板上的样液点上加滴 10 μL 黄曲霉毒素混合标准使用液Ⅰ。

②展开：同国标 GB/T 5009.22—2003。

③观察及评定结果如下：

在紫外光灯下观察第一、第二板，若第二板的第二点存黄曲霉毒素 B_1、B_2、G_1、G_2 标准占的相应处出现最低检出量，而第一板在与第二板的相同位置上未出现荧光点，则试样中黄曲霉毒素 B_1、G_1 含量在 5 μg/kg 以下；B_2、G_2 的含量在 2.5 μg/kg 以下。

若第一板在与第二板的相同位置上各出现荧光点，则将第一板与第三板比较，看第三板上第二点与第一板上第二点的相同位置的荧光点是否各与其黄曲霉毒素 B_1、B_2、G_1、G_2 标准点重叠，如果重叠，再按上述方法进行所需的确证试验。

黄曲霉毒素 B_1、G_1 的确证试验：取薄层板两块，于第四、第五两板距左边缘 0.8～1 cm 处各滴加 10 μL 黄曲霉毒素混合标准使用液Ⅱ及 1 滴三氟乙酸，距左边缘 2.8～3 cm 处，第四板滴加 20 μL 样液及 1 滴三氟乙酸；第五板滴加 20 μL 样液、10 μL 黄曲霉毒素混合标准使用液Ⅱ及 1 滴三氟乙酸。产生衍生物的步骤及展开方法同 GB/T 5009.22—2003，观察样液点是否各产生与其黄曲霉毒素 B_1 或 G_1 标准点重叠的衍生物。观察时，可将第一板作为样液的衍生物空白板。

如样液黄曲霉毒素 B_1、B_2、G_1、G_2 含量高时，则将样液稀释后按上述方法作确证试验。

稀释定量与结果计算参照国标 GB/T 5009.22—2003。

（2）滴加一点法　同 GB/T 5009.22—2003。所不同的地方是在薄层上滴加标准液时以黄曲霉毒素混合标准使用液Ⅱ代替黄曲霉毒素 B_1 标准使用液（0.04 μg/mL），稀释定量与结果计算参照 GB/T 5009.22—2003。

三、食品中赭曲霉毒素 A 的检测

赭曲霉毒素包括 7 种结构类似的化合物，其中赭曲霉毒素 A 毒性最大，在霉变谷物、饲料

等最常见。

赭曲霉毒素 A 是一种无色结晶化合物。可溶于极性有机溶剂和稀碳酸氢钠溶液。微溶于水。其苯溶剂化物熔点 94～96℃,二甲苯中结晶熔点 169℃。有光学活性[α]D-118°。其紫外吸收光谱随 pH 和溶剂极性不同而有别,在乙醇溶液中最大吸收波长为 213 nm 和 332 nm。有很高的化学稳定性和热稳定性。赭曲霉毒素 A 是由多种生长在粮食(小麦、玉米、大麦、燕麦、黑麦、大米和黍类等)、花生、蔬菜(豆类)等农作物上的曲霉和青霉产生的。动物摄入了霉变的饲料后,这种毒素也可能出现在猪和母鸡等的肉中。赭曲霉毒素主要侵害动物肝脏与肾脏。这种毒素主要是引起肾脏损伤,大量的毒素也可能引起动物的肠黏膜炎症和坏死。在动物试验中观察到它的致畸作用。

(一)检测原理

用提取液提取试样中的赭曲霉毒素 A,经免疫亲和柱净化后,用高效液相色谱荧光检测器测定,外标法定量。参照国标 GB/T 23502—2009。

(二)试剂

除另有说明外,所用试剂均为分析纯,水为符合 GB/T 6682 规定的一级水。

①乙腈:色谱纯。

②冰乙酸:色谱纯。

③提取液 1:甲醇(色谱纯)+水(80+20)。

④提取液 2:称取 150 g 氯化钠、20 g 碳酸氢钠溶于约 950 mL 水中,加水定容至 1 L。

⑤冲洗液:称取 25 g 氯化钠、5 g 碳酸氢钠溶于约 950 mL 水中,加水定容至 1 L。

⑥真菌毒素清洗缓冲液:称取 25.0 g 氯化钠、5.0 g 碳酸氢钠溶于水中,加入 0.1 mL 吐温-20,用水稀释至 1 L。

⑦赭曲霉毒素 A 标准(纯度≥98%)储备液:准确称取一定量的赭曲霉毒素 A 标准品,用甲醇+乙腈(1+1)溶解,配成 0.1 mg/mL 的标准储备液,在−20℃保存,可使用 3 个月。

⑧赭曲霉毒素 A 标准工作液:根据使用需要,准确吸取一定量的赭曲霉毒素 A 储备液,用流动相稀释,分别配成相当于 1、5、10、20 和 50 ng/mL 的标准工作液,4℃保存,可使用 7 d。

⑨赭曲霉毒素 A 免疫亲和柱。

⑩玻璃纤维滤纸:直径 11 cm,孔径 1.5 μm,无荧光特性。

(三)仪器和设备

①天平:感量 0.001 g。

②高效液相色谱仪:配有荧光检测器。

③均质器:转速大于 10 000 r/min。

④高速万能粉碎机:转速 10 000 r/min。

⑤玻璃注射器:10 mL。

⑥试验筛:1 mm 孔径。

⑦空气压力泵。

⑧超声波发生器:功率大于 180 W。

(四)分析步骤

1. 试样的制备与提取

(1)粮食和粮食制品　将样品研磨,硬质的粮食等用高速万能粉碎机磨细并通过试验筛,不要磨成粉末。称取 20 g(精确到 0.01 g)磨碎的试样于 100 mL 容量瓶中,加入 5 g 氯化钠,用提取液 1 定容至刻度,混匀,转移至均质杯中,高速搅拌提取 2 min。定量滤纸过滤,移取 10.0 mL 滤液于 50 mL 容量瓶中,加水定容至刻度,混匀,用玻璃纤维滤纸过滤至滤液澄清,收集滤液 A 于干净的容器中。

(2)酒类　取脱气酒类试样(含二氧化碳的酒类样品使用前先置于 4℃冰箱冷藏 30 min,过滤或超声脱气)或其他不含二氧化碳的酒类试样 20 g(精确到 0.01 g),置于 25 mL 容量瓶中,加提取液 2 定容至刻度,混匀,用玻璃纤维滤纸过滤至滤液澄清,收集滤液 B 于干净的容器中。

(3)酱油、醋、酱及酱制品　称取 25 g(精确到 0.01 g)混匀的试样,用提取液 1 定容至 50.0 mL,超声提取 5 min。定量滤纸过滤,移取 10.0 mL 滤液于 50 mL 容量瓶中,加水定容至刻度,混匀,用玻璃纤维滤纸过滤至滤液澄清,收集滤液 C 于干净的容器中。

2. 净化

(1)粮食和粮食制品　将免疫亲和柱连接于玻璃注射器下,准确移取滤液 A 10.0 mL,注入玻璃注射器中。将空气压力泵与玻璃注射器相连接,调节压力,使溶液以约 1 滴/s 的流速通过免疫亲和柱,直至空气进入亲和柱中,依次用 10 mL 真菌毒素清洗缓冲液,10 mL 水淋洗免疫亲和柱,流速约为 1～2 滴/s,弃去全部流出液,抽干小柱。

(2)酒类　将免疫亲和柱连接于玻璃注射器下,准确移取中滤液 B 10.0 mL,注入玻璃注射器中。将空气压力泵与玻璃注射器相连接,调节压力,使溶液以约 1 滴/s 的流速通过免疫亲和柱,直至空气进入亲和柱中,依次用 10 mL 冲洗液,10 mL 水淋洗免疫亲和柱,流速为 1～2 滴/s,弃去全部流出液,抽干小柱。

(3)酱油、醋、酱及酱制品　将免疫亲和柱连接于玻璃注射器下,准确移取中滤液 C 10.0 mL,注入玻璃注射器中。将空气压力泵与玻璃注射器相连接,调节压力,使溶液以约 1 滴/s 的流速通过免疫亲和柱,直至空气进入亲和柱中,依次用 10 mL 真菌毒素清洗缓冲液、10 mL 水淋洗免疫亲和柱,流速约为 1～2 滴/s,弃去全部流出液,抽干小柱。

3. 洗脱

准确加入 1.0 mL 甲醇洗脱,流速约为 1 滴/s,收集全部洗脱液于干净的玻璃试管中,用甲醇定容至 1 mL,供 HPLC 测定。

4. 高效液相色谱参考条件

色谱柱:C_{18},5 μm,150 mm×4.6 mm 或相当者。

流动相:乙腈-水-冰乙酸(99+99+2)。

流速:0.9 mL/min。

柱温:35℃。

进样量:10～100 μL。

检测波长:激发波长 333 nm,发射波长 477 nm。

5. 定量测定

以赭曲霉毒素 A 标准工作溶液浓度为横坐标,以峰面积积分值为纵坐标,绘制标准工作曲线,用标准工作曲线对试样进行定量,标准工作溶液和试样溶液中赭曲霉毒素 A 的响应值均应在仪器检测线性范围内。在上述色谱条件下,赭曲霉毒素 A 标准品色谱图见图 6-3。

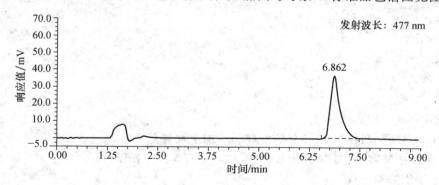

图 6-3　赭曲霉毒素 A 标准品液相色谱图

6. 空白试验

除不加试样外,空白试验应与测定平行进行,并采用相同的分析步骤。

7. 平行试验

按以上步骤,对同一试样进行平行试验测定。

(五)结果计算

试样中赭曲霉毒素 A 的含量按下式计算:

$$X = \frac{(\rho_1 - \rho_0) \times V \times 1\,000}{m \times 1\,000} \times f \qquad \text{(式 6-6)}$$

式中:X 为试样中赭曲霉毒素 A 的含量,$\mu g/kg$;ρ_1 为试样溶液中赭曲霉毒素 A 的浓度,ng/mL;ρ_0 为空白试样溶液中赭曲霉毒素 A 的浓度,ng/mL;V 为甲醇洗脱液体积,mL;m 为试样的质量,g;f 为稀释倍数。

检测结果以 2 次测定值的算术平均值表示。计算结果保留 1 位小数。

(六)回收率

添加浓度在 $1.0 \sim 10.0\ \mu g/kg$ 时,回收率在 $70\% \sim 100\%$。

(七)重复性

在重复性条件下,获得的赭曲霉毒素 A 的 2 次独立测试结果的绝对差值不大于其算术平均值的 10%。

四、谷物和大豆中赭曲霉毒素 A 的检测

(一)检测原理

用三氯甲烷-磷酸($0.1\ mol/L$)或石油醚-甲醇/水提取试样中的赭曲霉毒素 A,试样提取液经液-液分配后,根据其在 $365\ nm$ 紫外光灯下产生黄绿色荧光,在薄层色谱板上与标准比较测定含量。参照国标 GB/T 5009.96—2003。

(二)试剂

①石油醚($60 \sim 90℃$ 或 $30 \sim 60℃$)。

②甲醇。

③三氯甲烷。

④甲苯。

⑤乙酸乙酯。

⑥甲酸。

⑦冰乙酸。

⑧乙醚。

⑨苯-乙腈(98+2)。

⑩0.1 mol/L 磷酸:称取 11.5 g 磷酸(85%)加水稀释至 1 000 mL。

⑪2 mol/L 盐酸溶液:量取 20 mL 盐酸,加水稀释至 120 mL。

⑫氯化钠溶液(40 g/L)。

⑬0.1 mol/L 碳酸氢钠溶液:称取 8.4 g 碳酸氢钠,加适量水溶解,并用水稀释至 1 000 mL。

⑭硅胶 G:薄层层析用。

⑮赭曲霉毒素 A 标准贮备液:用苯-冰乙酸(99+1)配成 40 g/mL 赭曲霉毒素 A 标准贮备液,并用紫外分光光度计测定其浓度。浓度的测定按照国标 GB/T 5009.22—2003(赭曲霉毒素 A 的最大吸收峰波长 333 nm,相对分子质量 403,摩尔消光系数值为 5 550)。置冰箱中避光保存。

⑯ 赭曲霉毒素 A 标准使用液:精密吸取贮备液,用苯稀释成每毫升含赭曲霉毒素 A 0.5 μg,置冰箱中避光保存。

(三)仪器

所有玻璃仪器均需用稀盐酸浸泡,用自来水、蒸馏水冲洗。

①小型粉碎机。

②电动振荡器。

③玻璃板:5 cm×20 cm。

④薄层涂布器。

⑤展开槽:内长 25 cm,宽 6 cm、高 4 cm。

⑥紫外光灯:365 nm。

⑦微量注射器:10 μL,50 μL。

⑧具 0.2 mL 尾管的 10 mL 小浓缩瓶。

(四)试样的制备

称取 250 g 试样经粉碎并通过 20 目筛后备用。

(五)提取

1. 甲法

称取约 20 g 试样,精确至 0.001 g,置于 200 mL 具塞锥形瓶中,加入 100 mL 三氯甲烷和 10 mL 0.1 mol/L 磷酸,振荡 30 min 后通过快速定性滤纸过滤,取 20 mL 滤液置于 250 mL 分液漏斗中,加 50 mL 0.1 mol/L,碳酸氢钠溶液振摇 2 min,静置分层后,将三氯甲烷层放入另一个 100 mL 分液漏斗中(少量乳化层,或即使三氯甲烷层全部乳化都可放入分液漏斗中),加入 50 mL 0.1 mol/L 碳酸氢钠溶液重复提取三氯甲烷层,静置分层后弃去三氯甲烷层(如三氯甲烷层仍乳化,弃去,不影响结果)。碳酸氢钠水层并入第一个分液漏斗中,加约 5.5 mL

2 mol/L 盐酸溶液调节 pH 为 2～3(用 pH 试纸测试),加入 25 mL 三氯甲烷振摇 2 min,静置分层后,放三氯甲烷层于另一盛有 100 mL 水的 250 mL 分液漏斗中,酸水层再用 10 mL 三氯甲烷振摇、提取、静置,将三氯甲烷层并入同一分液漏斗中。振摇、静置分层,用脱脂棉擦干分液漏斗下端,放三氯甲烷层于一 75 mL 蒸发皿中,将蒸发皿置蒸汽浴上通风挥干。用约 8 mL 三氯甲烷分次将蒸发皿中的残渣溶解,转入具尾管的 10 mL 浓缩瓶中,置 80℃水浴锅上用蒸汽加热吹氮气(N_2)浓缩至干,加入 0.2 mL 苯-乙腈(98+2)溶解残渣,摇匀,供薄层色谱点样用。

2. 乙法

称取 20 g 粉碎并通过 20 目筛的试样加于 200 mL 具塞锥形瓶中,加 30 mL 石油醚和 100 mL 甲醇-水(55+45),在瓶塞上抹上一层水盖严防漏。振荡 30 min 后,通过快速定性滤纸滤入分液漏斗中,待下层甲醇-水层分清后,取出 20 mL 滤液置于 100 mL 分液漏斗中,用 pH 试纸测试,一般为 pH 为 5～6。加入 25 mL 三氯甲烷振摇 2 min,静置分层后放出三氯甲烷层于另一液漏斗中,再用 10 mL 三氯甲烷重复振摇提取甲醇-水层(在用三氯甲烷振摇提取时,如发生乳化现象,可滴加甲醇促使其分层),将三氯甲烷层合并于同一分液漏斗中,加入 50～100 mL 氯化钠溶液(加入量视品种不同而异,大豆加 100 mL,小麦、玉米则加 50 mL 左右),振摇放置(如为大豆试样提取液还须轻轻反复倒转分液漏斗,使乳化层逐渐上升。如乳化严重可加入少许甲醇),待三氯甲烷层澄清后,用脱脂棉擦干分液漏斗下端,放三氯甲烷层于 75 mL 蒸发皿中(如为大豆试样须再加入 10 mL 三氯甲烷振摇,三氯甲烷层合并于同一蒸发皿中),将蒸发皿置蒸汽浴上通风挥干。用约 8 mL 三氯甲烷分次将蒸发皿中的残渣溶解,转入具尾管的 10 mL 浓缩瓶中,置 80℃水浴锅上用蒸汽加热吹氮气(N_2)浓缩至干,加入 0.2 mL 苯-乙腈(98+2)溶解残渣,摇匀,供薄层色谱点样用。

(六)测定

1. 薄层板的制备

称取 4 g 硅胶 G,加约 10 mL 水于乳钵中研磨至糊状。立即倒入涂布器内制成 5 cm×20 cm,厚度 0.3 mm 的薄层板三块,在空气中干燥后,在 105～110℃活化 1 h,取出放干燥器中保存。

2. 点样

取两块薄层板,在距薄层板下端 2.5 cm 的基线上用微量注射器滴加两个点:在距板左边缘 1.7 cm 处滴加 OA 标准溶液 8 μL(浓度 0.5 μg/mL),在距板左边缘 2.5 cm 处滴加样液 25 μL,然后在第二块板的样液点上加滴 OA 标准溶液 8 μL(浓度 0.5 μg/mL)。点样时,需边滴加边用电吹风吹干,交替使用冷热风。

3. 展开剂

(1)横展剂　乙醚或乙醚-甲醇-水(94+5+1)。

(2)纵展剂

a. 甲苯-乙酸乙酯-甲酸-水(6+3+1.2+0.06)或甲苯-乙酸乙酯-甲酸(6+3+1.4);

b. 苯-冰乙酸(9+1)。

4. 展开

(1)横向展开　在展开槽内倒入 10 mL 横展剂,先将薄层板纵展至离原点 2～3 cm,取出通风挥发溶剂 1～2 min 后,再将该薄层板靠标准点的长边置于同一展开槽内的溶剂中横展,如横展剂不够,可添加适量,展至板端过 1 min,取出通风挥发溶剂 2～3 min。

（2）纵向展开：在另一展开槽内倒入 10 mL 纵展剂，将经横展后的薄层板纵展至前沿距原点 13～15 cm。取出通风挥干至板面无酸味（约 5～10 min）。

5. 观察与评定

将薄层色谱板置 365 nm 波长紫外光灯下观察。

①在紫外光灯下将两板相互比较，若第二块板的样液点在 OA 标准点的相应处出现最低检出量，而在第一板相同位置上未出现荧光点，则试样中的 OA 含量在本测定方法的最低检测量 10 μg/kg 以下。

②如果第一板样液点在与第二板样液点相同位置上出现荧光点则看第二板样液的荧光点是否与滴加的标准荧光点重叠，再进行以下的定量与确证试验。

6. 稀释定量

比较样液中 OA 与标准 OA 点的荧光强度，估计稀释倍数。

薄层板经双向展开后，当阳性样品中 OA 含量高时，OA 的荧光点会被横向拉长，使点变扁，或分成两个黄绿色荧光点。这是因为在横展过程中原点上 OA 的量超过了硅胶的吸附能力，原点上的杂质和残留溶剂在横展中将 OA 点横向拉长了，这时可根据 OA 黄绿色荧光的总强度与标准荧光强度比较，估计需减少的滴加微升数或所需稀释倍数。经稀释后测定含量时可在样液点的左边基线上滴加两个标准点，OA 的量可为 4 ng、8 ng。比较样液与两个标准OA 荧光点的荧光强度，概略定量。

7. 确证试验

用碳酸氢钠乙醇溶液（在 100 mL 水中溶解 6.0 g 碳酸氢钠，加 20 mL 乙醇）喷洒色谱板，在室温下干燥，于长波紫外光灯下观察，这时 OA 荧光点应由黄绿色变为蓝色，而且荧光强度有所增加，可使方法检出限达 5 μg/kg，但概略定量仍按喷洒前所显黄绿色荧光计。

（七）结果计算

$$X = m_1 \times \frac{V_1}{V_2} \times D \times \frac{1\,000}{m}$$ （式 6-7）

式中：X 为试样中赭曲霉毒素 A 的含量，μg/kg；m_1 为薄层板上测得样液点上 OA 的量，μg；D 为样液的总稀释倍数；V_1 为苯-乙腈混合液的体积，mL；V_2 为出现最低荧光点时滴加样液的体积，mL；m 为苯-乙腈溶解时相当样品的质量，g。

在重复性条件下获得的 2 次独立测定结果的绝对差值不得超过算术平均值的 20%。

五、植物性食品中杂色曲霉素的检测

杂色曲霉素主要是杂色曲霉和构巢曲霉的最终代谢产物，同时又是黄曲霉和寄生曲霉合成黄曲霉毒素过程后期的中间产物。据报道，感染了杂色曲霉的玉米在 27℃ 的环境下，21 d 可产生杂色曲霉毒素 12 g/kg 以上。杂色曲霉毒素引起的致死性病变主要为肝、肾实质器官坏死。杂色曲霉毒素具有致癌性，还可使枯草杆菌及小白鼠细胞发生突变反应。

（一）检测原理

试样中的杂色曲霉素经提取、净化、浓缩、薄层展开后，用三氯化铝显色，再经加热产生一种在紫外光下显示黄色荧光的物质，根据其在薄层上显示的荧光最低检出量来测定试样中杂色曲霉素的含量。参照国标 GB/T 5009.25—2003。

(二)试剂

①同 GB/T 5009.22—2003 中试剂[a. 三氯甲烷,b. 硅胶 G(薄层色谱用),c. 无水硫酸钠,d. 苯-乙腈混合液:量取 98 mL 苯,加 2 mL 乙腈,混匀]。

②冰乙酸。

③甲酸。

④乙醇(95%)。

⑤氯化钠溶液(40 g/L)。

⑥三氯化铝-乙醇溶液(200 g/L):称取 20 g 三氯化铝($AlCl_3 \cdot 6H_2O$)溶于 100 mL 乙醇中,过滤,室温保存。

⑦杂色曲霉素标准溶液:用杂色曲霉素标准品配制成每毫升相当于 10 μg 的苯溶液。用紫外分光光度计标定其浓度(最大吸收峰的波长 325 nm,相对分子质量 324,摩尔吸光系数 15 200),并作硅胶薄层色谱纯度鉴定,避光,放置于 4℃冰箱中保存。

⑧杂色曲霉素标准使用液:用苯将 10 μg/mL 的杂色曲霉素标准溶液稀释成每毫升相当于 1.0 μg 和 0.40 μg 的杂色曲霉素标准溶液。避光,放置于 4℃冰箱中保存。

(三)仪器

①全玻璃浓缩器。

②玻璃板:10 cm×10 cm 与 10 cm×18.5 cm 两种。

③展开槽:内长 10 cm、宽 4.5 cm、高 17 cm 与内长 11.5 cm、宽 60 cm、高 19 cm。

④紫外光灯:100~125 W,带有波长 365 nm 滤光片。

⑤玻璃喷雾器。

⑥空气泵或油泵。

(四)分析步骤

1. 提取大米、玉米、小麦、黄豆及花生中的杂色曲霉素

①称取 20.00 g 过 20 目筛的大米、玉米、小麦及黄豆试样(花生试样过 10 目筛孔),置于具塞锥形瓶中,加 80 mL 甲醇-氯化钠溶液(90+10),振荡 30 min,过滤。

②收集试样液 40 mL(黄豆、花生试样则取 20 mL,加入 20 mL 提取剂),移入 250 mL 分液漏斗中,再加入 25 mL 氯化钠溶液(使甲醇与水之体积比为 55+45)和 25 mL 石油醚,振摇 2 min,静置分层。上层石油醚溶液置锥形瓶中,下层溶液仍移入原分液漏斗中,再用 25 mL 石油醚提取一次。

③最后将两次上层的石油醚溶液合并,加入 25 mL 甲醇-氯化钠溶液(55+45),振摇 30 s[黄豆、花生试样则加入 25 mL 甲醇-氯化钠溶液(70+30),振摇 30 s],将下层并于原甲醇水层中,重复用甲醇-氯化钠溶液(55+45)提取 2 次[黄豆、花生试样重复用甲醇-氯化钠溶液(70+30)提取一次],以提取该层的杂色曲霉素。下层溶液合并后加 30 mL 三氯甲烷[黄豆、花生试样除加三氯甲烷外,再加 13 mL 氯化钠溶液,使甲醇与水的体积比为(55+45)],振摇 2 min,静置。

④待上层混浊液有部分澄清时,即可将下层溶液经放有约 10 g 无水硫酸钠的定量慢速滤纸过滤于蒸发皿中。在分液漏斗中再加 10 mL 三氯甲烷,重复提取一次,将该下层溶液和用少量三氯甲烷洗滤器的洗液一并放入蒸发皿中。

⑤将蒸发皿放置于 65℃水浴上挥干，然后再在冰浴上放置 2～3 min，加 1.0 mL 苯将残留物充分混匀，置入小试管中。或将以上蒸发皿中残留物用三氯甲烷移于浓缩管中，于 65℃用减压吹气法浓缩至干，加入 1.0 mL 苯，供色谱测定，此 1 mL 大米、玉米及小麦样液各相当于 10 g 试样，1 mL 黄豆与花生样液则各相当于 5 g 试样。

2．测定

（1）薄层板的制备　制备方法同国标 GB/T 5009.22—2003，一般用 5 g 硅胶 G 可制成 10 cm×10 cm，厚度 0.3 mm 的薄层板 5 块。

（2）点样　取两块 10 cm×10 cm 薄层板，在距板下端各 0.8～1 cm 基线上滴加标准使用液与样液如下：距左边缘 0.8～1 cm 处各滴加 10 μL 标准使用液（0.4 μg/mL），在距左边缘 4 cm 处各滴加 80 μL 样液（黄豆、花生试样为 40 μL），然后在第二块板的样液点上加滴 10 μL 标准使用液（0.4 μg/mL），在滴加样液时可用吹风机冷风边吹边加。

（3）展开

①横向展开：展开剂是乙醚-正己烷-苯-三氯甲烷-甲酸（3＋9＋1.5＋1.5＋0.6）15.6 mL（由于此混合液不成一相，每一展开槽的用量应单独配制）。用前充分摇匀，一并倒入槽内使用。将靠近标准点的一边，放入槽内展至 9 cm 左右取出挥干。

②纵向展开：展开剂为苯-甲醇-冰乙酸（90＋8＋2 或 92.5＋6＋1.5）15 mL。将靠近标准点与样液点的一边放入槽内，展开 9 cm 左右取出挥干。

（4）显荧光　在薄层板上喷三氯化铝-乙醇溶液（200 g/L），置 80℃加热 10 min，立即在紫外光灯（波长 365 nm）下观察结果，待薄层板冷却后再薄薄的喷第二次（不需加热），可直接观察结果。

（5）观察与评定结果　在紫外光灯下观察，若第二板的第二点在标准点的相应处出现最低检出量，而在第一板的相同位置上未出现荧光点，则试样中杂色曲霉素含量在 5 μg/kg 以下（黄豆、花生试样为 20 μg/kg 以下），若出现荧光点的强度与标准点的最低检出量的荧光强度相等，而且此荧光点又同第二板样液的标准点相重叠，则试样中杂色曲霉素含量为 5 μg/kg（黄豆、花生试样为 20 μg/kg）；若出现荧光强度比标准点的最低检出量强，则根据其荧光强度估计减少滴加微升数，或将样液稀释后再滴加不同微升数，直至样液点的荧光强度与最低检出量的荧光强度一致为止。在喷三氯化铝第一、第二次后分别进行观察评定，两次结果应一致。若结果为阳性，则将薄层板放暗处 10 min，再观察一次，如试样仍为阳性，进一步作确证试验即在距薄层板（10 cm×18.5 cm）下端 3 min 的基线上滴加一个点的 10 μL 标准使用液（0.4 μg/mL）与 3 个点的样液，每点 16 μL。在样液的一个点上再加滴 10 μL 标准使用液（0.4 μg/mL），另一点上再加滴 10 μL 标准使用液（1 μg/mL）。于各点上再加一小滴三氟乙酸，放暗处反应 10 min，热风吹 5 min，使薄层板上的温度不高于 40℃，用冰乙酸-苯（10＋90）展开 1～2 次，直至杂色曲霉素衍生物与杂质分开为止。展开时要避光，以下显荧光步骤同上。最后将板在紫外光灯下观察，如样液为阳性应产生与杂色曲霉素标准重叠的衍生物。确证法的最低检出量：大米、玉米、小麦为 25 μg/kg（黄豆、花生试样为 50 μg/kg）。

（五）结果计算

杂色曲霉素的含量按下式计算：

$$X = 0.004 \times \frac{V_1 \times D}{V_2} \times \frac{1\,000}{m}$$

（式 6-8）

式中：X 为杂色曲霉素含量，$\mu g/kg$；V_1 为样液浓缩后体积，mL；V_2 为出现最低荧光样液的滴加体积，mL；D 为浓缩样液的总稀释倍数；m 为浓缩样液中所相当的试样质量，g；0.004 为杂色曲霉素的最低检出量，μg。

结果表示到测定值的整数位。

六、谷物中 T-2 毒素的检测

T-2 毒素是由多种真菌，主要是三线镰刀菌产生的单端孢霉烯族化合物之一。它广泛分布于自然界，是常见的污染田间作物和库存谷物的主要毒素，对人、畜危害较大。

T-2 毒素主要作用于细胞分裂旺盛的组织器官，如胸腺、骨髓、肝、脾、淋巴结、生殖腺及胃肠黏膜等，抑制这些器官细胞蛋白质和 DNA 合成。此外，还发现该毒素可引起淋巴细胞中 DNA 单链的断裂。T-2 毒素还可作用于氧化磷酸化的多个部位而引起线粒体呼吸抑制。

(一)检测原理

试样中的 T-2 毒素用甲醇-水提取后，提取液经免疫亲和柱净化，浓缩、衍生、定容后，用配有荧光检测器的液相色谱仪进行测定，外标法定量。参照国标 GB/T 5009.118—2003。

(二)试剂

除另有规定外，所用试剂均为分析纯，水为蒸馏水或相当纯度的去离子水。

①甲醇色谱级。

②乙腈色谱级。

③甲苯色谱级。

④甲醇-水（8＋2）：取 80 mL 甲醇，加 20 mL 水。

⑤4-二甲基氨基吡啶（DMAP）溶液：准确称取 0.032 5 g 于 100 mL 容量瓶中，用甲苯稀释至刻度。

⑥1-氰酸蒽（1-AN）溶液：准确称取 0.030 0 g 于 100 mL 容量瓶中，用甲苯稀释至刻度。

⑦T-2 毒素标准品：纯度≥98％。

⑧T-2 毒素标准溶液：准确称取适量的 T-2 毒素标准品，用乙腈配成浓度为 0.5 mg/mL 的标准贮备液，－20℃冰箱中避光保存。使用前用乙腈稀释成适当浓度的标准工作液。

⑨T-2 毒素免疫亲和柱。

⑩玻璃纤维滤纸。

(三)仪器和设备

①液相色谱仪（配有荧光检测器）。

②粉碎机。

③高速均质器。

④氮吹仪。

⑤离心机。

⑥涡漩混合仪。

⑦空气压力泵。

⑧玻璃注射器：20 mL。

⑨天平：感量 0.000 1 g。

(四)分析步骤

1. 提取

称取试样 50 g(精确到 0.01 g)于 500 mL 玻璃混合杯中,加入 100 mL 甲醇-水(8+2),高速均质 2 min 后,3 000 r/min 离心 5 min,上清液经定量滤纸过滤,移取 10.0 mL 滤液并加入 40.0 mL 水稀释混匀,以玻璃纤维滤纸过滤,至滤液澄清后,进行免疫亲和柱净化操作。

2. 净化

将免疫亲和柱连接于 20 mL 玻璃注射器下。准确移取 10.0 mL(相当于 1.0 g 样品)的提取滤液注入玻璃注射器中,将空气压力泵与玻璃注射器连接,调节压力使溶液以 1 mL/min 流速缓慢通过免疫亲和柱,直至有部分空气通过柱体。以 10 mL 水淋洗柱子 1 次,弃去全部流出液,并使部分空气通过柱体。加入 1.5 mL 甲醇洗脱,流速为 1 mL/min,收集洗脱液于玻璃试管中,50℃以下氮气吹干,待衍生。

3. 衍生

在净化后的样品中,分别加入 50 μL 4-二甲基氨基吡啶(DMAP)溶液和 50 μL 1-氰酸蒽(1-AN)溶液,涡漩混合 1 min,于(50±2)℃恒温水浴中反应 15 min,在冰水中冷却 10 min。50℃以下氮气吹干后。用 1.0 mL 的流动相溶解,供液相色谱测定。

(五)测定

1. 液相色谱条件

①色谱柱:C_{18},4.6 mm×150 mm(内径),粒度 5 μm,或相当者。

②流动相:乙腈-水(80+20)。

③流速:1.0 mL/min。

④检测波长:激发波长 381 nm,发射波长 470 nm。

⑤进样量:20 L。

⑥柱温:室温。

2. 色谱测定

根据样液中 T-2 毒素衍生物含量情况,选定浓度相近的标准工作溶液。标准工作溶液和样液中 T-2 毒素衍生物响应值均应在仪器检测线性范围内。对标准工作溶液和样液等体积参插进样进行测定。在上述色谱条件下,T-2 毒素衍生物的保留时间约为 9.8 min。T-2 毒素衍生物的标准色谱图如图 6-4 所示。

3. 空白试验

除不加试样外,均按上述步骤进行。

(六)结果计算

用外标法按下式计算试样中 T-2 毒素衍生物的含量,计算结果需将空白值扣除。

$$X = \frac{1\,000(A - A_0) \times c \times V}{1\,000 \times A_s \times m} \qquad \text{(式 6-9)}$$

式中:X 为试样中 T-2 毒素衍生物的含量,μg/kg;A 为样液中 T-2 毒素衍生物的峰面积;A_0 为空白样液中 T-2 毒素衍生物的峰面积;c 为标准工作溶液中 T-2 毒素衍生物的浓度,μg/mL;V 为样液最终定容体积,mL;A_s 为标准工作溶液中 T-2 毒素衍生物的峰面积;m 为最

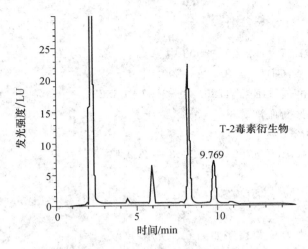

图 6-4　**T-2 毒素衍生物的标准色谱图**

终样液所代表的试样量,g。

在重复性条件下获得的两次独立测定结果的绝对差值不得超过算术平均值的 15%。

任务二　肉毒梭菌及肉毒毒素的检验

【检测要点】

1. 掌握检测程序。

2. 掌握结果的判断能力。

【仪器试剂】

一、设备和材料

①冰箱:0~4℃。

②恒温培养箱:(30±1)℃,(35±1)℃,(36±1)℃。

③离心机:3 000 r/min。

④显微镜:10×~100×。

⑤相差显微镜。

⑥均质器或灭菌乳钵。

⑦架盘药物天平:0~500 g,精确至 0.5 g。

⑧厌氧培养装置:常温催化除氧式或碱性焦性没石子酸除氧式。

⑨灭菌吸管:1 mL(具 0.01 mL 刻度)、10 mL(具 0.1 mL 刻度)。

⑩灭菌平皿:直径 90 mm。

⑪灭菌锥形瓶:500 mL。

⑫灭菌注射器:1 mL。

⑬小白鼠:12~15 g。

二、培养基和试剂

①庖肉培养基:GB/T 4789.28—2003 中 4.67。

②卵黄琼脂培养基:GB/T 4789.28—2003 中 4.68。

③明胶磷酸盐缓冲液:GB/T 4789.28—2003 中 3.23。

④肉毒分型抗毒诊断血清。

⑤胰酶:活力(1:250)。

⑥革兰氏染色液:GB/T 4789.28—2003 中 2.2。

【工作过程】

一、检验程序

肉毒梭菌及肉毒毒素检验程序如图 6-5 所示。

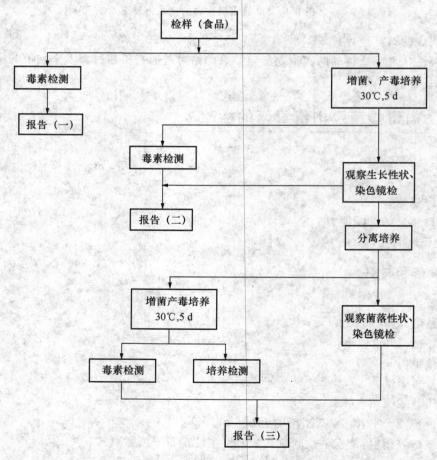

图 6-5 肉毒梭菌及肉毒毒素检验程序

注意 1:报告(一):检样含有某型肉毒毒素。

注意 2:报告(二):检样含有某型肉毒梭菌。

注意 3:报告(三):由样品分离的菌株为某型肉毒梭菌。

如上所示,检样经均质处理后及时接种培养,进行增菌、产毒,同时进行毒素检测试验。毒素检测试验结果可证明检样中有无肉毒毒素以及有何型肉毒毒素存在。

对增菌产毒培养物,一方面做一般的生长特性观察,另一方面检测肉毒毒素的产生情况。所得结果可证明检样中有无肉毒梭菌以及有何型肉毒梭菌存在。

为其他特殊目的而欲获纯菌株,可用增菌产毒培养物进行分离培养,对所得纯菌株进行形态、培养特性等观察及毒素检测,其结果可证明所得纯菌为何型肉毒梭菌。

二、操作步骤

(一)肉毒毒素的检测

液状检样可直接离心,固体或半流动检样须加适量(例如,等量、倍量或 5 倍量、10 倍量)明胶磷酸盐缓冲液,浸泡、研碎,然后离心,取上清液进行检测。

另取一部分上清液,调 pH 至 6.2,每 9 份加 10%胰酶(活力 1∶250)水溶液 1 份,混匀,不断轻轻搅动,37℃作用 60 min,进行检测。

肉毒毒素检测以小白鼠腹腔注射法为标准方法。

1. 检出试验

取上述离心上清液及其胰酶激活处理液分别注射小白鼠 3 只,每只 0.5 mL,观察 4 d。注射液中若有肉毒毒素存在,小白鼠一般多在注射后 24 h 内发病、死亡。主要症状为竖毛、四肢瘫软,呼吸困难,呼吸呈风箱式,腰部凹陷,宛若蜂腰,最终死于呼吸麻痹。

如遇小白鼠猝死以至症状不明显时,则可将注射液做适当稀释,重做试验。

2. 确证试验

不论上清液或其胰酶激活处理液,凡能致小白鼠发病、死亡者,取样分成 3 份进行试验,1 份加等量多型混合肉毒抗毒诊断血清,混匀,37℃作用 30 min,1 份加等量明胶磷酸盐缓冲液,混匀,煮沸 10 min;1 份加等量明胶磷酸盐缓冲液,混匀即可,不做其他处理。3 份混合液分别注射小白鼠各 2 只,每只 0.5 mL,观察 4 d,若注射加诊断血清与煮沸加热的两份混合液的小白鼠均获保护存活,而唯有注射未经其他处理的混合液的小白鼠以特有的症状死亡,则可判定检样中的肉毒毒素存在,必要时要进行毒力测定及定型试验。

3. 毒力测定

取已判定含有肉毒毒素的检样离心上清液,用明胶磷酸盐缓冲液做成 50 倍、500 倍及 5 000 倍的稀释液,分别注射小白鼠各 2 只,每只 0.5 mL,观察 4 d。根据动物死亡情况,计算检样所含肉毒毒素的大体毒力(MLD/mL 或 MLD/g)。例如,5 倍、50 倍及 500 倍稀释致动物全部死亡,而注射 5 000 倍稀释液的动物全部存活,则可大体判定检样上清液所含毒素的毒力为 1 000~10 000 MLD/mL。

4. 定型试验

按毒力测定结果,用明胶磷酸盐缓冲液将检样上清液稀释至所含毒素的毒力大体在 10~1 000 MLD/mL 的范围,分别与各单型肉毒抗诊断血清等量混匀,37℃作用 30 min,各注射小白鼠 2 只,每只 0.5 mL,观察 4 d。同时以明胶磷酸盐缓冲液代替诊断血清,与稀释毒素液等量混合作为对照。能保护动物免于发病、死亡的诊断血清型即为检样所含肉毒毒素的型别。

5. 注意事项

①未经胰酶激活处理的检样的毒素检出试验或确证试验若为阳性结果,则胰酶激活处理

液可省略毒力测定及定型试验。

②为争取时间尽快得出结果,毒素检测的各项试验也可同时进行。

③根据具体条件和可能性,定型试验可酌情先省略 C、D、F 及 G 型。

④进行确证及定型等中和试验时,检样的稀释应参照所用肉毒诊断血清的效价。

⑤试验动物的观察可按阳性结果的出现随时结束,以缩短观察时间;唯有出现阴性结果时,应保留充分的观察时间。

(二)肉毒梭菌的检测(增菌产毒培养试验)

取庖肉培养基 3 支,煮沸 10～15 min,做如下处理:

①第 1 支:急速冷却,接种检样均质液 1～2 mL;

②第 2 支:冷却至 60℃,接种检样,继续于 60℃保温 10 min,急速冷却;

③第 3 支:接种检样,继续煮沸加热 10 min,急速冷却。

以上接种物于 30℃培养 5 d,若无生长,可再培养 10 d。培养到期,若有生长,取培养液离心,以其上清液进行毒素检测试验,方法同(一),阳性结果证明检样中有肉毒梭菌存在。

三、分离培养

选取经毒素检测试验证实含有肉毒梭菌的前述增菌产毒培养物(必要时可重复一次适宜的加热处理)接种卵黄琼脂平板,35℃厌氧培养 48 h。肉毒梭菌在卵黄琼脂平板上生长时,菌落及周围培养基表面覆盖着特有的虹彩样(或珍珠层样)薄层,但 G 型菌无此现象。

根据菌落形态及菌体形态挑取可疑菌落,接种庖肉培养基,于 30℃培养 5 d,进行毒素检测及培养特性检查确证试验。

1. 毒素检测

试验方法同(一)肉毒毒素检测。

2. 培养特性检查

接种卵黄琼脂平板,分成 2 份,分别在 35℃的需氧和厌氧条件下培养 48 h,观察生长情况及菌落形态。肉毒梭菌只有在厌氧条件下才能在卵黄琼脂平板上生长并形成具有上述特征的菌落,而在需氧条件下则不生长。

3. 注意事项

为检出蜂蜜中存在的肉毒梭菌,蜂蜜检样需预温 37℃(流质蜂蜜),或 52～53℃(晶质蜂蜜),充分搅拌后立即称取 20 g,溶于 100 mL 灭菌蒸馏水(37℃或 52～53℃),搅拌稀释,以 8 000～10 000 r/min,离心 30 min(20℃),沉淀,加灭菌蒸馏水 1 mL,充分摇匀,等分各半,接种庖肉培养基(8～10 mL)各一支,分别在 30℃及 37℃下厌氧培养 7 d,按(二)进行肉毒毒素检测。

【知识链接】

肉毒梭菌广泛在自然界,引起中毒的食品有腊肠、火腿、鱼及鱼制品和罐头食品等。在美国以罐头发生中毒较多,日本以鱼制品较多,在我国主要与发酵食品有关,如臭豆腐、豆瓣酱、面酱、豆豉等。

肉毒杆菌毒素也被称为肉毒毒素或肉毒杆菌素,是由肉毒杆菌在繁殖过程中所产生的一种神经毒素蛋白。肉毒杆菌毒素并非由活着的肉毒杆菌释放,而是先在肉毒杆菌细胞内产生无毒的前体毒素,在肉毒杆菌死亡自溶后前体毒素游离出来,经肠道中的胰蛋白酶或细菌产生的蛋白酶激活后方始具有毒性。

肉毒梭菌是厌氧性梭状芽孢杆菌属的一种,实际上,肉毒梭菌有 A、B、C、D、E、F 和 G 7 种型,在此我们只讨论 A 型和 E 型,A 型是分解蛋白型的代表,而 E 型是代表非分解蛋白型的一类,这两类菌的区别是根据细菌分解蛋白的能力。引起食物中毒是由于肉毒梭菌在食品中于厌氧状态下产生外毒素(肉毒毒素)所致的毒素型中毒。

肉毒杆菌毒素作用的机理是阻断神经末梢分泌能使肌肉收缩的乙酰胆碱,从而达到麻痹肌肉的效果。人们食入和吸收这种毒素后,神经系统将遭到破坏,将会出现头晕、呼吸困难和肌肉乏力等症状。肉毒杆菌毒素可被用于生产生化武器。

该菌是致死性最高的病原体之一。感染剂量极其低,每个人都易感。摄食 $18\sim36$ h 后发病为典型病症,但不典型的可在 $4\sim8$ d 不等。症状为虚弱,眩晕,伴随视觉成双,渐进性说话、呼吸和吞咽困难。也许会出现腹胀和便秘。毒素最终引起麻痹,呈渐进对称性、自上而下,开始是眼部和脸部,进而到咽部、胸部和四肢。一旦膈肌和胸肌变为麻痹,就不能进行呼吸,结果窒息而死。治疗包括早期注射抗毒素和使用机械呼吸帮助器。不注射抗毒素时死亡率高,死亡几乎是不可避免的。

【知识拓展】

金黄色葡萄球菌为革兰氏阳性球菌,生长时呈不规则簇状,产生高度热稳定的葡萄球菌肠毒素。葡萄球菌食物中毒,在我国食物中毒事件中仅次于沙门氏菌和副溶血弧菌;在美国是最重要的食源性疾病之一,每年约花 1.5 亿美元的医疗费,并损失生产力。

金黄色葡萄球菌中毒发病迅速,通常在摄食后的 4 h 之内,最常见的症状是恶心、呕吐、腹绞痛、腹泻和虚脱。通常需要 2 d 能恢复,但严重病例可能持续长一些。一般认为葡萄球菌食物中毒为轻度、能自愈、死亡率低的疾病,但对于婴儿,老人和严重虚弱的个体易引起死亡。感染剂量为少于 1.0 mg 毒素,即食品中葡萄球菌数达到 1.0×10^5 时产生的毒素水平。

人和动物是葡萄球菌的主要宿主,但也见于空气、灰尘、污水和水中,至少一半健康的人体中,在鼻腔、咽、头发和皮肤上存在有葡萄球菌。食品加工人员是主要来源,但食品设备和食品周围环境也是该细菌的来源。

葡萄球菌涉及的食品包括禽、肉、沙拉、烤制品和乳制品。由于卫生不良和温度控制不当,已暴发过几起葡萄球菌中毒,涉及的食品为奶油夹心糕点,鸡蛋、鸡、金枪鱼、土豆沙拉和通心面。

金黄色葡萄球菌能在其他任何一种食源性病原体生长的最低水活度(0.85)下生长和产生毒素,而且金黄色葡萄球菌和 A 型肉毒梭菌及李斯特菌一样,相当耐盐,在盐浓度 10％时也能产生毒素。因为金黄色葡萄球菌与在生的食品中原正常菌群竞争力不强,所以其能在蒸煮过的食品和盐制的食品中生长,因为盐抑制了腐败性细菌。鉴于金黄色葡萄球菌为兼性厌氧菌,减少氧气包装也会给其带来有利的生长竞争条件。

控制葡萄球菌最好的办法就是保证员工良好卫生,最大程度避免接触温度控制不当的环境。记住细菌能被热杀死,而毒素则不能被灭活,甚至是高温热处理也不行。

以下简要介绍进出口食品中金黄色葡萄球菌肠毒素 A 检测方法。

一、检测原理

SDS(十二烷基磺酸钠)与蛋白质分子结合形成带负电荷的蛋白质-SDS 复合物。在电场的作用下,蛋白质-SDS 复合物向带有异相电荷的电极移动,根据聚丙烯酰胺凝胶分子筛效应,复合物迁移的速度与其相对分子质量成负相关。将电泳分离的组分转移并固定在化学合成膜等固相载体后,以特定的免疫反应以及显色系统分析印迹。参照标准 SNT 2416—2010。

二、实验室生物安全要求

①实验室应按照 UB 19439 对生物安全 2 级(BSL-2)实验室的生物安全要求执行。

②当进行可能产生气溶胶或液体溅出的操作时,或者可能产生大量毒素的实验时,除①外,应同时按照 UB 19489 对 BSL-3 安全设备和个体防护的要求执行。

③使用过的实验用品应按照 UB 19489 对废弃物进行无害化处理。

三、设备和材料

①垂直凝胶系统。

②转移系统。

③电泳仪:恒压不低于 200 V,恒流不低于 400 mA。推荐使用带有计时器的电源。

④离心机:适用 1.5 mL 离心管,转速不低于 10 000 r/min。

⑤均质器。

⑥硝酸纤维膜。

⑦涡漩振荡器。

⑧扫描仪:推荐辨析率不低于 600 DPI。

⑨离心管:1.5 mL。

四、试剂

①SEA 标准物质(Sigma 59399)、抗 SEA 血清(Sigma 57656)、抗血清碱性磷酸酶(Sigma A2556)。

②Marker:6-200 kDa。

③BCIP/NBT 对甲苯胺蓝/氯化硝基四氮唑蓝。

④TEMED 四甲基二乙胺。

⑤甲醇:分析纯。

⑥异丁醇:分析纯。

⑦吐温-20。

⑧聚丙烯酰胺凝胶贮液:丙烯酰胺 30 g、甲叉双丙烯酰胺 0.8 g、蒸馏水 100 mL,将各成分溶解于蒸馏水,过滤后置棕色瓶中 4℃可贮存 30～60 d。

⑨10%(质量浓度)过硫酸铵:铝膜覆盖放置 1 周后使用。

⑩20%(质量浓度)十二烷基磺酸钠。

⑪缓冲液 I:将 181.6 g Tris base 溶解于 250 mL 蒸馏水,加入 40 mL 6 mol/L 盐酸加水定容至 500 mL。缓冲液 II:将 15.1 g Tris base 溶解于 50 mL 蒸馏水,加入 18 mL 6 mol/L 盐酸加水定容至 100 mL。

⑫10×电泳缓冲液:将 121 g Tris base 和 567 g 甘氨酸溶解于 4 L 蒸馏水,搅拌至完全溶解。加入 40 g 十二烷基磺酸钠。

③点样缓冲液：将 12.5 mL 1.0 mol/L Tris pH＝7、10 mL 甘油和 5 mL β-巯基乙醇。加水定容至 40 mL。再加入 10 mL 20％十二烷基磺酸钠和 25 mg 溴酚蓝。

④10×转移缓冲液：将 121 g Tris base 和 567 g 甘氨酸溶解于 4 L 蒸馏水，搅拌至完全溶解。

⑮1×转移缓冲液：将 400 mL 10×转移缓冲液和 2 800 mL 蒸馏水混合，再加 800 mL 甲醇。

⑯封闭缓冲液：将 116 g 氯化钠和 3 L 蒸馏水混合。再加入 40 mL 1.0 mol/L Tris pH＝8 搅拌至完全溶解。加入 20 mL 吐温-20 轻轻的搅拌，加水定容至 4 L。

⑰1 mol/L Tris pH＝7：将 121.1 g Tris base 溶解于 750 mL 蒸馏水。用 6 mol/L 盐酸调节 pH 至 7，加水定容至 1 L。

⑱1 mol/L Tris pH＝8：将 121.1 g Tris base 溶解于 750 mL 蒸馏水。用 6 mol/L 盐酸调节 pH 至 8，加水定容至 1 L。

⑲12.5％分离胶：缓冲液Ⅰ：2.8 mL；蒸馏水：1.5 mL；20％（质量浓度）十二烷基磺酸钠：50 μL；10％（质量浓度）过硫酸铵：30 μL；TEMED：30 μL；聚丙烯酰胺凝胶贮液：3.1 mL。将各成分均匀混合，最后加入聚丙烯酰胺凝胶贮液。分离胶溶液中过硫酸铵和 TEMED 的比例越低，凝固时间越长。其使用量可根据实际需要调整。

⑳浓缩胶：缓冲液Ⅱ：0.625 mL；蒸馏水：1.5 mL；20％（质量浓度）十二烷基磺酸钠：30 μL；10％（质量浓度）过硫酸铵：20 μL；TEMED：20 μL；聚丙烯酰胺凝胶贮液：0.375 mL。将各成分均匀混合，最后加入聚丙烯酰胺凝胶贮液。

五、检验程序

金黄色葡萄球菌肠毒素 A 检验程序如图 6-6 所示。

六、检验步骤

1. 样品制备和对照设置

（1）检样　以无菌操作取液体检样 300 μL，加入等体积点样缓冲液，90℃加热 2 min，离心 1 min。

以无菌操作取固体检样 1 g 进行均质，加入 1 mL 生理盐水再均质。吸取 300 μL 均质液，黏稠样品则可称取 300 mg，加入等体积点样缓冲液成为样品制备液，90℃加热 2 min，离心 1 min。

（2）阳性对照　将 SEA 标准物质用蒸馏水溶解制成 1 μg/mL 贮藏液。取 1 μL 贮藏液，用蒸馏水稀释至 20 μL，使终浓度为 0.05 μg/mL，加入等体积点样缓冲液。90℃加热 2 min，离心 1 min。

（3）空白对照　取 20 μL 蒸馏水加入等体积点样缓冲液，90℃加热 2 min，离心 1 min。

2. 制胶

①安装制胶配件。快速向配件内灌注分离胶溶液至 2/3 处，立即用蒸馏水覆盖分离胶液面至配件顶端。静置大约 15 min，待凝胶凝固后与蒸馏水之间形成清晰的界线，吸干蒸馏水。

②向配件内凝固的分离胶上灌注浓缩胶溶液至配件顶端，插入 1.5 mm 样梳。凝固后小心地移除样梳，用水冲洗齿孔并快速排干。

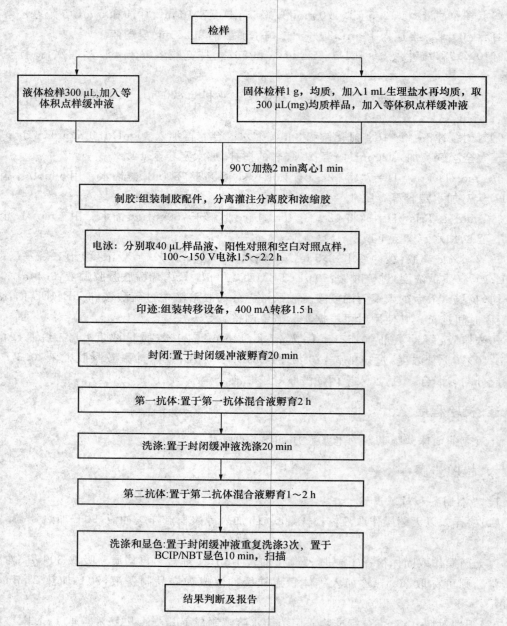

图 6-6　金黄色葡萄球菌肠毒素 A 检验程序示意图

3. 电泳

①组装电泳槽,向电泳槽内注入电泳缓冲液。分别取 40 μL 样品制备液、阳性对照和空白对照,点样。每个样品之间以及与阳性对照之间尽量分开以减少交叉污染。在阳性对照邻近的齿孔加入 5 μL Marker。

②选择合适的电压(100～150 V)进行电泳,电泳时间为 1.5～2.2 h 或电泳至溴酚蓝到达分离胶底部。

4. 印迹

①组装转移设备。将硝酸纤维膜置于 $1\times$ 转移缓冲液中预处理不少于 5 min。将电泳凝胶和硝酸纤维膜组装于转移槽。组装应在转移缓冲液中操作，以免产生气泡。

②向冷却槽加入冰块，检查电极方向并连接电线。400 mA 恒流转移，转移时间为 1.5 h。确认 Marker 转移成功后弃去凝胶。

5. 免疫反应

（1）封闭　将纤维膜置于 20 mL 封闭缓冲液中轻轻摇动孵育 20 min。

（2）第一抗体　将抗 SEA 血清与封闭缓冲液按照 1∶1 000 比例混合。将纤维膜置于 10 mL 该混合液中轻轻摇动孵育 2 h。

（3）洗涤　将纤维膜置于 20 mL 封闭缓冲液轻轻摇动洗涤 20 min。

（4）第二抗体　将抗血清碱性磷酸酶与封闭缓冲液按照 1∶1 000 比例混合。将纤维膜置于 10 mL 该混合液中轻轻摇动孵育 1~2 h。

（5）洗涤和显色　将纤维膜置于 20 mL 封闭缓冲液轻轻摇动洗涤 20 min，重复洗涤 3 次。加入 10 mL BCIP/NBT 显色剂，显色时间为 10 min 左右，也可视具体情况而定。干燥纤维膜，扫描并保存图片。

七、结果判断

①阳性对照出现预期条带，空白对照未出现条带，待测样品未出现相应大小的条带，则报告阴性结果。

②阳性对照出现预期条带，空白对照未出现条带，待测样品出现相应大小的条带，则需要按 GB/T 4789.10—2003 对 SEA 的检验要求进行确认试验。确认试验结果是最终报告结果的依据。

③本试验检验灵敏度为 0.05 $\mu g/mL$。

◆项目小结

（一）学习内容

常见的微生物毒素检测如表 6-6 所示。

表 6-6　常见的微生物毒素检测表

检测项目	检测标准
黄曲霉毒素 M_1	GB 541337—2010
黄曲霉毒素 B_1	GB/T 5009.22—2003
黄曲霉毒素 B_1、B_2、G_1、G_2	GB/T 5009.23—2006
赭曲霉毒素 A	GB/T 23502—2009
谷物和大豆中赭曲霉毒素 A	GB/T 5009.96—2003
杂色曲霉素	GB/T 5009.25—2003
T-2 毒素	GB/T 5009.118—2008
肉毒梭菌及肉毒毒素	GB/T 4789.12—2003
金黄色葡萄球菌毒素	SNT 2416—2010

(二)学习方法体会

检测试剂配制比较复杂,检测时间长,检测过程复杂,需要耐心细致。

◈项目检测

一、选择题

1. 黄曲霉毒素的产毒菌株,主要是( )。

A. 寄生曲霉　　　　B. 黄曲霉　　　　C. 构巢曲霉　　　　D. 烟曲霉

2. 与食品安全关系密切的霉菌,系主要来自( )。

A. 曲霉属　　　　B. 根霉属　　　　C. 青霉属　　　　D. 镰刀菌属

3. 用于测定黄曲霉毒素的薄层板是( )。

A. 硅胶 G 薄层板　　B. 聚酰胺薄层板　　C. 硅藻土薄层板　　D. Al_2O_3 薄层板

4. 样品中的黄曲霉素 B_1 经提取、浓缩、薄层分离后,在( )nm 波长下产生( )色荧光。

A. 365、蓝紫　　　　B. 365、黄绿　　　　C. 253、蓝紫　　　　D. 253、黄绿

5. 对硅胶 G 薄层板进行活化的温度是( )。

A. 20℃　　　　B. 80℃　　　　C. 200℃　　　　D. 100℃

6. 目前,黄曲霉毒素已发现的十多种,中毒性最大的是( )。

A. 黄曲霉毒素 G_1 　　　　　　　　B. 黄曲霉毒素 B_2

C. 黄曲霉毒素 G_2 　　　　　　　　D. 黄曲霉毒素 B_1

7. 青霉素类抗生素的作用机理是( )。

A. 影响细菌细胞壁的合成　　　　　　B. 影响细菌细胞膜的通气性

C. 影响细菌蛋白质的合成　　　　　　D. 影响细菌核酸的合成

二、填空题

1. 薄层层析法测定 AFT B_1 时,4 个样点分别是:第一点,第二点,20 μL 样液;第三点,第四点,20 μL 样液＋10 μL 0.2 μg/mL AFT B_1 标液。对测定 AFT B_1 所用容器、仪器,应先用＿＿＿＿＿＿＿溶液处理后再进行清洗。

2. 毒性及致癌性最强的黄曲霉毒素类型为。薄层色谱法测定食品中黄曲霉毒素 B_1 其最低检出量为＿＿＿＿＿＿＿；最低检出浓度为＿＿＿＿＿＿＿；对残留的黄曲霉毒素应先用＿＿＿＿＿＿＿处理后,方可倒到指定的地方。

项目七 食品中微生物污染的安全检测

◆学习目的

掌握大肠菌群、菌落总数的检测方法。

掌握食品中常见致病菌的检测方法。

◆知识要求

1. 掌握菌落总数的检测方法。

2. 掌握大肠菌群的检测方法。

3. 掌握食品中常见致病菌的检测方法。

◆技能要求

1. 能够正确检测菌落总数、大肠菌群等。

2. 能够正确检测常见致病菌。

◆项目导入

大肠菌群是评价食品卫生质量的重要指标之一,目前已被广泛应用于食品安全管理之中。大肠菌群多存在于温血动物粪便、人类经常活动的场所以及有粪便污染的地方,大肠菌群数的高低,表明了食品及食品生产过程中受粪便污染的程度。

菌落总数主要是作为判定食品被细菌污染程度的标志,也可以应用这一方法观察食品中细菌的性质以及细菌在食品中的繁殖动态,以便对被检样品进行卫生学评价时提供科学依据。

沙门氏菌、单增李斯特氏菌、大肠杆菌O157、弯曲杆菌等食物致病菌已成为危害食品安全的头号杀手。如何准确地检测这些致病菌,是有效遏制这些杀手、确保食品安全的首要任务。

任务一 奶粉中菌落总数的测定

【检测要点】

1. 掌握样品稀释的能力。

2. 掌握基本操作技术。

【仪器材料】

除微生物实验室常规灭菌及培养设备外,其他设备和材料如下。

①恒温培养箱:(36 ± 1)℃,(30 ± 1)℃。

②冰箱:$2\sim5$℃。

③恒温水浴箱:(46±1)℃。

④天平:感量为 0.1 g。

⑤均质器。

⑥振荡器。

⑦无菌吸管:1 mL(具 0.01 mL 刻度)、10 mL(具 0.1 mL 刻度)或微量移液器及吸头。

⑧无菌锥形瓶:容量 250 mL、500 mL。

⑨无菌培养皿:直径 90 mm。

⑩pH 计或 pH 比色管或精密 pH 试纸。

⑪放大镜或菌落计数器。

培养基:

①平板计数琼脂培养基。

胰蛋白胨	5.0 g
酵母浸膏	2.5 g
葡萄糖	1.0 g
琼脂	15.0 g
蒸馏水	1 000 mL

将上述成分加于蒸馏水中,煮沸溶解,调节 pH(7.0±0.2)。分装试管或锥形瓶,121℃高压灭菌 15 min。

②磷酸盐缓冲液。

磷酸二氢钾(KH_2PO_4)	34.0 g
蒸馏水	500 mL

贮存液:称取 34.0 g 的磷酸二氢钾溶于 500 mL 蒸馏水中,用大约 175 mL 的 1 mol/L 氢氧化钠溶液调节 pH 7.2,用蒸馏水稀释至 1 000 mL 后贮存于冰箱。

稀释液:取贮存液 1.25 mL,用蒸馏水稀释至 1 000 mL,分装于适宜容器中,121℃高压灭菌 15 min。

③无菌生理盐水。

氯化钠	8.5 g
蒸馏水	1 000 mL

称取 8.5 g 氯化钠溶于 1 000 mL 蒸馏水中,121℃高压灭菌 15 min。

【工作过程】

一、检验程序

菌落总数的检验程序如图 7-1 所示。

二、操作步骤

1. 样品的稀释

①称取 25 g 样品置盛有 225 mL 磷酸盐缓冲液或生

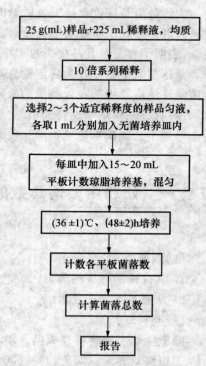

图 7-1　菌落总数的检验程序

理盐水的无菌均质杯内,8 000～10 000 r/min 均质 1～2min,或放入盛有 225 mL 稀释液的无菌均质袋中,用拍击式均质器拍打 1～2 min,制成 1:10 的样品匀液。

②用 1 mL 无菌吸管或微量移液器吸取 1:10 样品匀液 1 mL,沿管壁缓慢注于盛有 9 mL 稀释液的无菌试管中(注意吸管或吸头尖端不要触及稀释液面),振摇试管或换用 1 支无菌吸管反复吹打使其混合均匀,制成 1:100 的样品匀液。制备 10 倍系列稀释样品匀液。每递增稀释一次,换用 1 次 1 mL 无菌吸管或吸头。

③根据对样品污染状况的估计,选择 2～3 个适宜稀释度的样品匀液(液体样品可包括原液),在进行 10 倍递增稀释时,吸取 1 mL 样品匀液于无菌平皿内,每个稀释度做两个平皿。同时,分别吸取 1 mL 空白稀释液加入两个无菌平皿内作空白对照。

④及时将 15～20 mL 冷却至 46℃的平板计数琼脂培养基[可放置于(46±1)℃恒温水浴箱中保温]倾注平皿,并转动平皿使其混合均匀。

2. 培养

①待琼脂凝固后,将平板翻转,(36±1)℃培养(48±2)h。

②如果样品中可能含有在琼脂培养基表面弥漫生长的菌落时,可在凝固后的琼脂表面覆盖一薄层琼脂培养基(约 4 mL),凝固后翻转平板,(36±1)℃培养(48±2)h。

3. 菌落计数

可用肉眼观察,必要时用放大镜或菌落计数器,记录稀释倍数和相应的菌落数量。菌落计数以菌落形成单位(CFU)表示。

①选取菌落数在 30～300 CFU、无蔓延菌落生长的平板计数菌落总数。低于 30 CFU 的平板记录具体菌落数,大于 300 CFU 的可记录为多不可计。每个稀释度的菌落数应采用 2 个平板的平均数。

②其中一个平板有较大片状菌落生长时,则不宜采用,而应以无片状菌落生长的平板作为该稀释度的菌落数;若片状菌落不到平板的 1/2,而其余 1/2 中菌落分布又很均匀,即可计算半个平板后乘以 2,代表一个平板菌落数。

③当平板上出现菌落间无明显界线的链状生长时,则将每条单链作为一个菌落计数。

三、结果处理

(一)菌落总数的计算方法

①若只有 1 个稀释度平板上的菌落数在适宜计数范围内,计算 2 个平板菌落数的平均值,再将平均值乘以相应稀释倍数,作为每克(毫升)样品中菌落总数结果。

②若有 2 个连续稀释度的平板菌落数在适宜计数范围内时,按下式计算:

$$N = \frac{N_0}{(n_1 + 0.1n_2) \times d} \qquad (式 7\text{-}1)$$

式中:N 为样品中菌落数;N_0 为平板(含适宜范围菌落数的平板)菌落数之和;n_1 为第一稀释度(低稀释倍数)平板个数;n_2 为第二稀释度(高稀释倍数)平板个数;d 为稀释因子(第一稀释度)。

③若所有稀释度的平板上菌落数均大于 300 CFU,则对稀释度最高的平板进行计数,其他平板可记录为多不可计,结果按平均菌落数乘以最高稀释倍数计算。

④若所有稀释度的平板菌落数均小于 30 CFU,则应按稀释度最低的平均菌落数乘以稀释倍数计算。

⑤若所有稀释度(包括液体样品原液)平板均无菌落生长,则以小于 1 乘以最低稀释倍数计算。

⑥若所有稀释度的平板菌落数均不在 30～300 CFU,其中一部分小于 30 CFU 或大于 300 CFU 时,则以最接近 30 CFU 或 300 CFU 的平均菌落数乘以稀释倍数计算。

（二）菌落总数的报告

①菌落数小于 100 CFU 时,按"四舍五入"原则修约,以整数报告。

②菌落数大于或等于 100 CFU 时,第 3 位数字采用"四舍五入"原则修约后,取前 2 位数字,后面用 0 代替位数;也可用 10 的指数形式来表示,按"四舍五入"原则修约后,采用两位有效数字。

③若所有平板上为蔓延菌落而无法计数,则报告菌落蔓延。

④若空白对照上有菌落生长,则此次检测结果无效。

⑤称重取样以 CFU/g 为单位报告,体积取样以 CFU/mL 为单位报告。

【知识链接】

（一）基本概念

菌落总数:食品检样经过处理,在一定条件下(如培养基、培养温度和培养时间等)培养后,所得每克(毫升)检样中形成的微生物菌落总数。参照国标 GB 4789.2—2010。

（二）样品处理

固体和半固体样品:称取 25 g 样品置盛有 225 mL 磷酸盐缓冲液或生理盐水的无菌均质杯内,8 000～10 000 r/min 均质 1～2 min,或放入盛有 225 mL 稀释液的无菌均质袋中,用拍击式均质器拍打 1～2 min,制成 1∶10 的样品匀液。

液体样品:以无菌吸管吸取 25 mL 样品置盛有 225 mL 磷酸盐缓冲液或生理盐水的无菌锥形瓶(瓶内预置适当数量的无菌玻璃珠)中,充分混匀,制成 1∶10 的样品匀液。

（三）培养

①待琼脂凝固后,将平板翻转,(36±1)℃培养(48±2)h。水产品(30±1)℃培养(72±3)h。

②如果样品中可能含有在琼脂培养基表面弥漫生长的菌落时,可在凝固后的琼脂表面覆盖一薄层琼脂培养基(约 4 mL),凝固后翻转平板,(36±1)℃培养(48±2)h。水产品(30±1)℃培养(72±3)h。

任务二　奶粉中大肠菌群计数

【检测要点】

1. 掌握样品稀释的能力。

2. 掌握基本操作技术。

【仪器设备】

见本任务下的知识拓展。

【工作过程】

一、检验程序

大肠菌群平板计数法的检验程序见图 7-2。

二、样品稀释

①称取 25 g 样品,放入盛有 225 mL 磷酸盐缓冲液或生理盐水的无菌均质杯内,8 000～10 000 r/min均质 1～2 min,或放入盛有 225 mL 磷酸盐缓冲液或生理盐水的无菌均质袋中,用拍击式均质器拍打 1～2 min,制成 1:10 的样品匀液。样品匀液的 pH 应为6.5～7.5,必要时分别用 1 mol/L NaOH 或 1 mol/L HCl 调节。

②用 1 mL 无菌吸管或微量移液器吸取 1:10 样品匀液 1 mL,沿管壁缓缓注入 9 mL 磷酸盐缓冲液或生理盐水的无菌试管中(注意吸管或吸头尖端不要触及稀释液面),振摇试管或换用 1 支 1 mL 无菌吸管反复吹打,使其混合均匀,制成 1:100 的样品匀液。

③根据对样品污染状况的估计,按上述操作,依次制成十倍递增系列稀释样品匀液。每递增稀释 1 次,换用 1 支 1 mL 无菌吸管或吸头。从制备样品匀液至样品接种完毕,全过程不得超过 15 min。

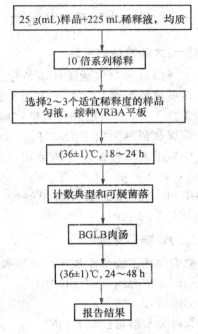

图 7-2　大肠菌群平板计数法检验程序

流程图内容：
25 g(mL)样品+225 mL稀释液，均质
→ 10 倍系列稀释
→ 选择2～3个适宜稀释度的样品匀液，接种VRBA平板
→ (36±1)℃，18～24 h
→ 计数典型和可疑菌落
→ BGLB肉汤
→ (36±1)℃，24～48 h
→ 报告结果

三、平板计数

①选取 2～3 个适宜的连续稀释度,每个稀释度接种 2 个无菌平皿,每皿 1 mL。同时取 1 mL 生理盐水加入无菌平皿作空白对照。

②及时将 15～20 mL 冷至 46℃的结晶紫中性红胆盐琼脂(VRBA)约倾注于每个平皿中。小心旋转平皿,将培养基与样液充分混匀,待琼脂凝固后,再加 3～4 mL VRBA 覆盖平板表层。翻转平板,置于(36±1)℃培养(18～24) h。

四、平板菌落数的选择

选取菌落数在 15～150 CFU 的平板,分别计数平板上出现的典型和可疑大肠菌群菌落。典型菌落为紫红色,菌落周围有红色的胆盐沉淀环,菌落直径为 0.5 mm 或更大。

五、证实试验

从 VRBA 平板上挑取 10 个不同类型的典型和可疑菌落,分别移种于 BGLB 肉汤管内,(36±1)℃培养 24～48 h,观察产气情况。凡 BGLB 肉汤管产气,即可报告为大肠菌群阳性。

六、结果处理

大肠菌群平板计数的报告。

经最后证实为大肠菌群阳性的试管比例乘以计数的平板菌落数,再乘以稀释倍数,即为每克(毫升)样品中大肠菌群数。

【知识拓展】

一、食品中大肠菌群的计数

(一)大肠菌群的来源

大肠菌群主要包括肠杆菌科中的埃希氏菌属、柠檬酸细菌属、克雷伯氏菌属和肠杆菌属。这些属的细菌均来自于人和温血动物的肠道,需氧与兼性厌氧。不形成芽孢,在35～39℃条件下,48 h内能发酵乳糖产酸产气,革兰氏阴性。大肠菌群中以埃希氏菌属为主,埃希氏菌属被俗称为典型大肠杆菌。大肠菌群都是直接或间接地来自人和温血动物的粪便。本群中典型大肠杆菌以外的菌属,除直接来自粪便外,也可能来自典型大肠杆菌排出体外7～30 d后在环境中的变异。所以,食品中检出大肠菌群,表示食品受到人和温血动物的粪便污染,其中典型大肠杆菌为粪便近期污染,其他菌属则可能为粪便的陈旧污染。参照GB 4789.3—2010。

(二)设备和材料

除微生物实验室常规灭菌及培养设备外,其他设备和材料如下。

①恒温培养箱:(36±1)℃。

②冰箱:2～5℃。

③恒温水浴箱:(46±1)℃。

④天平:感量0.1 g。

⑤均质器。

⑥振荡器。

⑦无菌吸管:1 mL(具0.01 mL刻度)、10 mL(具0.1 mL刻度)或微量移液器及吸头。

⑧无菌锥形瓶:容量500 mL。

⑨无菌培养皿:直径90 mm。

⑩pH计或pH比色管或精密pH试纸。

⑪菌落计数器。

(三)培养基和试剂

(1)月桂基硫酸盐胰蛋白胨(LST)肉汤

胰蛋白胨或胰酪胨	20.0 g
氯化钠	5.0 g
乳糖	5.0 g
磷酸氢二钾(K_2HPO_4)	2.75 g
磷酸二氢钾(KH_2PO_4)	2.75 g
月桂基硫酸钠	0.1 g

蒸馏水	1 000 mL

将上述成分溶解于蒸馏水中,调节 pH 6.8±0.2。分装到有玻璃小倒管的试管中,每管 10 mL。121℃高压灭菌 15 min。

(2)煌绿乳糖胆盐(BGLB)肉汤

蛋白胨	10.0 g
乳糖	10.0 g
牛胆粉(oxgall 或 oxbile)溶液	200 mL
0.1%煌绿水溶液	13.3 mL
蒸馏水	800 mL

将蛋白胨、乳糖溶于约 500 mL 蒸馏水中,加入牛胆粉溶液 200 mL(将 20.0 g 脱水牛胆粉溶于 200 mL 蒸馏水中,调节 pH 至 7.0～7.5),用蒸馏水稀释到 975 mL,调节 pH＝7.2±0.1,再加入 0.1%煌绿水溶液 13.3mL,用蒸馏水补足到 1 000 mL,用棉花过滤后,分装到有玻璃小倒管的试管中,每管 10 mL。121℃高压灭菌 15 min。

(3)结晶紫中性红胆盐琼脂(VRBA)

蛋白胨	7.0 g
酵母膏	3.0 g
乳糖	10.0 g
氯化钠	5.0 g
胆盐或 3 号胆盐	1.5 g
中性红	0.03 g
结晶紫	0.002 g
琼脂	15～18 g
蒸馏水	1 000 mL

将上述成分溶于蒸馏水中,静置几分钟,充分搅拌,调节 pH＝7.4±0.1。煮沸 2 min,将培养基冷却至 45～50℃倾注平板。使用前临时制备,不得超过 3 h。

(4)磷酸盐缓冲液

磷酸二氢钾(KH_2PO_4)	34.0 g
蒸馏水	500 mL

贮存液:称取 34.0 g 的磷酸二氢钾溶于 500 mL 蒸馏水中,用大约 175 mL 的 1 mol/L 氢氧化钠溶液调节 pH 至 7.2,用蒸馏水稀释至 1 000 mL 后贮存于冰箱。

稀释液:取贮存液 1.25 mL,用蒸馏水稀释至 1 000 mL,分装于适宜容器中,121℃高压灭菌 15 min。

(5)无菌生理盐水

氯化钠	8.5 g
蒸馏水	1 000 mL

称取 8.5 g 氯化钠溶于 1 000 mL 蒸馏水中,121℃高压灭菌 15 min。

(6)无菌 1 mol/L NaOH　称取 40 g 氢氧化钠溶于 1 000 mL 蒸馏水中,121℃高压灭菌 15 min。

(7)无菌 1 mol/L HCl　移取浓盐酸 90 mL,用蒸馏水稀释至 1 000 mL,121℃高压灭菌

15 min。

（四）检验程序

大肠菌群 MPN 计数的检验程序见图 7-3。

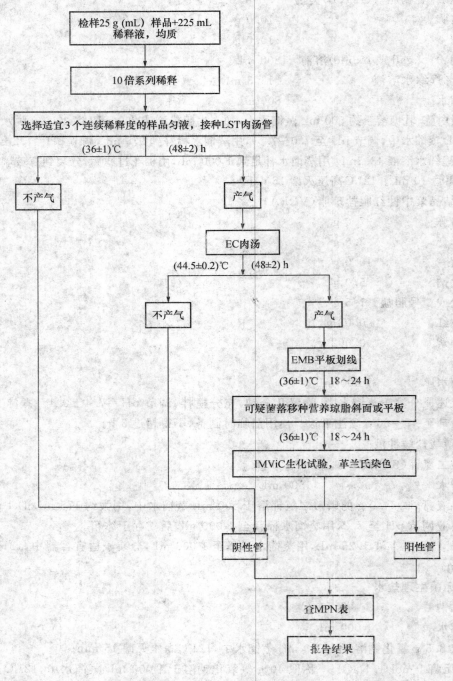

图 7-3　大肠菌群 MPN 计数检验程序

(五)操作步骤

1. 样品的稀释

①称取 25 g 样品,放入盛有 225 mL 磷酸盐缓冲液或生理盐水的无菌均质杯内,8 000～10 000 r/min 均质 1～2 min,或放入盛有 225 mL 磷酸盐缓冲液或生理盐水的无菌均质袋中,用拍击式均质器拍打 1～2 min,制成 1：10 的样品匀液。样品匀液的 pH 应在 6.5～7.5,必要时分别用 1 mol/L NaOH 或 1 mol/L HCl 调节。

②用 1 mL 无菌吸管或微量移液器吸取 1：10 样品匀液 1 mL,沿管壁缓缓注入 9 mL 磷酸盐缓冲液或生理盐水的无菌试管中(注意吸管或吸头尖端不要触及稀释液面),振摇试管或换用 1 支 1 mL 无菌吸管反复吹打,使其混合均匀,制成 1：100 的样品匀液。

③根据对样品污染状况的估计,按上述操作,依次制成 10 倍递增系列稀释样品匀液。每递增稀释 1 次,换用 1 支 1 mL 无菌吸管或吸头。从制备样品匀液至样品接种完毕,全过程不得超过 15 min。

2. 初发酵试验

每个样品,选择 3 个适宜的连续稀释度的样品匀液(液体样品可以选择原液),每个稀释度接种 3 管月桂基硫酸盐胰蛋白胨(LST)肉汤,每管接种 1 mL(如接种量超过 1 mL,则用双料 LST 肉汤),(36±1)℃培养(24±2) h,观察倒管内是否有气泡产生,(24±2) h 产气者进行复发酵试验,如未产气则继续培养至(48±2) h,产气者进行复发酵试验。未产气者为大肠菌群阴性。

3. 复发酵试验

用接种环从产气的 LST 肉汤管中分别取培养物 1 环,移种于煌绿乳糖胆盐肉汤(BGLB)管中,(36±1)℃培养(48±2) h,观察产气情况。产气者,计为大肠菌群阳性管。

(六)大肠菌群最可能数(MPN)的报告

按确证的大肠菌群 LST 阳性管数,检索 MPN 表,报告每克(毫升)样品中大肠菌群的 MPN 值如表 7-1 所示。

表 7-1 每克(毫升)检样中大肠菌群最可能数(MPN)检索表

阳性管数			MPN	95％可信限		阳性管数			MPN	95％可信限	
0.10	0.01	0.001		下限	上限	0.10	0.01	0.001		下限	上限
0	0	0	<3.0	—	9.5	1	3	0	16	4.5	42
0	0	1	3.0	0.15	9.6	2	0	0	9.2	1.4	38
0	1	0	3.0	0.15	11	2	0	1	14	3.6	42
0	1	1	6.1	1.2	18	2	0	2	20	4.5	42
0	2	0	6.2	1.2	18	2	1	0	15	3.7	42
0	3	0	9.4	3.6	38	2	1	1	20	4.5	42
1	0	0	3.6	0.17	18	2	1	2	27	8.7	94
1	0	1	7.2	1.3	18	2	2	0	21	4.5	42
1	0	2	11	3.6	38	2	2	1	28	8.7	94
1	1	0	7.4	1.3	20	2	2	2	35	8.7	94
1	1	1	11	3.6	38	2	3	0	29	8.7	94
1	2	0	11	3.6	42	2	3	1	36	8.7	94
1	2	1	15	4.5	42	3	0	0	23	4.6	94

续表 7-1

阳性管数			MPN	95%可信限		阳性管数			MPN	95%可信限	
0.10	0.01	0.001		下限	上限	0.10	0.01	0.001		下限	上限
3	0	1	38	8.7	110	3	2	1	150	37	420
3	0	2	64	17	180	3	2	2	210	40	430
3	1	0	43	9	180	3	2	3	290	90	1 000
3	1	1	75	17	200	3	3	0	240	42	1 000
3	1	2	120	37	420	3	3	1	460	90	2 000
3	1	3	160	40	420	3	3	2	1 100	180	4 100
3	2	0	93	18	420	3	3	3	>1 100	420	—

注 1：本表采用 3 个稀释度[0.1 g(mL)、0.01 g(mL)和 0.001 g(mL)]，每个稀释度接种 3 管。

注 2：表内所列检样量如改用 1 g(mL)、0.1 g(mL)和 0.01 g(mL)时，表内数字应相应降低 10 倍，如改用 0.01 g(mL)、0.001 g(mL)和 0.000 1 g(mL)时，表内数字应相应增高 10 倍，其余类推。

二、商业无菌检验

(一)罐头食品的商业无菌

罐头食品经过适度的热杀菌以后，不含有致病的微生物，也不含有在通常温度下能在其中繁殖的非致病性微生物，这种状态称作商业无菌。

(二)设备和仪器

①冰箱：0～4℃；

②恒温培养箱：(30±1)℃、(36±1)℃,(55±1)℃。

③恒温水浴锅：(46±1)℃。

④显微镜：10×～100×。

⑤架盘天平：0～500 g,精度 0.5 g。

⑥pH 计。

⑦灭菌吸管：1 mL(具 0.01 mL 刻度),10 mL(具 0.1 mL 刻度)。

⑧灭菌平皿：直径 90 mm。

⑨灭菌试管：16 mm×160 mm。

⑩开罐刀和罐头打孔器。

⑪白色搪瓷盘。

⑫灭菌镊子。

(三)培养基和试剂

(1)革兰氏染色液　见 GB/T 4789.28—2003 中 2.2。

(2)庖肉培养基　见 GB/T 4789.28—2003 中 4.67。

(3)溴甲酚紫葡萄糖肉汤

蛋白胨	10 g
牛肉浸膏	3 g
葡萄糖	10 g
氯化钠	5 g

溴甲酚紫	0.04 g(或 1.6%酒精溶液 2 mL)
蒸馏水	1 000 mL

制法:将上述各成分(溴甲酚紫除外)加热搅拌溶解,调至 pH=7.0±0.2,加入溴甲酚紫,分装于带有小倒置管的中号试管中,每管 10 mL,121℃灭菌 10 min。

(4)酸性肉汤

多价蛋白胨	5 g
酵母浸膏	5 g
葡萄糖	5 g
磷酸氢二钾	4 g
蒸馏水	1 000 mL

制法:将以上各成分加热搅拌溶解,调至 pH=5.0±0.2,121℃灭菌 15 min,勿过分加热。

(5)麦芽浸膏汤

麦芽浸膏	15 g
蒸馏水	1 000 mL

制法:将麦芽浸膏在蒸馏水中充分溶解,滤纸过滤,调至 pH=4.7±0.2,分装,121℃灭菌 15 min。如无麦芽浸膏,可按下法制备:用饱满健壮大麦粒在温水中浸透,置温暖处发芽,幼芽长达到 2 cm 时,沥干余水,干透,磨细使成麦芽粉。制备培养基时,取麦芽粉 30 g 加水 300 mL、混匀,在 60~70℃浸渍 1 h,吸出上层水。再同样加水浸渍一次,取上层水,合并两次上层水,并补加水至 1 000 mL,滤纸过滤。调至 pH=4.7±0.2,分装,121℃灭菌 15 min。

(6)锰盐营养琼脂

按 GB/T 4789.28—2003 配制营养琼脂,每 1 000 mL 加入硫酸锰水溶液 1 mL(100 mL 蒸馏水溶 3.08 g 硫酸锰)。观察芽孢形成情况,最长不超过 10 d。

(7)血琼脂　见 GB/T 4789.28—2003 中 4.6。

(8)卵黄琼脂　见 GB/T4789.28—2003 中 4.68。

(四)检验步骤

1. 抽样方法

(1)按杀菌锅抽样　低酸性食品罐头在杀菌冷却完毕后每杀菌锅抽样 2 罐,3 kg 以上的大罐每锅抽 1 罐,酸性食品罐头每锅抽 1 罐,一般一个班的产品组成一个检验批,将各锅的样罐组成 1 个样批送检,每批每个品种取样基数不得少于 1 罐。产品如按锅划分堆放,在遇到由于杀菌操作不当引起问题时,也可以按锅处理。

(2)按生产班(批)次抽样

①取样数为 1/6 000,尾数超过 2 000 者增取 1 罐,每班(批)每个品种不得少于 3 罐。

②某些产品班产量较大,则以 30 000 罐为基数,其取样数按 1/6 000;超过 30 000 罐以上的按 1/20 000 计,尾数超过 4 000 罐者增取 1 罐。

③个别产品产量过小,同品种同规格可合并班次为一批取样,但并班总数不超过 5 000 罐,每个批次取样数不得少于 3 罐。

2. 称量

用电子秤或台天平称量,1 kg 及以下的罐头精确到 1 g,1 kg 以上的罐头精确到 2 g。各罐头的质量减去空罐的平均质量即为该罐头的净重。称量前对样品进行记录编号。

3. 保温

将全部样罐在规定温度下按规定时间进行保温,见表 7-2。保温过程中应每天检查,如有胖听或泄漏等现象,立即剔出做开罐检查。

表 7-2 样品保温时间和温度

罐头种类	温度/℃	时间/d
低酸性罐头食品	36±1	10
酸性罐头食品	30±1	10
预定要输往热带地区(40℃以上)的低酸性食品	55±1	5～7

4. 开罐

取保温过的全部罐头,冷却到常温后,按无菌操作开罐检验。

①将样罐用温水和洗涤剂洗刷干净,用自来水冲洗后擦干。放入无菌室,以紫外光杀菌灯照射 30 min。

②将样罐移置于超净工作台上,用 75%酒精棉球擦拭无代号端,并点燃灭菌(胖听罐不能烧)。用灭菌的卫生开罐刀或罐头打孔器开启(带汤汁的罐头开罐前适当振摇),开罐时不能伤及卷边结构。

③留样:开罐后,用灭菌吸管或其他适当工具以无菌操作取出内容物 10～20 mL(g),移入灭菌容器内,保存于冰箱中。待该批罐头检验得出结论后可弃去。

5. pH 测定

取样测定 pH,与同批中正常罐相比,看是否有显著的差异。

6. 感官检查

在光线充足、空气清洁无异味的检验室中将罐头内容物倾入白色搪瓷盘内,由有经验的检验人员对产品的外观、色泽、状态和气味等进行观察和嗅闻,用餐具按压食品或戴薄指套以手指进行触感,鉴别食品有无腐败变质的迹象。

7. 涂片染色镜检

(1)涂片 对感官或 pH 检查结果认为可疑的,以及腐败时 pH 反应不灵敏的(如肉、禽、鱼类等)罐头样品,均应进行涂片染色镜检。带汤汁的罐头样品可用接种环挑取汤汁涂于载玻片上。固态食品可以直接涂片或用少量灭菌生理盐水稀释后涂片。待干后用火焰固定。油脂性食品涂片自然干燥并火焰固定后,用二甲苯流洗,自然干燥。

(2)染色镜检 用革兰氏染色法染色,镜检,至少观察五个视野,记录细菌的染色反应、形态特征以及每个视野的菌数。与同批的正常样品进行对比,判断是否有明显的微生物增殖现象。

8. 接种培养

①保温期间出现的胖听、泄漏,或开罐检查发现 pH、感官质量异常、腐败变质,进一步镜检发现有异常数量细菌的样罐,均应及时进行微生物接种培养。

对需要接种培养的样罐(或留样)用灭菌的适当工具移出约 1 mL(g)内容物,分别接种培养。接种量约为培养基的 1/10。要求在 55℃培养基管,在接种前应在 55℃水浴中预热至该温度,接种后立即放入 55℃温箱培养。

②低酸性罐头食品(每罐)接种培养基、管数及培养条件见表7-3。

表7-3　低酸性罐头食品的检验

培养基	管数	培养条件/℃	时间/h
庖肉培养基	2	36±1(厌氧)	96～120
庖肉培养基	2	55±1(厌氧)	24～72
溴甲酚紫葡萄糖肉汤(带倒管)	2	36±1(需氧)	96～120
溴甲酚紫葡萄糖肉汤(带倒管)	2	55±1(需氧)	24～72

③酸性罐头食品(每罐)接种培养基、管数及培养条件见表7-4。

表7-4　酸性罐头食品的检验

培养基	管数	培养条件/℃	时间/h
酸性肉汤	2	55±1(需氧)	48
酸性肉汤	2	30±1(需氧)	96
麦芽浸膏汤	2	30±1(需氧)	96

9. 微生物培养检验程序及判定

①将按表7-3或表7-4接种的培养基管分别放入规定温度的恒温箱进行培养,每天观察培养生长情况(图7-4)。

②对在36℃培养有菌生长的溴甲酚紫肉汤管,观察产酸产气情况,并涂片染色镜检。如果是含杆菌的混合培养物或球菌、酵母菌或霉菌的纯培养物,不再往下检验;如仅有芽孢杆菌则判为嗜温性需氧芽孢杆菌;如仅有杆菌无芽孢则为嗜温性需氧杆菌,如需进一步证实是否是芽孢杆菌,可转接于锰盐营养琼脂平板在36℃培养后再作判定。

③对在55℃培养有菌生长的溴甲酚紫肉汤管,观察产酸产气情况,并涂片染色镜检。如有芽孢杆菌,则判为嗜热性需氧芽孢杆菌;如仅有杆菌而无芽孢则判为嗜热性需氧杆菌。如需要进一步证实是否是芽孢杆菌,可转接于锰盐营养琼脂平板,在55℃培养后再作判定。

④对在36℃培养有菌生长的庖肉培养基管,涂片染色镜检,如为不含杆菌的混合菌相,不再往下进行;如有杆菌,带或不带芽孢,都要转接于两个血琼脂平板(或卵黄琼脂平板),在36℃分别进行需氧和厌氧培养。在需氧平板上有芽孢生长,则为嗜温性兼性厌氧芽孢杆菌;在厌氧平板上生长为一般芽孢则为嗜温性厌氧芽孢杆菌,如为梭状芽孢杆菌,应用庖肉培养基原培养液进行肉毒梭菌及肉毒毒素检验(按GB/T 4789.12)。

⑤对在55℃培养有菌生长的庖肉培养基管,涂片染色镜检。如有芽孢,则为嗜热性厌氧芽孢杆菌或硫化腐败性芽孢杆菌;如无芽孢仅有杆菌,转接于锰盐营养琼脂平板,在55℃厌氧培养,如有芽孢则为嗜热性厌氧芽孢杆菌,如无芽孢则为嗜热性厌氧杆菌。

⑥对有微生物生长的酸性肉汤和麦芽浸膏汤管进行观察,并涂片染色镜检。按所发现的微生物类型判定。

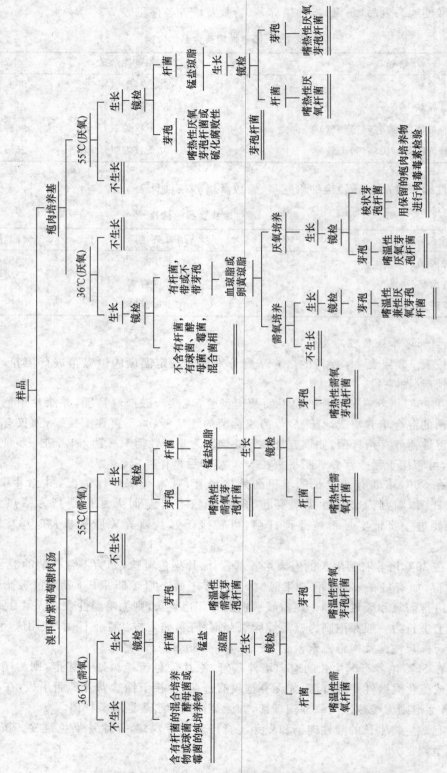

图 7-4　低酸罐头食品培养检验及判定程序

10. **罐头密封性检验**

对确定有微生物繁殖的样罐均应进行密封性检验以判定该罐是否泄漏。将已经洗净的空罐经 35℃烘干,进行减压或加压试漏。

11. **结果判定**

①该批(锅)罐头食品经审查生产操作记录,属于正常;抽取样品经保温试验未胖听或泄漏;保温后开罐,经感官检查、pH 测定或涂片镜检,或接种培养,确证无微生物增殖现象,则为商业无菌。

②该批(锅)罐头食品经审查生产操作记录,未发现问题,抽取样品经保温试验有一罐及一罐以上发生胖听或泄漏;或保温后开罐,经感官检查、pH 测定或涂片镜检和接种培养,确证有微生物增殖现象,则为非商业无菌。

三、罐头食品商业无菌快速检测方法

(一)测定原理

微生物的生长产生二氧化碳,使培养瓶底部的感应器从浅灰色变成浅黄色。仪器检测瓶底的变化,与培养瓶中初始二氧化碳水平进行对比,在指定的天数之内,二氧化碳水平发生显著变化,说明样品中有细菌存在,判定为阳性。在指定的天数之后,二氧化碳水平没有发生显著变化,确定样品为阴性。参照标准 SN/T 2100—2008。

(二)设备和仪器

①BacT/ALERT 3D 微生物检测系统。

注意:BacT/ALERT 3D 微生物检测系统是由法国生物梅里埃公司提供的产品的商品名给出这一信息是为了方便本标准的使用者,并不表示对该产品的认可,如果其他等效产品具有相同的效果,则可使用这些等效产品。

②灭菌开罐刀和罐头打孔器。

③pH 计。

④冰箱:4℃。

⑤酒精灯。

⑥一次性注射器:10 mL。

⑦一次性手套。

⑧灭菌研钵。

⑨封口器。

(三)培养基和试剂

①i AST 需氧培养瓶。

②i NST 厌氧培养瓶。

③i LYM 高酸性培养瓶。

注意:上述三种培养瓶是由法国生物梅里埃公司提供的产品的商品名给出这一信息是为了方便本标准的使用者,并不表示对该产品的认可,如果其他等效产品具有相同的效果,则可使用这些等效产品。

(四)检验步骤

1. 试样的处理

①用温水擦净试样外包装,放入无菌室,以紫外光杀菌灯照射 30 min。

②用 75%酒精棉球擦拭试样外包装(铁盒罐头擦拭后点燃灭菌),带汤汁的罐头开启前适当振摇后,用灭菌开罐刀或罐头打孔器开启。

2. 加样

①在使用培养瓶前,用 75%酒精棉球擦拭瓶口。

②酸性罐头:开启包装后,用一次性注射器吸取内容物 10 mL,注入 i LYM 培养瓶。

注意:内容物无法吸取时,可无菌称取 10 g 样品加入到含有 20 mL 灭菌的 1 mol/L 盐酸或 10%酒石酸的容器中,混合均匀后,吸取 20 mL 接种到培养瓶中。

③低酸性罐头:开启包装后,用一次性注射器吸取内容物各 10 mL,分别注入 i AST 培养瓶和 i NST 培养瓶。

注意:内容物无法吸取时,可无菌称取 20 g 样品于灭菌研钵内捣碎后,小心打开培养瓶封口,取 10 g 加入到培养瓶中,再用封口器封住瓶口。

④加完试样后,在培养瓶上注明试样标记。

3. 留样

加样后,用灭菌吸管或其他适当工具以无菌操作取出内容物 10～20 mL(g),移入灭菌容器内,保存于冰箱中。待该批试样检验得出结论后可随之弃去。

4. pH 测定

取样测定 pH,与同批中正常罐相比,看是否有显著差异。

5. 感官检查

在光线充足、空气清洁无异味的检验室中将试样内容物倾入白色搪瓷盘内,由有经验的检验人员对产品的外观、色泽、状态和气味等进行观察和嗅闻,用餐具按压食品或戴薄指套以手指进行触感,鉴别食品有无腐败变质的迹象。

6. 微生物检测系统分析

(1)孵育温度设置   按照仪器操作说明使仪器处于正常工作状态,并按检测类型设定好孵育温度和最大检测时间。酸性罐头设定孵育温度为(30±1)℃,最大检测时间为 3 d。低酸性罐头设定孵育温度为(36±1)℃,最大检测时间为 3 d。

(2)加载培养瓶   进入微生物检测系统加载培养瓶界面,打开孵育抽屉,用条码扫描仪读取每个培养瓶的信息。然后把培养瓶分别插入有照明灯的单元,先插入传感器,单元指示器缓慢闪烁,确认培养瓶已经加载。加载完毕所有培养瓶,轻轻关闭抽屉。

(3)培养瓶结果

①微生物检测系统对培养瓶进行孵育并自动检测,当仪器检测到阳性瓶后,电脑会报警提醒操作者,可进入仪器的浏览和打印界面,记录阳性瓶的读数和标记,然后按仪器操作说明卸载阳性的培养瓶。

②当孵育时间达到设定的最大检测时间,培养瓶中无微生物生长,则仪器会给出阴性的结果,记录阴性瓶的读数和标记,然后按仪器操作说明卸载阴性的培养瓶。

7. 阳性瓶结果的验证

①对仪器分析结果为阳性的试样,将留样按 GB/T 4789.26—2003 中 6.10～6.12 进行试

验并记录。

②将阳性培养瓶打开,按 GB/T 4789.26—2003 中表 2 或表 3 的要求接种培养进行试验并记录。

(五)结果判定与报告

①仪器分析结果为阴性,感官检查、pH 测定正常,则报告为商业无菌。

②仪器分析结果为阳性,经过验证试验无微生物增殖现象,则报告为商业无菌。

③仪器分析结果为阳性,经过验证试验有微生物增殖现象,则报告为非商业无菌。

(六)BacT/ALERT 3D 微生物检测系统操作指南

1. 孵育温度设置

①按下模块温度校正按钮,进入模块温度校正屏幕。

②使用孵育模块滚动按钮选择装有抽屉的孵育或组合模块,使用最适温度滚动按钮设置检测所需的温度,按下核对按钮保存温度设定。待实际温度显示达到设定温度。

2. 最大检测时间设置

①按下设定最大检测时间按钮,进入设定最大时间屏幕。

②使用培养基种类滚动按钮选择相应种类的培养瓶,使用孵育时间滚动按钮以 1 d 或 10 d 为单位设定孵育期,可设定的最小检测时间为 0.1 d,按检测需求选择好相应的最大时间,按下核对按钮保存最大检测时间设定,或者按下取消按钮将系统返回到先前设定的最大检测时间。

③按以上步骤设定每种培养基的通用最大检测时间。

3. 加载培养瓶

①按下加载培养瓶按钮进入加载模式屏幕。

②扫描或手动键入培养瓶条形码信息,证实在培养瓶类型滚动按钮上显示的是正确的培养瓶类型。

③缓慢打开有照明指示器的抽屉,培养瓶插入有指示灯亮的单元,先插入传感器。单元指示灯缓慢闪烁,确认培养瓶已经加载。

④按上述步骤加载完所有测试培养瓶,轻轻关闭抽屉,然后按下确认按钮。

4. 浏览和打印试验数据

①试验过程中可进入培养瓶读数绘图屏幕,观察试验情况。

②试验完毕后,选择进入报告屏幕,打印报告。

5. 卸载培养瓶

①在主屏上按下卸载按钮,进入卸载模式屏幕。

②打开绿色指示灯亮的抽屉,抽出单元指示灯亮的培养瓶,单元指示灯缓慢闪烁,确认已经除去了培养瓶。

③当卸载培养瓶完成之后,关闭抽屉。

6. 质量控制

①BacT/ALERT 3D 微生物检测系统会自动对所有单元进行质量控制。

②观察单元状态屏幕确定未通过质量控制的单元,依次使用校正试剂盒中的标准序号 1、2、3、4 对单元进行校正。

任务三　豆制品中沙门氏菌的检验

【检测目标】

1. 掌握基本操作技术。

2. 掌握生化试验判定能力。

【仪器材料】

除微生物实验室常规灭菌及培养设备外,其他设备和材料如下。

①冰箱:2～5℃。

②恒温培养箱:(36±1)℃,(42±1)℃。

③均质器。

④振荡器。

⑤电子天平:感量 0.1 g。

⑥无菌锥形瓶:容量 500 mL,250 mL。

⑦无菌吸管:1 mL(具 0.01 mL 刻度)、10 mL(具 0.1 mL 刻度)或微量移液器及吸头。

⑧无菌培养皿:直径 90 mm。

⑨无菌试管:3 mm×50 mm、10 mm×75 mm。

⑩无菌毛细管。

⑪pH 计或 pH 比色管或精密 pH 试纸。

⑫全自动微生物生化鉴定系统。

培养基和试剂:

①沙门氏菌属显色培养基。

②沙门氏菌 O 和 H 诊断血清。

③生化鉴定试剂盒。

④其余见本任务的知识链接。

【工作过程】

一、检验程序

沙门氏菌的检验程序如图 7-5 所示。

二、操作步骤

1. 前增菌

称取 25 g(mL)样品放入盛有 225 mL BPW 的无菌均质杯中,以 8 000～10 000 r/min 均质 1～2 min,或置于盛有 225 mL BPW 的无菌均质袋中,用拍击式均质器拍打 1～2 min。若样品为液态,不需要均质,振荡混匀。如需测定 pH,用 1 mol/mL 无菌 NaOH 或 HCl 调 pH 至(6.8±0.2)。无菌操作将样品转至 500 mL 锥形瓶中,如使用均质袋,可直接进行培养,于(36±1)℃培养 8～18 h。

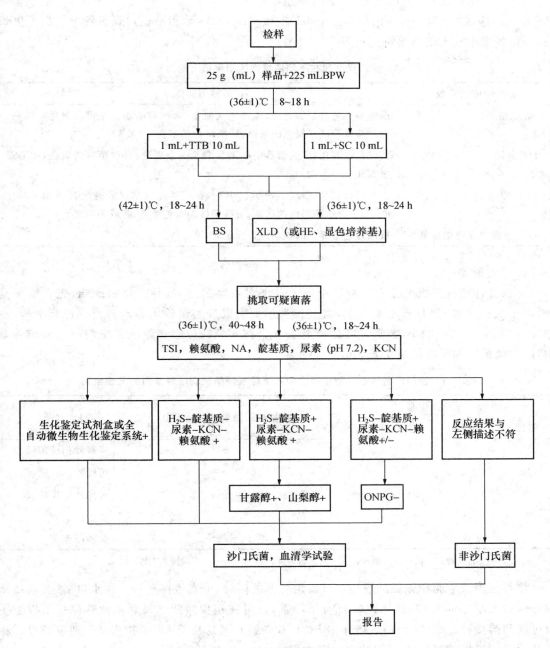

图 7-5　沙门氏菌检验程序

2. 增菌

轻轻摇动培养过的样品混合物,移取 1 mL,转种于 10 mL TTB 内,于(42±1)℃培养18~24 h。同时,另取 1 mL,转种于 10 mL SC 内,于(36±1)℃培养 18~24 h。

3. 分离

分别用接种环取增菌液 1 环,划线接种于一个 BS 琼脂平板和一个 XLD 琼脂平板(或 HE琼脂平板或沙门氏菌属显色培养基平板)。在(36±1)℃分别培养 18~24 h(XLD 琼脂平板、

HE 琼脂平板、沙门氏菌属显色培养基平板)或 40～48 h(BS 琼脂平板),观察各个平板上生长的菌落,各个平板上的菌落特征见表 7-5。

表 7-5　沙门氏菌属在不同选择性琼脂平板上的菌落特征

选择性琼脂平板	沙门氏菌
BS 琼脂	菌落为黑色有金属光泽、棕褐色或灰色,菌落周围培养基可呈黑色或棕色;有些菌株形成灰绿色的菌落,周围培养基不变
HE 琼脂	蓝绿色或蓝色,多数菌落中心黑色或几乎全黑色;有些菌株为黄色,中心黑色或几乎全黑色
XLD 琼脂	菌落呈粉红色,带或不带黑色中心,有些菌株可呈现大的带光泽的黑色中心,或呈现全部黑色的菌落;有些菌株为黄色菌落,带或不带黑色中心
沙门氏菌属显色培养基	按照显色培养基的说明进行判定

4. 生化试验

自选择性琼脂平板上分别挑取 2 个以上典型或可疑菌落,接种三糖铁琼脂,先在斜面划线,再于底层穿刺;接种针不要灭菌,直接接种赖氨酸脱羧酶试验培养基和营养琼脂平板,在 (36±1)℃培养 18～24 h,必要时可延长至 48 h。在三糖铁琼脂和赖氨酸脱羧酶试验培养基内,沙门氏菌属的反应结果见表 7-6。

表 7-6　沙门氏菌属在三糖铁琼脂和赖氨酸脱羧酶试验培养基内的反应结果

三糖铁琼脂				赖氨酸脱羧酶试验培养基	初步判断
斜面	底层	产气	硫化氢		
K	A	+(−)	+(−)	+	可疑沙门氏菌属
K	A	+(−)	+(−)	−	可疑沙门氏菌属
A	A	+(−)	+(−)	+	可疑沙门氏菌属
A	A	+/−	+/−		非沙门氏菌
K	K	+/−	+/−	+/−	非沙门氏菌

注:K:产碱,A:产酸;+:阳性,−:阴性;+(−):多数阳性,少数阴性;+/−:阳性或阴性。

接种三糖铁琼脂和赖氨酸脱羧酶试验培养基的同时,可直接接种蛋白胨水(供做靛基质试验)、尿素琼脂(pH 7.2)、氰化钾(KCN)培养基,也可在初步判断结果后从营养琼脂平板上挑取可疑菌落接种。在(36±1)℃培养 18～24 h,必要时可延长至 48 h,按表 7-7 判定结果。将已挑菌落的平板储存在 2～5℃或室温至少保留 24 h,以备必要时复查。

表 7-7　沙门氏菌属生化反应初步鉴别表

反应序号	硫化氢(H_2S)	靛基质	pH7.2尿素	氰化钾(KCN)	赖氨酸脱羧酶
A1	+	−	−	−	+
A2	+	+	−	−	+
A3	−	−	−	−	+/−

注:+表示阳性;−表示阴性;+/−表示阳性或阴性。

反应序号 A1：典型反应判定为沙门氏菌属。如尿素、KCN 和赖氨酸脱羧酶 3 项中有 1 项异常，按表 7-8 可判定为沙门氏菌。如有 2 项异常为非沙门氏菌。

表 7-8　沙门氏菌属生化反应初步鉴别表

pH 7.2 尿素	氰化钾（KCN）	赖氨酸脱羧酶	判定结果
−	−	−	甲型副伤寒沙门氏菌（要求血清学鉴定结果）
−	+	+	沙门氏菌Ⅳ或Ⅴ（要求符合本群生化特性）
+	−	+	沙门氏菌个别变体（要求血清学鉴定结果）

注：＋表示阳性；＋表示阴性。

反应序号 A2：补做甘露醇和山梨醇试验，沙门氏菌靛基质阳性变体 2 项试验结果均为阳性，但需要结合血清学鉴定结果进行判定。

反应序号 A3：补做 ONPG。ONPG 阴性为沙门氏菌，同时赖氨酸脱羧酶阳性，甲型副伤寒沙门氏菌为赖氨酸脱羧酶阴性。

必要时按表 7-9 进行沙门氏菌生化群的鉴别。

表 7-9　沙门氏菌属各生化群的鉴别

项目	Ⅰ	Ⅱ	Ⅲ	Ⅳ	Ⅴ	Ⅵ
卫矛醇	+	+	−	−	+	−
山梨醇	+	+	+	+	+	−
水杨苷	−	−	−	+	−	−
ONPG	−	−	+	−	+	−
丙二酸盐	−	+	+	−	−	−
KCN	−	−	−	+	+	−

注：＋表示阳性；−表示阴性。

如选择生化鉴定试剂盒或全自动微生物生化鉴定系统，可根据沙门氏菌属反应的初步判断结果，从营养琼脂平板上挑取可疑菌落，用生理盐水制备成浊度适当的菌悬液，使用生化鉴定试剂盒或全自动微生物生化鉴定系统进行鉴定。

5. 血清学鉴定

（1）抗原的准备　一般采用 1.2%～1.5% 琼脂培养物作为玻片凝集试验用的抗原。O 血清不凝集时，将菌株接种在琼脂量较高的（如 2%～3%）培养基上再检查；如果是由于 Vi 抗原的存在而阻止了 O 凝集反应时，可挑取菌苔于 1 mL 生理盐水中做成浓菌液，于酒精灯火焰上煮沸后再检查。H 抗原发育不良时，将菌株接种在 0.55%～0.65% 半固体琼脂平板的中央，使菌落蔓延生长时，在其边缘部分取菌检查；或将菌株通过装有 0.3%～0.4% 半固体琼脂的小玻管 1～2 次，自远端取菌培养后再检查。

（2）多价菌体抗原（O）鉴定　在玻片上划出 2 个约 1 cm×2 cm 的区域，挑取 1 环待测菌，各放 1/2 环于玻片上的每一区域上部，在其中一个区域下部加 1 滴多价菌体（O）抗血清，在另一区域下部加入 1 滴生理盐水，作为对照。再用无菌的接种环或针分别将两个区域内的菌落研成乳状液。将玻片倾斜摇动混合 1 min，并对着黑暗背景进行观察，任何程度的凝集现象皆为阳性反应。

(3)多价鞭毛抗原(H)鉴定　同(2)所述。

(4)血清学分型(选做项目)　O抗原的鉴定。用A～F多价O血清做玻片凝集试验,同时用生理盐水做对照。

三、结果处理

综合以上生化试验和血清学鉴定的结果,报告25 g(mL)样品中检出或未检出沙门氏菌。

【知识链接】

培养基配制及试验方法。

(1)缓冲蛋白胨水(BPW)

蛋白胨	10.0 g
氯化钠	5.0 g
磷酸氢二钠(含 12 个结晶水)	9.0 g
磷酸二氢钾	1.5 g
蒸馏水	1 000 mL

将各成分加入蒸馏水中,搅混均匀,静置约 10 min,煮沸溶解,调节至 pH 至 7.2±0.2,高压灭菌 121℃,15 min。

(2)四硫黄酸钠煌绿(TTB)增菌液

①基础液:

蛋白胨	10.0 g
牛肉膏	5.0 g
氯化钠	3.0 g
碳酸钙	45.0 g
蒸馏水	1 000 mL

除碳酸钙外,将各成分加入蒸馏水中,煮沸溶解,再加入碳酸钙,调节 pH 至 7.0±0.2,高压灭菌 121℃,20 min。

②硫代硫酸钠溶液:

硫代硫酸钠(含 5 个结晶水)	50.0 g
蒸馏水	加至 100 mL

高压灭菌 121℃,20 min。

③碘溶液:

碘片	20.0 g
碘化钾	25.0 g
蒸馏水	加至 100 mL

将碘化钾充分溶解于少量的蒸馏水中,再投入碘片,振摇玻瓶至碘片全部溶解为止,然后加蒸馏水至规定的总量,贮存于棕色瓶内,塞紧瓶盖备用。

④0.5%煌绿水溶液:

煌绿	0.5 g
蒸馏水	100 mL

溶解后,存放暗处,不少于 1 d,使其自然灭菌。

⑤牛胆盐溶液:

牛胆盐	10.0 g
蒸馏水	100 mL

加热煮沸至完全溶解,高压灭菌 121℃,20 min。

四硫酸钠煌绿(TTB)增菌液的制法:

基础液	900 mL
硫代硫酸钠溶液	100 mL
碘溶液	20.0 mL
煌绿水溶液	2.0 mL
牛胆盐溶液	50.0 mL

临用前,按上列顺序,以无菌操作依次加入基础液中,每加入一种成分,均应摇匀后再加入另一种成分。

(3)亚硒酸盐胱氨酸(SC)增菌液

蛋白胨	5.0 g
乳糖	4.0 g
磷酸氢二钠	10.0 g
亚硒酸氢钠	4.0 g
L-胱氨酸	0.01 g
蒸馏水	1 000 mL

除亚硒酸氢钠和 L-胱氨酸外,将各成分加入蒸馏水中,煮沸溶解,冷至 55℃ 以下,以无菌操作加入亚硒酸氢钠和 1 g/L L-胱氨酸溶液 10 mL(称取 0.1 g L-胱氨酸,加 1 mol/L 氢氧化钠溶液 15 mL,使溶解,再加无菌蒸馏水至 100 mL 即成,如为 DL-胱氨酸,用量应加倍)。摇匀,调节 pH 至 7.0±0.2。

(4)亚硫酸铋(BS)琼脂

蛋白胨	10.0 g
牛肉膏	5.0 g
葡萄糖	5.0 g
硫酸亚铁	0.3 g
磷酸氢二钠	4.0 g
煌绿	0.025 g 或 5.0 g/L 水溶液 5.0 mL
柠檬酸铋铵	2.0 g
亚硫酸钠	6.0 g
琼脂	18.0~20 g
蒸馏水	1 000 mL

将前 3 种成分加入 300 mL 蒸馏水(制作基础液),硫酸亚铁和磷酸氢二钠分别加入 20 mL 和 30 mL 蒸馏水中,柠檬酸铋铵和亚硫酸钠分别加入另外的 20 和 30 mL 蒸馏水中,琼脂加入 600 mL 蒸馏水中。然后分别搅拌均匀,煮沸溶解。冷至 80℃ 左右时,先将硫酸亚铁和磷酸氢二钠混匀,倒入基础液中,混匀。将柠檬酸铋铵和亚硫酸钠混匀,倒入基础液中,再混匀。调节

pH 至 7.5±0.2,随即倾入琼脂液中,混合均匀,冷至 50～55℃。加入煌绿溶液,充分混匀后立即倾注平皿。

注意:本培养基不需要高压灭菌,在制备过程中不宜过分加热,避免降低其选择性,贮于室温暗处,超过 48 h 会降低其选择性,本培养基宜于当天制备,第 2 天使用。

（5）HE 琼脂

蛋白胨	12.0 g
牛肉膏	3.0 g
乳糖	12.0 g
蔗糖	12.0 g
水杨素	2.0 g
胆盐	20.0 g
氯化钠	5.0 g
琼脂	18.0～20.0 g
蒸馏水	1 000 mL
0.4%溴麝香草酚蓝溶液	16.0 mL
Andrade 指示剂	20.0 mL
甲液	20.0 mL
乙液	20.0 mL

将前面 7 种成分溶解于 400 mL 蒸馏水内作为基础液;将琼脂加入于 600 mL 蒸馏水内。然后分别搅拌均匀,煮沸溶解。加入甲液和乙液于基础液内,调节 pH 至 7.5±0.2。再加入指示剂,并与琼脂液合并,待冷至 50～55℃倾注平皿。

注意:①本培养基不需要高压灭菌,在制备过程中不宜过分加热,避免降低其选择性。

②甲液的配制:

硫代硫酸钠	34.0 g
柠檬酸铁铵	4.0 g
蒸馏水	100 mL

③乙液的配制:

去氧胆酸钠	10.0 g
蒸馏水	100 mL

④Andrade 指示剂:

酸性复红	0.5 g
1 mol/L 氢氧化钠溶液	16.0 mL
蒸馏水	100 mL

将复红溶解于蒸馏水中,加入氢氧化钠溶液。数小时后如复红褪色不全,再加氢氧化钠溶液 1～2 mL。

（6）木糖赖氨酸脱氧胆盐（XLD）琼脂

酵母膏	3.0 g
L-赖氨酸	5.0 g
木糖	3.75 g

乳糖	7.5 g
蔗糖	7.5 g
去氧胆酸钠	2.5 g
柠檬酸铁铵	0.8 g
硫代硫酸钠	6.8 g
氯化钠	5.0 g
琼脂	15.0 g
酚红	0.08 g
蒸馏水	1 000 mL

除酚红和琼脂外,将其他成分加入 400 mL 蒸馏水中,煮沸溶解,调节 pH 至(7.4±0.2)。另将琼脂加入 600 mL 蒸馏水中,煮沸溶解。

将上述 2 溶液混合均匀后,再加入指示剂,待冷至 50～55℃ 倾注平皿。

注意:本培养基不需要高压灭菌,在制备过程中不宜过分加热,避免降低其选择性,贮于室温暗处。本培养基宜于当天制备,第 2 天使用。

(7)三糖铁(TSI)琼脂

蛋白胨	20.0 g
牛肉膏	5.0 g
乳糖	10.0 g
蔗糖	10.0 g
葡萄糖	1.0 g
硫酸亚铁铵(含 6 个结晶水)	0.2 g
酚红	0.025 g 或 5.0 g/L 溶液 5.0 mL
氯化钠	5.0 g
硫代硫酸钠	0.2 g
琼脂	12.0 g
蒸馏水	1 000 mL

除酚红和琼脂外,将其他成分加入 400 mL 蒸馏水中,煮沸溶解,调节 pH 至(7.4±0.2)。另将琼脂加入 600 mL 蒸馏水中,煮沸溶解。将上述两溶液混合均匀后,再加入指示剂,混匀,分装试管,每管 2～4 mL,高压灭菌 121℃ 10 min 或 115℃ 15 min,灭菌后置成高层斜面,呈橘红色。

(8)蛋白胨水、靛基质试剂

蛋白胨水:

蛋白胨(或胰蛋白胨)	20.0 g
氯化钠	5.0 g
蒸馏水	1 000 mL

将上述成分加入蒸馏水中,煮沸溶解,调节 pH 至(7.4±0.2),分装小试管,121℃ 高压灭菌 15 min。

靛基质试剂:

柯凡克试剂:将 5 g 对二甲氨基甲醛溶解于 75 mL 戊醇中,然后缓慢加入浓盐酸 25 mL。

欧-波试剂:将 1 g 对二甲氨基苯甲醛溶解于 95 mL 95% 乙醇内。然后缓慢加入浓盐酸 20 mL。

挑取小量培养物接种,在(36±1)℃培养 1~2 d,必要时可培养 4~5 d。加入柯凡克试剂约 0.5 mL,轻摇试管,阳性者于试剂层呈深红色;或加入欧-波试剂约 0.5 mL,沿管壁流下,覆盖于培养液表面,阳性者于液面接触处呈玫瑰红色。

注:蛋白胨中应含有丰富的色氯酸。每批蛋白胨买来后,应先用已知菌种鉴定后方可使用。

(9)尿素琼脂(pH 至 7.2)

蛋白胨	1.0 g
氯化钠	5.0 g
葡萄糖	1.0 g
磷酸二氢钾	2.0 g
0.4%酚红	3.0 mL
琼脂	20.0 g
蒸馏水	1 000 mL
20%尿素溶液	100 mL

除尿素、琼脂和酚红外,将其他成分加入 400 mL 蒸馏水中,煮沸溶解,调节 pH 至 7.2±0.2。另将琼脂加入 600 mL 蒸馏水中,煮沸溶解。将上述两溶液混合均匀后,再加入指示剂后分装,121℃高压灭菌 15 min。冷至 50~55℃,加入经除菌过滤的尿素溶液。尿素的最终浓度为 2%。分装于无菌试管内,放成斜面备用。

挑取琼脂培养物接种,在(36±1)℃培养 24 h,观察结果。尿素酶阳性者由于产碱而使培养基变为红色。

(10)氰化钾(KCN)培养基

蛋白胨	10.0 g
氯化钠	5.0 g
磷酸二氢钾	0.225 g
磷酸氢二钠	5.64 g
蒸馏水	1 000 mL
0.5%氰化钾	20.0 mL

将除氰化钾以外的成分加入蒸馏水中,煮沸溶解,分装后 121℃高压灭菌 15 min。放在冰箱内使其充分冷却。每 100 mL 培养基加入 0.5%氰化钾溶液 2.0 mL(最后浓度为 1∶10 000),分装于无菌试管内,每管约 4 mL,立刻用无菌橡皮塞塞紧,放在 4℃冰箱内,至少可保存两个月。同时,将不加氰化钾的培养基作为对照培养基,分装试管备用。

将琼脂培养物接种于蛋白胨水内成为稀释菌液,挑取 1 环接种于氰化钾(KCN)培养基。并另挑取 1 环接种于对照培养基。在(36±1)℃培养 1~2 d,观察结果。如有细菌生长即为阳性(不抑制),经 2 d 细菌不生长为阴性(抑制)。

注意:氰化钾是剧毒药,使用时应小心,切勿沾染,以免中毒。夏天分装培养基应在冰箱内进行。试验失败的主要原因是封口不严,氰化钾逐渐分解,产生氢氰酸气体逸出,以至药物浓度降低,细菌生长,因而造成假阳性反应。试验时对每一环节都要特别注意。

(11)赖氨酸脱羧酶试验培养基

蛋白胨	5.0 g
酵母浸膏	3.0 g
葡萄糖	1.0 g
蒸馏水	1 000 mL
1.6%溴甲酚紫-乙醇溶液	1.0 mL
L-赖氨酸或 DL-赖氨酸	0.5 g/100 mL 或 1.0 g/100 mL

除赖氨酸以外的成分加热溶解后,分装每瓶 100 mL,分别加入赖氨酸。L-赖氨酸按 0.5%加入,DL-赖氨酸按 1%加入。调节 pH 至 6.8±0.2。对照培养基不加赖氨酸。分装于无菌的小试管内,每管 0.5 mL,上面滴加一层液体石蜡,115℃高压灭菌 10 min。

从琼脂斜面上挑取培养物接种,于(36±1)℃培养 18~24 h,观察结果。氨基酸脱羧酶阳性者由于产碱,培养基应呈紫色。阴性者无碱性产物,但因葡萄糖产酸而使培养基变为黄色。对照管应为黄色。

(12)糖发酵管

牛肉膏	5.0 g
蛋白胨	10.0 g
氯化钠	3.0 g
磷酸氢二钠(含 12 个结晶水)	2.0 g
0.2%溴麝香草酚蓝溶液	12.0 mL
蒸馏水	1 000 mL

葡萄糖发酵管按上述成分配好后,调节 pH 至 7.4±0.2。按 0.5%加入葡萄糖,分装于有一个倒置小管的小试管内,121℃高压灭菌 15 min。

其他各种糖发酵管可按上述成分配好后,分装每瓶 100 mL,121℃高压灭菌 15 min。另将各种糖类分别配好 10%溶液,同时高压灭菌。将 5 mL 糖溶液加入 100 mL 培养基内,以无菌操作分装小试管。

注意:蔗糖不纯,加热后会自行水解者,应采用过滤法除菌。

试验方法:从琼脂斜面上挑取小量培养物接种,于(36±1)℃培养,一般 2~3 d。迟缓反应需观察 14~30 d。

(13)ONPG 培养基

邻硝基酚 β-D-半乳糖苷(ONPG)	60.0 mg
0.01 mol/L 磷酸钠缓冲液(pH 7.5)	10.0 mL
1%蛋白胨水(pH 7.5)	30.0 mL

将 ONPG 溶于缓冲液内,加入蛋白胨水,以过滤法除菌,分装于无菌的小试管内,每管 0.5 mL,用橡皮塞塞紧。

自琼脂斜面上挑取培养物一满环接种于(36±1)℃培养 1~3 h 和 24 h 观察结果。如果 β-半乳糖苷酶产生,则于 1~3 h 变黄色,如无此酶则 24 h 不变色。

(14)半固体琼脂

牛肉膏	0.3 g
蛋白胨	1.0 g

氯化钠	0.5 g
琼脂	0.35～0.4 g
蒸馏水	100 mL

按以上成分配好,煮沸溶解,调节 pH 至 7.4±0.2。分装小试管。121℃高压灭菌 15 min。直立凝固备用。

注意:供动力观察、菌种保存、H 抗原位相变异试验等用。

(15)丙二酸钠培养基

酵母浸膏	1.0 g
硫酸铵	2.0 g
磷酸氢二钾	0.6 g
磷酸二氢钾	0.4 g
氯化钠	2.0 g
丙二酸钠	3.0 g
0.2%溴麝香草酚蓝溶液	12.0 mL
蒸馏水	1 000 mL

除指示剂以外的成分溶解于水,调节 pH 至 6.8±0.2,再加入指示剂,分装试管,121℃高压灭菌 15 min。

试验方法:用新鲜的琼脂培养物接种,于(36±1)℃培养 48 h,观察结果。阳性者由绿色变为蓝色。

【知识拓展】

一、食品中单核细胞增生李斯特氏菌的检验

单核细胞增生李斯特菌是一种常见的土壤细菌,在土壤中它是一种腐生菌,以死亡的和正在腐烂的有机物为食。它也是某些食物(主要是鲜奶产品)中的一种污染物,能引起严重食物中毒。单核细胞增生李斯特氏菌是一种人畜共患病的病原菌。它能引起人、畜的李氏特菌病,感染后主要表现为败血症、脑膜炎和单核细胞增多。它广泛存在于自然界中,食品中存在的单增李氏菌对人类的安全具有危险,该菌在 4℃的环境中仍可生长繁殖,是冷藏食品威胁人类健康的主要病原菌之一。

1. 设备和材料

除微生物实验室常规无菌及培养设备外,其他设备和材料如下。

①冰箱:2～5℃。

②恒温培养箱:(30±1)℃、(36±1)℃。

③均质器。

④显微镜:10×～100×。

⑤电子天平:感量 0.1 g。

⑥锥形瓶:100 mL、500 mL。

⑦无菌吸管:1 mL(具 0.01 mL 刻度)、10 mL(具 0.1 mL 刻度)。

⑧无菌平皿:直径 90 mm。

⑨无菌试管:16 mm×160 mm。

⑩离心管:30 mm×100 mm。

⑪无菌注射器:1 mL。

⑫金黄色葡萄球菌(ATCC25923)。

⑬马红球菌。

⑭小白鼠:16～18 g。

⑮全自动微生物生化鉴定系统。

2. 培养基和试剂

①含 0.6%酵母浸膏的胰酪胨大豆肉汤(TSB-YE)。

②含 0.6%酵母浸膏的胰酪胨大豆琼脂(TSA-YE)。

③李氏增菌肉汤 LB(LB_1,LB_2)。

④1%盐酸吖啶黄溶液。

⑤1%萘啶酮酸钠盐溶液。

⑥PALCAM 琼脂。

⑦革兰氏染液。

⑧SIM 动力培养基。

⑨缓冲葡萄糖蛋白胨水[甲基红(MR)和 V-P 试验用]。

⑩5%～8%羊血琼脂。

⑪糖发酵管。

⑫过氧化氢酶试验。

⑬李斯特氏菌显色培养基。

⑭生化鉴定试剂盒。

3. 检验程序

检验程序如图 7-6 所示。

4. 操作步骤

(1)增菌　以无菌操作取样品 25 g(mL)加入到含有 225 mL LB_1 增菌液的均质袋中,在拍击式均质器上连续均质 1～2 min;或放入盛有 225 mL LB_1 增菌液的均质杯中,8 000～10 000 r/min 均质 1～2 min。于(30±1)℃培养 24 h,移取 0.1 mL,转种于 10 mL LB 增菌液内,于(30±1)℃培养 18～24 h。

(2)分离　取 LB_2 二次增菌液划线接种于 PALCAM 琼脂平板和李斯特氏菌显色培养基上,于(36±1)℃培养 24～48 h,观察各个平板上生长的菌落。典型菌落在 PALCAM 琼脂平板上为小的圆形灰绿色菌落,周围有棕黑色水解圈,有些菌落有黑色凹陷;典型菌落在李斯特氏菌显色培养基上的特征按照产品说明进行判定。

(3)初筛　自选择性琼脂平板上分别挑取 5 个以上典型或可疑菌落,分别接种在木糖、鼠李糖发酵管,于(36±1)℃培养 24 h;同时在 TSA-YE 平板上划线纯化,于(30±1)℃培养 24～48 h。选择木糖阴性、鼠李糖阳性的纯培养物继续进行鉴定。

(4)鉴定

①染色镜检。李斯特氏菌为革兰氏阳性短杆菌,大小为(0.4～0.5)μm×(0.5～2.0)μm;用生理盐水制成菌悬液,在油镜或相差显微镜下观察,该菌出现轻微旋转或翻滚样的运动。

②动力试验。李斯特氏菌有动力,呈伞状生长或月牙状生长。

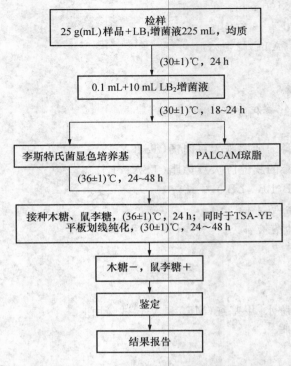

图 7-6　单核细胞增生李斯特氏菌检验程序

③生化鉴定。挑取纯培养的单个可疑菌落,进行过氧化氢酶试验,过氧化氢酶阳性反应的菌落继续进行糖发酵试验和 MR-VP 试验。单核细胞增生李斯特氏菌的主要生化特征见表 7-10。

表 7-10　单核细胞增生李斯特氏菌生化特征与其他李斯特氏菌的区别

菌种	溶血反应	葡萄糖	麦芽糖	MR－VP	甘露醇	鼠李糖	木糖	七叶苷
单核细胞增生李斯特氏菌	＋	＋	＋	＋/＋	－	＋	－	＋
格氏李斯特氏菌	－	＋	＋	＋/＋	＋	＋	－	＋
斯氏李斯特氏菌	＋	＋	＋	＋/＋	－	－	＋	＋
威氏李斯特氏菌	－	＋	＋	＋/＋	－	V	＋	＋
伊氏李斯特氏菌	＋	＋	＋	＋/＋	－	－	＋	＋
英诺克李斯特氏菌	－	＋	＋	＋/＋	－	V	－	＋

注:＋表示阳性;－表示阴性;V 反应不定。

④溶血试验。将羊血琼脂平板底面划分为 20～25 个小格,挑取纯培养的单个可疑菌落刺种到血平板上,每格刺种一个菌落,并刺种阳性对照菌(单增李斯特氏菌和伊氏李斯特氏菌)和阴性对照菌(英诺克李斯特氏菌),穿刺时尽量接近底部,但不要触到底面,同时避免琼脂破裂,(36±1)℃培养 24～48 h,于明亮处观察,单增李斯特氏菌和斯氏李斯特氏菌在刺种点周围产生狭小的透明溶血环,英诺克李斯特氏菌无溶血环,伊氏李斯特氏菌产生大的透明溶血环。

⑤协同溶血试验(cAMP)。在羊血琼脂平板上平行划线接种金黄色葡萄球菌和马红球菌,挑取纯培养的单个可疑菌落垂直划线接种于平行线之间,垂直线两端不要触及平行线,于

（30±1）℃培养 24～48 h。单核细胞增生李斯特氏菌在靠近金黄色葡萄球菌的接种端溶血增强，斯氏李斯特氏菌的溶血也增强，而伊氏李斯特氏菌在靠近马红球菌的接种端溶血增强。

可选择生化鉴定试剂盒或全自动微生物生化鉴定系统等对(3)中 3～5 个纯培养的可疑菌落进行鉴定。

(5)小白鼠毒力试验(可选择)　将符合上述特性的纯培养物接种于 TSB-YE 中，于(30±1)℃培养 24 h，4 000 r/min 离心 5 min，弃上清液，用无菌生理盐水制备成浓度为 10^{10} CFU/mL的菌悬液，取此菌悬液进行小白鼠腹腔注射 3～5 只，每只 0.5 mL，观察小白鼠死亡情况。致病株于 2～5 d 内死亡。试验时可用已知菌作对照。单核细胞增生李斯特氏菌、伊氏李斯特氏菌对小白鼠有致病性。

5. 结果与报告

综合以上生化试验和溶血试验结果，报告 25 g(mL)样品中检出或未检出单核细胞增生李斯特氏菌。

6. 培养基配制

(1)含 0.6% 酵母浸膏的胰酪胨大豆肉汤(TSB-YE)

胰胨	17.0 g
多价胨	3.0 g
酵母膏	6.0 g
氯化钠	5.0 g
磷酸氢二钾	2.5 g
葡萄糖	2.5 g
蒸馏水	1 000 mL

将上述各成分加热搅拌溶解，调节至 pH 至 7.2～7.4，分装，121℃高压灭菌 15 min，备用。

(2)含 0.6% 酵母膏的胰酪胨大豆琼脂(TSA-YE)

胰胨	17.0 g
多价胨	3.0 g
酵母膏	6.0 g
氯化钠	5.0 g
磷酸氢二钾	2.5 g
葡萄糖	2.5 g
琼脂	15.0 g
蒸馏水	1 000 mL

将上述各成分加热搅拌溶解，调节 pH 至 7.2～7.4，分装，121℃高压灭菌 15 min，备用。

(3)李氏增菌肉汤(LB_1，LB_2)

胰胨	5.0 g
多价胨	5.0 g
酵母膏	5.0 g
氯化钠	20.0 g
磷酸二氢钾	1.4 g

磷酸氢二钠	12.0 g
七叶苷	1.0 g
蒸馏水	1 000 mL

将上述成分加热溶解，调节 pH 至 7.2～7.4，分装，121℃高压灭菌 15 min，备用。

李氏 I 液(LB$_1$)225 mL 中加入：

1%萘啶酮酸(用 0.05 mol/L 氢氧化钠溶液配制)	0.5 mL
1%吖啶黄(用无菌蒸馏水配制)	0.3 mL

李氏 II 液(LB$_2$)200 mL 中加入：

1%萘啶酮酸	0.4 mL
1%吖啶黄	0.5 mL

(4)PALCAM

酵母膏	8.0 g
葡萄糖	0.5 g
七叶苷	0.8 g
柠檬酸铁铵	0.5 g
甘露醇	10.0 g
酚红	0.1 g
氯化锂	15.0 g
酪蛋白胰酶消化物	10.0 g
心胰酶消化物	3.0 g
玉米淀粉	1.0 g
肉胃酶消化物	5.0 g
氯化钠	5.0 g
琼脂	15.0 g
蒸馏水	1 000 mL

将上述成分加热溶解，调节 pH 至 7.2～7.4，分装，121℃高压灭菌 15 min，备用。

PALCAM 选择性添加剂：

多黏菌素 B	5.0 mg
盐酸吖啶黄	2.5 mg
头孢他啶	10.0 mg
无菌蒸馏水	500 mL

将 PALCAM 基础培养基溶化后冷却到 50℃，加入 2 mL PALCAM 选择性添加剂，混匀后倾倒在无菌的平皿中，备用。

(5)革兰氏染色液

①结晶紫染色液：

结晶紫	1.0 g
95%乙醇	20.0 mL
1%草酸铵水溶液	80.0 mL

将结晶紫完全溶解于乙醇中，然后与草酸铵溶液混合。

②革兰氏碘液：

碘	1.0 g
碘化钾	2.0 g
蒸馏水	300 mL

将碘与碘化钾先进行混合，加入蒸馏水少许，充分振摇，待完全溶解后，再加蒸馏水至 300 mL。

③沙黄复染液：

沙黄	0.25 g
95％乙醇	10.0 mL
蒸馏水	90.0 mL

将沙黄溶解于乙醇中，然后用蒸馏水稀释。

④染色法：

a. 将纯培养的单个可疑菌落涂片，火焰上固定，滴加结晶紫染色液，染 1 min，水洗。

b. 滴加革兰氏碘液，作用 1 min，水洗。

c. 滴加 95％乙醇脱色，15～30 s，直至染色液被洗掉，不要过分脱色，水洗。

d. 滴加复染液，复染 1 min，水洗、待干、镜检。

(6)SIM 动力培养基

胰胨	20.0 g
多价胨	6.0 g
硫酸铁铵	0.2 g
硫代硫酸钠	0.2 g
琼脂	3.5 g
蒸馏水	1 000 mL

将上述各成分加热混匀，调节 pH 至 7.2，分装小试管，121℃高压灭菌 15 min，备用。

挑取纯培养的单个可疑菌落穿刺接种到 SIM 培养基中，于 30℃培养 24～48 h，观察结果。

(7)缓冲葡萄糖蛋白胨水（MR 和 VP 试验用）

蛋白胨	7.0 g
葡萄糖	5.0 g
磷酸氢二钾	5.0 g
蒸馏水	1 000 mL

溶化后调节至 pH 至 7.0，分装试管，每管 1 mL，121℃高压灭菌 15 min，备用。

甲基红（MR）试剂：

甲基红	10 mg
95％乙醇	30 mL
蒸馏水	20 mL

10 mg 甲基红溶于 30 mL 95％乙醇中，然后加入 20 mL 蒸馏水。

试验方法：取适量琼脂培养物接种于本培养基，(36±1)℃培养 2～5 d。滴加甲基红试剂 1 滴，立即观察结果。鲜红色为阳性，黄色为阴性。

V-P 试验：

6％α-萘酚-乙醇溶液：取 α-萘酚 6.0 g，加无水乙醇溶解，定容至 100 mL。

40％氢氧化钾溶液：取氢氧化钾 40 g，加蒸馏水溶解，定容至 100 mL。

试验方法：取适量琼脂培养物接种于本培养基，(36±1)℃培养 2～4 d。加入 6％α-萘酚-乙醇溶液 0.5 mL 和 40％氢氧化钾溶液 0.2 mL，充分振摇试管，观察结果。阳性反应立刻或于数分钟内出现红色，如为阴性，应放在(36±1)℃继续培养 4 h 再进行观察。

(8)血琼脂

蛋白胨	1.0 g
牛肉膏	0.3 g
氯化钠	0.5 g
琼脂	1.5 g
蒸馏水	100 mL
脱纤维羊血	5～10 mL

除新鲜脱纤维羊血外，加热溶化上述各组分，121℃高压灭菌 15 min，冷到 50℃，以无菌操作加入新鲜脱纤维羊血，摇匀，倾注平板。

(9)糖发酵管

牛肉膏	5.0 g
蛋白胨	10.0 g
氯化钠	3.0 g
磷酸氢二钠($Na_2HPO_4 \cdot 12H_2O$)	2.0 g
0.2％溴麝香草酚蓝溶液	12.0 mL
蒸馏水	1 000 mL

葡萄糖发酵管按上述成分配好后，按 0.5％加入葡萄糖，分装于有一个倒置小管的小试管内，调节 pH 至 7.4，115℃高压灭菌 15 min，备用。

其他各种糖发酵管可按上述成分配好后，分装每瓶 100 mL，115℃高压灭菌 15 min。另将各种糖类分别配好 10％溶液，同时高压灭菌。将 5 mL 糖溶液加入于 100 mL 培养基内，以无菌操作分装小试管。

试验方法：取适量纯培养物接种于糖发酵管，(36±1)℃培养 24～48 h，观察结果，蓝色为阴性，黄色为阳性。

(10)过氧化氢酶试验

①3％过氧化氢溶液：临用时配制。

②试验方法：用细玻璃棒或一次性接种针挑取单个菌落，置于洁净试管内，滴加 3％过氧化氢溶液 2 mL，观察结果。于半分钟内发生气泡者为阳性，不发生气泡者为阴性。

二、食品中志贺氏菌的检验

(一)设备和材料

除微生物实验室常规灭菌及培养设备外，其他设备和材料如下。

①恒温培养箱：(36±1)℃。

②冰箱：2～5℃。

③膜过滤系统。

④厌氧培养装置：(41.5±1)℃。

⑤电子天平：感量 0.1 g。

⑥显微镜：10×～100×。

⑦均质器。

⑧振荡器。

⑨无菌吸管：1 mL(具 0.01 mL 刻度)、10 mL(具 0.1 mL 刻度)或微量移液器及吸头。

⑩无菌均质杯或无菌均质袋：容量 500 mL。

⑪无菌培养皿：直径 90 mm。

⑫pH 计或 pH 比色管或精密 pH 试纸。

⑬全自动微生物生化鉴定系统。

(二)培养基和试剂

①志贺氏菌增菌肉汤-新生霉素。

②麦康凯(MAC)琼脂。

③木糖赖氨酸脱氧胆酸盐(XLD)琼脂。

④志贺氏菌显色培养基。

⑤三糖铁(TSI)琼脂。

⑥营养琼脂斜面。

⑦半固体琼脂。

⑧葡萄糖铵培养基。

⑨尿素琼脂。

⑩β-半乳糖苷酶培养基。

⑪氨基酸脱羧酶试验培养基。

⑫糖发酵管。

⑬西蒙氏柠檬酸盐培养基。

⑭黏液酸盐培养基。

⑮蛋白胨水、靛基质试剂。

⑯志贺氏菌属诊断血清。

⑰生化鉴定试剂盒。

(三)检验程序

志贺氏菌检验程序见图 7-7。

(四)操作步骤

1. 增菌

以无菌操作取检样 25 g(mL)，加入装有灭菌 225 mL 志贺氏菌增菌肉汤的均质杯，用旋转刀片式均质器以 8 000～10 000 r/min 均质；或加入装有 225 mL 志贺氏菌增菌肉汤的均质袋中，用拍击式均质器连续均质 1～2 min，液体样品振荡混匀即可。于(41.5±1)℃，厌氧培养 16～20 h。

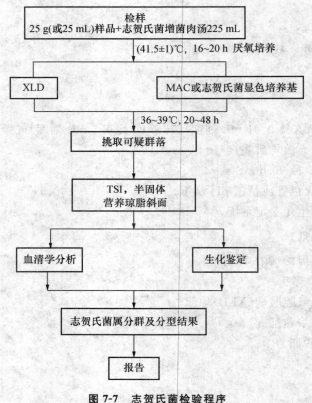

图 7-7 志贺氏菌检验程序

2. 分离

取增菌后的志贺氏增菌液分别划线接种于 XLD 琼脂平板和 MAC 琼脂平板或志贺氏菌显色培养基平板上,于(36±1)℃培养 20～24 h,观察各个平板上生长的菌落形态。宋内氏志贺氏菌的单个菌落直径大于其他志贺氏菌。若出现的菌落不典型或菌落较小不易观察,则继续培养至 48 h 再进行观察。志贺氏菌在不同选择性琼脂平板上的菌落特征见表 7-11。

表 7-11 志贺氏菌在不同选择性琼脂平板上的菌落特征

选择性琼脂平板	志贺氏菌的菌落特征
MAC 琼脂	无色至浅粉红色,半透明、光滑、湿润、圆形、边缘整齐或不齐
XLD 琼脂	粉红色至无色,半透明、光滑、湿润、圆形、边缘整齐或不齐
志贺氏菌显色培养基	按照显色培养基的说明进行判定

3. 初步生化试验

①自选择性琼脂平板上分别挑取 2 个以上典型或可疑菌落,分别接种 TSI、半固体和营养琼脂斜面各一管,置(36±1)℃培养 20～24 h,分别观察结果。

②凡是三糖铁琼脂中斜面产碱、底层产酸(发酵葡萄糖,不发酵乳糖、蔗糖)、不产气(福氏志贺氏菌 6 型可产生少量气体)、不产硫化氢、半固体管中无动力的菌株,挑取其中已培养的营养琼脂斜面上生长的菌苔,进行生化试验和血清学分型。

4. 生化试验及附加生化试验

(1)生化试验　用已培养的营养琼脂斜面上生长的菌苔,进行生化试验,即 β-半乳糖苷酶、尿素、赖氨酸脱羧酶、鸟氨酸脱羧酶以及水杨苷和七叶苷的分解试验。除宋内氏志贺氏菌、鲍氏志贺氏菌 13 型的鸟氨酸阳性;宋内氏菌和痢疾志贺氏菌 1 型,鲍氏志贺氏菌 13 型的 β-半乳糖苷酶为阳性以外,其余生化试验志贺氏菌属的培养物均为阴性结果。另外,由于福氏志贺氏菌 6 型的生化特性和痢疾志贺氏菌或鲍氏志贺氏菌相似,必要时还需加做靛基质、甘露醇、棉籽糖、甘油试验,也可做革兰氏染色检查和氧化酶试验,应为氧化酶阴性的革兰氏阴性杆菌。生化反应不符合的菌株,即使能与某种志贺氏菌分型血清发生凝集,仍不得判定为志贺氏菌属。志贺氏菌属生化特性见表 7-12。

表 7-12　志贺氏菌属 4 个群的生化特征

生化反应	A 群:痢疾志贺氏菌	B 群:福氏志贺氏菌	C 群:鲍氏志贺氏菌	D 群:宋内氏志贺氏菌
半乳糖苷酶	—ª	—	—ª	+
尿素	—	—	—	—
赖氨酸脱羧酶	—	—	—	—
鸟氨酸脱羧酶	—	—	—ᵇ	—
水杨酸	—	—	—	—
七叶苷	—	—	—	—
靛基质	—/+	(+)	—/+	—
甘露醇	—	+ᶜ	+	+
棉籽糖	—	+	—	+
甘油	(+)	—	(+)	d

注①:＋表示阳性,—表示阴性,—/＋表示多数阴性,＋/—表示多数阳性,(＋)表示迟缓阳性。d 表示有不同生化型。

注②:ª 痢疾志贺 1 型和鲍氏 13 型为阳性。ᵇ 鲍氏 13 型为鸟氨酸阳性。ᶜ 福氏 4 型和 6 型常见甘露醇阴性变种。

(2)附加生化实验　由于某些不活泼的大肠埃希氏菌(*anaerogenic E.* coli)、A-D(Alkalescens-Disparbiotypes 碱性-异型)菌的部分生化特征与志贺氏菌相似,并能与某种志贺氏菌分型血清发生凝集;因此,前面生化实验符合志贺氏菌属生化特性的培养物还需另加葡萄糖胺、西蒙氏柠檬酸盐、黏液酸盐试验(36℃培养 24～48 h)。志贺氏菌属和不活泼大肠埃希氏菌、A-D 菌的生化特性区别见表 7-13。

表 7-13　志贺氏菌属和不活泼大肠埃希氏菌、A-D 菌的生化特性区别

生化反应	A 群:痢疾志贺氏菌	B 群:福氏志贺氏菌	C 群:包氏志贺氏菌	D 群:宋内氏志贺氏菌	大肠埃希氏菌	A-D 菌
葡萄糖胺	—	—	—	—	+	+
西蒙是柠檬酸盐	—	—	—	—	d	d
黏液酸盐	—	—	—	d	+	d

注 1:＋表示阳性;—表示阴性;d 表示有不同生化型。

注 2:在葡萄糖胺、西蒙是柠檬酸盐、黏液酸盐试验三项反应中志贺氏菌一般为阴性,而不活泼的大肠埃希氏菌、A-D(碱性-异型)菌至少有一项反应为阳性。

(3)生化鉴定试剂盒或全自动微生物生化鉴定系统　可根据(2)的初步判断结果,用(1)中已培养的营养琼脂斜面上生长的菌苔,使用生化鉴定试剂盒或全自动微生物生化鉴定系统进行鉴定。

5. 血清学鉴定

①抗原的准备。志贺氏菌属没有动力,所以没有鞭毛抗原。志贺氏菌属主要有菌体(O)抗原。菌体(O)抗原又可分为型和群的特异性抗原。一般采用 1.2%～1.5% 琼脂培养物作为玻片凝集试验用的抗原。

注意:一些志贺氏菌如果因为 K 抗原的存在而不出现凝集反应时,可挑取菌苔于 1 mL 生理盐水做成浓菌液,100℃煮沸 15～60 min 去除 K 抗原后再检查。

D 群志贺氏菌既可能是光滑型菌株也可能是粗糙型菌株,与其他志贺氏菌群抗原不存在交叉反应。与肠杆菌科不同,宋内氏志贺氏菌粗糙型菌株不一定会自凝。宋内氏志贺氏菌没有 K 抗原。

②凝集反应。在玻片上划出 2 个约 1 cm×2 cm 的区域,挑取一环待测菌,各放 1/2 环于玻片上的每一区域上部,在其中一个区域下部加 1 滴抗血清,在另一区域下部加入 1 滴生理盐水,作为对照。再用无菌的接种环或针分别将两个区域内的菌落研成乳状液。将玻片倾斜摇动混合 1 min,并对着黑色背景进行观察,如果抗血清中出现凝结成块的颗粒,而且生理盐水中没有发生自凝现象,那么凝集反应为阳性。如果生理盐水中出现凝集,视作自凝。这时,应挑取同一培养基上的其他菌落继续进行试验。

如果待测菌的生化特征符合志贺氏菌属生化特征,而其血清学试验为阴性的话,则按抗原的准备中注 1 进行试验。

③血清学分型(选做项目)。先用 4 种志贺氏菌多价血清检查,如果呈现凝集,则再用相应各群多价血清分别试验。先用 B 群福氏志贺氏菌多价血清进行实验,如呈现凝集,再用其群和型因子血清分别检查。如果 B 群多价血清不凝集,则用 D 群宋内氏志贺氏菌血清进行实验,如呈现凝集,则用其 I 相和 II 相血清检查;如果 B、D 群多价血清都不凝集,则用 A 群痢疾志贺氏菌多价血清及 1～12 各型因子血清检查,如果上述 3 种多价血清都不凝集,可用 C 群鲍氏志贺氏菌多价检查,并进一步用 1～18 各型因子血清检查。福氏志贺氏菌各型和亚型的型抗原和群抗原鉴别见表 7-14。

表 7-14　福氏志贺氏菌各型和亚型的型抗原和群抗原的鉴别

型和亚型	型抗原	群抗原	在群因子血清中的凝集		
			3,4	6	7,8
1a	I	4	+	—	—
1b	I	(4),6	(+)	+	—
2a	II	3,4	+	—	—
2b	II	7,8	—	—	+
3a	III	(3,4),6,7,8	(+)	+	+
3b	III	(3,4),6	(+)	+	—
4a	IV	3,4	+	—	—
4b	IV	6	—	+	—

续表 7-14

型和亚型	型抗原	群抗原	在群因子血清中的凝集		
			3,4	6	7,8
4c	Ⅳ	7,8	—	—	+
5a	Ⅴ	3,4	(+)	—	—
5b	Ⅴ	7.8	—	—	+
6	Ⅵ	4	+	—	—
X	—	7,8	—	—	+
Y	—	3,4	+	—	—

注：+表示凝集；—表示不凝集；()表示有或无。

6. 结果报告

综合以上生化试验和血清学鉴定的结果,报告 25 g(mL)样品中检出或未检出志贺氏菌。

7. 培养基及试剂

(1)志贺氏菌增菌肉汤-新生霉素

①志贺氏菌增菌肉汤：

胰蛋白胨	20.0 g
葡萄糖	1.0 g
磷酸氢二钾	2.0 g
磷酸二氢钾	2.0 g
氯化钠	5.0 g
吐温 80(Tween 80)	1.5 mL
蒸馏水	1 000 mL

制法：将以上成分混合加热溶解,冷却至 25℃左右校正 pH 至(7.0±0.2),分装于适当的容器中,121℃灭菌 15 min。取出后冷却至 50～55℃,加入除菌过滤的新生霉素溶液(0.5 μg/mL),分装 225 mL 备用。

注意：如不立即使用,在 2～8℃条件下可储存 1 个月。

②新生霉素溶液：

新生霉素	25.0 mg
蒸馏水	1 000 mL

制法：将新生霉素溶解于蒸馏水中,用 0.22 μm 过滤膜除菌,如不立即使用,在 2～8℃条件下可储存 1 个月。临用时每 225 mL 志贺氏菌增菌肉汤加入 5 mL 新生霉素溶液,混匀。

(2)麦康凯(MAC)琼脂

蛋白胨	20.0 g
乳糖	10.0 g
3 号胆盐	1.5 g
氯化钠	5.0 g
中性红	0.03 g
结晶紫	0.001 g

琼脂	15.0 g
蒸馏水	1 000.0 mL

制法:将以上成分混合加热溶解,冷却至 25℃左右校正 pH 至(7.2±0.2),分装,121℃高压灭菌 15 min。冷却至 45～50℃,倾注平板。

注意:如不立即使用,在 2～8℃条件下可储存 2 周。

(3)木糖赖氨酸脱氧胆盐(XLD)琼脂

酵母膏	3.0 g
L-赖氨酸	5.0 g
木糖	3.75 g
乳糖	7.5 g
蔗糖	7.5 g
脱氧胆酸钠	1.0 g
氯化钠	5.0 g
硫代硫酸钠	6.8 g
柠檬酸铁铵	0.8 g
酚红	0.08 g
琼脂	15.0 g
蒸馏水	1 000.0 mL

制法:除酚红和琼脂外,将其他成分加入 400 mL 蒸馏水中,煮沸溶解,校正 pH 至(7.4±0.2)。另将琼脂加入 600 mL 蒸馏水中,煮沸溶解。将上述两溶液混合均匀后,再加入指示剂,待冷至 50～55℃倾注平皿。

注意:本培养基不需要高压灭菌,在制备过程中不宜过分加热,避免降低其选择性,贮于室温暗处。本培养基宜于当天制备,第 2 天使用。使用前必须去除平板表面上的水珠,在 37～55℃温度下,琼脂面向下、平板盖亦向下烘干。另外,如配制好的培养基不立即使用,在 2～8℃条件下可储存 2 周。

(4)三糖铁(TSI)琼脂

蛋白胨	20.0 g
牛肉浸膏	5.0 g
乳糖	10.0 g
蔗糖	10.0 g
葡萄糖	1.0 g
硫酸亚铁铵$(NH_4)_2Fe(SO_4)_2 \cdot 6H_2O$	0.2 g
氯化钠	5.0 g
硫代硫酸钠	0.2 g
酚红	0.025 g
琼脂	12.0 g
蒸馏水	1 000.0 mL

制法:除酚红和琼脂外,将其他成分加于 400 mL 蒸馏水中,搅拌均匀,静置约 10 min,加热使完全溶化,冷却至 25℃左右校正 pH 至(7.4±0.2)。另将琼脂加于 600 mL 蒸馏水中,静

置约 10 min,加热使完全溶化。将两溶液混合均匀,加入 5‰酚红水溶液 5 mL,混匀,分装小号试管,每管约 3 mL。于 121℃灭菌 15 min,制成高层斜面。冷却后呈橘红色。如不立即使用,在 2~8℃条件下可储存 1 个月。

(5)营养琼脂斜面

蛋白胨	10.0 g
牛肉膏	3.0 g
氯化钠	5.0 g
琼脂	15.0 g
蒸馏水	1 000.0 mL

制法:将除琼脂以外的各成分溶解于蒸馏水内,加入 15%氢氧化钠溶液约 2 mL,冷却至 25℃左右校正 pH 至(7.4±0.2)。加入琼脂,加热煮沸,使琼脂溶化。分装小号试管,每管约 3 mL。于 121℃灭菌 15 min,制成斜面。

注意:如不立即使用,在 2~8℃条件下可储存 2 周。

(6)半固体琼脂

蛋白胨	1.0 g
牛肉膏	0.3 g
氯化钠	0.5 g
琼脂	0.3~0.7 g
蒸馏水	100.0 mL

制法:按以上成分配好,加热溶解,并校正 pH 至(7.4±0.2),分装小试管,121℃灭菌 15 min,直立凝固备用。

(7)葡萄糖铵培养基

氯化钠	5.0 g
硫酸镁($MgSO_4 \cdot 7H_2O$)	0.2 g
磷酸二氢铵	1.0 g
磷酸氢二钾	1.0 g
葡萄糖	2.0 g
琼脂	20.0 g
0.2%溴麝香草酚蓝水溶液	40.0 mL
蒸馏水	1 000.0 mL

制法:先将盐类和糖溶解于水内,校正 pH 至(6.8±0.2),再加琼脂加热溶解,然后加入指示剂。混合均匀后分装试管,121℃高压灭菌 15 min。制成斜面备用。

试验方法:用接种针轻轻触及培养物的表面,在盐水管内做成极稀的悬液,肉眼观察不到混浊,以每一接种环内含菌数在 20~100 为宜。将接种环灭菌后挑取菌液接种,同时再以同法接种普通斜面一支作为对照。于(36±1)℃培养 24 h。阳性者葡萄糖铵斜面上有正常大小的菌落生长;阴性者不生长,但在对照培养基上生长良好。如在葡萄糖铵斜面生长极微小的菌落可视为阴性结果。

注意:容器使用前应用清洁液浸泡。再用清水、蒸馏水冲洗干净,并用新棉花做成棉塞,干热灭菌后使用。如果操作时不注意,有杂质污染时,易造成假阳性的结果。

（8）尿素琼脂

蛋白胨	1.0 g
氯化钠	5.0 g
葡萄糖	1.0 g
磷酸二氢钾	2.0 g
0.4%酚红溶液	3.0 mL
琼脂	20.0 g
20%尿素溶液	100.0 mL
蒸馏水	900.0 mL

制法：除酚红和尿素外的其他成分加热溶解，冷却至 25℃左右校正 pH 至（7.2±0.2），加入酚红指示剂，混匀，于 121℃灭菌 15 min。冷至约 55℃，加入用 0.22 μm 过滤膜除菌后的 20%尿素水溶液 100 mL，混匀，以无菌操作分装灭菌试管，每管 3～4 mL，制成斜面后放冰箱备用。

试验方法：挑取琼脂培养物接种，在（36±1）℃培养 24 h，观察结果。尿素酶阳性者由于产碱而使培养基变为红色。

（9）β-半乳糖苷酶培养基

①液体法（ONPG 法）：

邻硝基苯 β-D-半乳糖苷（ONPG）	60.0 mg
0.01 mol/L 磷酸钠缓冲液[pH 为（7.5±0.2）]	10.0 mL
1%蛋白胨水[pH 为（7.5±0.2）]	30.0 mL

制法：将 ONPG 溶于缓冲液内，加入蛋白胨水，以过滤法除菌，分装于 10 mm× 75 mm 试管内，每管 0.5 mL，用橡皮塞塞紧。

试验方法：自琼脂斜面挑取培养物一满环接种，于（36±1）℃培养 1～3 h 和 24 h 观察结果。如果 β-D-半乳糖苷酶产生，则于 1～3 h 变黄色，如无此酶则 24 h 不变色。

②平板法（X-Gal 法）：

蛋白胨	20.0 g
氯化钠	3.0 g
5-溴-4-氯-3-吲哚-β-D-半乳糖苷（X-Gal）	200.0 mg
琼脂	15.0 g
蒸馏水	1 000.0 mL

制法：将各成分加热煮沸于 1 L 水中，冷却至 25℃左右校正 pH 至（7.2±0.2），115℃高压灭菌 10 min。倾注平板避光冷藏备用。

试验方法：挑取琼脂斜面培养物接种于平板，划线和点种均可，于（36±1）℃培养18～24 h 观察结果。如果 β-D-半乳糖苷酶产生，则平板上培养物颜色变蓝色，如无此酶则培养物为无色或不透明色，培养 48～72 h 后有部分转为淡粉红色。

（10）氨基酸脱羧酶试验培养基

蛋白胨	5.0 g
酵母膏	3.0 g
葡萄糖	1.0 g

1.6％溴甲酚紫-乙醇溶液	1.0 mL
L 型或 *DL* 型赖氨酸和鸟氨酸	0.5 g/100 mL 或 1.0 g/100 mL
蒸馏水	1 000.0 mL

制法:除氨基酸以外的成分加热溶解后,分装每瓶 100 mL,分别加入赖氨酸和鸟氨酸。*L*-氨基酸按 0.5％加入,*DL*-氨基酸按 1％加入,再校正 pH 至(6.8±0.2)。对照培养基不加氨基酸。分装于灭菌的小试管内,每管 0.5 mL,上面滴加一层石蜡油,115℃高压灭菌 10 min。

试验方法:从琼脂斜面上挑取培养物接种,于(36±1)℃培养 18～24 h,观察结果。氨基酸脱羧酶阳性者由于产碱,培养基应呈紫色。阴性者无碱性产物,但因葡萄糖产酸而使培养基变为黄色。阴性对照管应为黄色,空白对照管为紫色。

(11)糖发酵管

牛肉膏	5.0 g
蛋白胨	10.0 g
氯化钠	3.0 g
磷酸氢二钠	2.0 g
0.2％溴麝香草酚蓝溶液	12.0 mL
蒸馏水	1 000.0 mL

制法:葡萄糖发酵管按上述成分配好后,按 0.5％加入葡萄糖,25℃左右校正 pH 至(7.4±0.2),分装于有一个倒置的小试管内,121℃高压灭菌 15 min。

其他各种糖发酵管可按上述成分配好后,分装每瓶 100 mL,121℃高压灭菌 15 min。另将各种糖类分别配好 10％溶液,同时高压灭菌。将 5 mL 糖溶液加入 100 mL 培养基内,以无菌操作分装小试管。

注意:蔗糖不纯,加热后会自行水解者,应采用过滤法除菌

试验方法:从琼脂斜面上挑取小量培养物接种,于(36±1)℃培养,一般观察 2～3 d。迟缓反应需观察 14～30 d。

(12)西蒙氏柠檬酸盐培养基

氯化钠	5.0 g
硫酸镁	0.2 g
磷酸二氢铵	1.0 g
磷酸氢二钾	1.0 g
柠檬酸钠	5.0 g
琼脂	20 g
0.2％溴麝香草酚蓝溶液	40.0 mL
蒸馏水	1 000.0 mL

制法:先将盐类溶解于水内,调 pH 至(6.8±0.2),加入琼脂,加热溶化。然后加入指示剂,混合均匀后分装试管,121℃灭菌 15 min。制成斜面备用。

试验方法:挑取少量琼脂培养物接种,于(36±1)℃培养 4 d,每天观察结果。阳性者斜面上有菌落生长,培养基从绿色转为蓝色。

（13）黏液酸盐培养基

①测试肉汤：

酪蛋白胨	10.0 g
溴麝香草酚蓝溶液	0.024 g
蒸馏水	1 000.0 mL
黏液酸	10.0 g

制法：慢慢加入 5 mol/L 氢氧化钠以溶解黏液酸，混匀。其余成分加热溶解，加入上述黏液酸，冷却至 25℃左右校正 pH 至（7.4±0.2），分装试管，每管约 5 mL，于 121℃高压灭菌 10 min。

②质控肉汤：

酪蛋白胨	10.0 g
溴麝香草酚蓝溶液	0.024 g
蒸馏水	1 000.0 mL

制法：所有成分加热溶解，冷却至 25℃左右校正 pH 至（7.4±0.2），分装试管，每管约 5 mL，于 121℃高压灭菌 10 min。

试验方法：将待测新鲜培养物接种测试肉汤和质控肉汤，于（36±1）℃培养 48 h 观察结果，肉汤颜色蓝色不变则为阴性结果，黄色或稻草黄色为阳性结果。

（14）蛋白胨水、靛基质试剂

蛋白胨（或胰蛋白胨）	20.0 g
氯化钠	5.0 g
蒸馏水	1 000.0 mL
pH	7.4

按上述成分配制，分装小试管，121℃高压灭菌 15 min。

注意：此试剂在 2～8℃条件下可储存 1 个月。

靛基质试剂：

柯凡克试剂：将 5 g 对二甲氨基苯甲醛溶解于 75 mL 戊醇中。然后缓慢加入浓盐酸 25 mL。

欧—波试剂：将 1 g 对二甲氨基苯甲醛溶解于 95 mL 95%乙醇内。然后缓慢加入浓盐酸 20 mL。

试验方法：挑取少量培养物接种，在（36±1）℃培养 1～2 d，必要时可培养 4～5 d。加入柯凡克试剂约 0.5 mL，轻摇试管，阳性者于试剂层呈深红色；或加入欧—波试剂约 0.5 mL，沿管壁流下，覆盖于培养液表面，阳性者于液面接触处呈玫瑰红色。

注意：蛋白胨中应含有丰富的色氨酸。每批蛋白胨买来后，应先用已知菌种鉴定后方可使用，此试剂在 2～8℃条件下可储存 1 个月。

三、食品中金黄色葡萄球菌的检验

金黄色葡萄球菌在自然界中无处不在，空气、水、灰尘及人和动物的排泄物中都可找到。因而，食品受其污染的机会很多。美国疾病控制中心报告，由金黄色葡萄球菌引起的感染占第 2 位，仅次于大肠杆菌。金黄色葡萄球菌肠毒素是个世界性卫生难题，在美国由金黄色葡萄球菌肠毒素引起的食物中毒，占整个细菌性食物中毒的 33%，加拿大则更多，占到 45%，我国每年发生的此类中毒事件也非常多。

金黄色葡萄球菌的流行病学一般有如下特点:季节分布,多见于春夏季;中毒食品种类多,如奶、肉、蛋、鱼及其制品。此外,剩饭、油煎蛋、糯米糕及凉粉等引起的中毒事件也有报道。上呼吸道感染患者鼻腔带菌率83%,所以,人畜化脓性感染部位,常成为污染源。

一般来说,金黄色葡萄球菌可通过以下途径污染食品:食品加工人员、炊事员或销售人员带菌,造成食品污染;食品在加工前本身带菌,或在加工过程中受到了污染,产生了肠毒素,引起食物中毒;熟食制品包装不密封,运输过程中受到污染;奶牛患化脓性乳腺炎或禽畜局部化脓时,对肉体其他部位的污染。金黄色葡萄球菌是人类化脓感染中最常见的病原菌,可引起局部化脓感染,也可引起肺炎、伪膜性肠炎、心包炎等,甚至败血症、脓毒症等全身感染。

金黄色葡萄球菌的致病力强弱主要取决于其产生的毒素和侵袭性酶。

溶血毒素:外毒素,分 α、β、γ、δ 四种,能损伤血小板,破坏溶酶体,引起肌体局部缺血和坏死。

杀死白细胞素:可破坏人的白细胞和巨噬细胞。

血浆凝固酶:当金黄色葡萄球菌侵入人体时,该酶使血液或血浆中的纤维蛋白沉积于菌体表面或凝固,阻碍吞噬细胞的吞噬作用。葡萄球菌形成的感染易局部化与此酶有关。

脱氧核糖核酸酶:金黄色葡萄球菌产生的脱氧核糖核酸酶能耐受高温,可用来作为依据鉴定金黄色葡萄球菌。

肠毒素:金黄色葡萄球菌能产生数种引起急性胃肠炎的蛋白质性肠毒素,分为 A、B、C_1、C_2、C_3、D、E 及 F 八种血清型。肠毒素可耐受 100℃煮沸 30 min 而不被破坏。它引起的食物中毒症状是呕吐和腹泻。此外,金黄色葡萄球菌还产生溶表皮素、明胶酶、蛋白酶、脂肪酶、肽酶等。

表皮剥脱毒素:引起烫伤样皮肤综合征,又称剥脱样皮炎。

毒性休克综合征毒素(tsst-1)。

金黄色葡萄球菌肠炎是金黄色葡萄球菌引起的,多因原发疾病长期用抗生素引起肠道菌群失调所致,抗生素敏感菌株受到抑制,耐药的金黄色葡萄球菌株趁机繁殖。金黄色葡萄球菌为侵袭性细菌,能产生毒素,对肠道破坏性大,所以,金黄色葡萄球菌肠炎起病急,中毒症状严重,主要表现为呕吐、发热、腹泻。呕吐常在发热前出现,发热很高。轻症大便次数稍多,为黄绿色糊状便;重症大便次数频繁,每日可达数十次,大便呈暗绿色水样便,外观像海水,所以叫海水样便。黏液多,有腥臭味,有时可排出片状伪膜,将伪膜放入生理水中,脱落的肠黏膜即漂在水面上,对诊断帮助很大。体液损失多,患儿脱水、电解质紊乱和酸中毒严重,可发生休克。挑选大便黏液部分涂片,在显微镜下检查可见大量脓细胞,如经革兰氏染色,显微镜检查可见成堆的大量革兰氏阳性球菌。大便培养金黄色葡萄球菌生长,即可明确诊断。检验方法参照GB 4789.10—2010。

(一)金黄色葡萄球菌定性检验(第一法)

1. 设备和材料

除微生物实验室常规灭菌及培养设备外,其他设备和材料如下。

①恒温培养箱:(36±1)℃。

②冰箱:2~5℃。

③恒温水浴箱:37~65℃。

④天平:感量 0.1 g。

⑤均质器。

⑥振荡器。

⑦无菌吸管:1 mL(具 0.01 mL 刻度)、10 mL(具 0.1 mL 刻度)或微量移液器及吸头。

⑧无菌锥形瓶:容量 100、500 mL。

⑨无菌培养皿:直径 90 mm。

⑩注射器:0.5 mL。

⑪pH 计或 pH 比色管或精密 pH 试纸。

2. 培养基和试剂

①10%氯化钠胰酪胨大豆肉汤。

②7.5%氯化钠肉汤。

③血琼脂平板。

④Baird-Parker 琼脂平板。

⑤脑心浸出液肉汤(BHI)。

⑥兔血浆。

⑦稀释液:磷酸盐缓冲液。

⑧营养琼脂小斜面。

⑨革兰氏染色液。

⑩无菌生理盐水。

3. 检验程序

金黄色葡萄球菌定性检验程序见图 7-8。

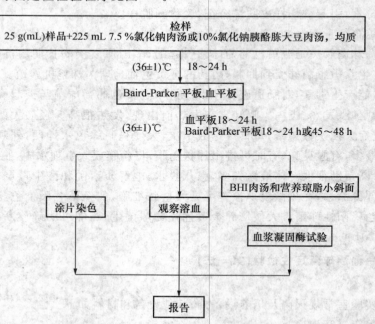

图 7-8　金黄色葡萄球菌定性检验程序

4. 操作步骤

(1)样品的处理　称取 25 g 样品至盛有 225 mL 7.5%氯化钠肉汤或 10%氯化钠胰酪胨

大豆肉汤的无菌均质杯内,8 000~10 000 r/min 均质 1~2 min,或放入盛有 225 mL 7.5%氯化钠肉汤或 10%氯化钠胰酪胨大豆肉汤的无菌均质袋中,用拍击式均质器拍打 1~2 min。若样品为液态,吸取 25 mL 样品至盛有 225 mL 7.5%氯化钠肉汤或 10%氯化钠胰酪胨大豆肉汤的无菌锥形瓶(瓶内可预置适当数量的无菌玻璃珠)中,振荡混匀。

(2)增菌和分离培养

①将上述样品匀液于(36±1)℃培养 18~24 h。金黄色葡萄球菌在 7.5%氯化钠肉汤中呈混浊生长,污染严重时在 10%氯化钠胰酪胨大豆肉汤内呈混浊生长。

②将上述培养物,分别划线接种到 Baird-Parker 平板和血平板,血平板(36±1)℃培养 18~24 h。Baird-Parker 平板(36±1)℃培养 18~24 h 或 45~48 h。

金黄色葡萄球菌在 Baird-Parker 平板上,菌落直径为 2~3 mm,颜色呈灰色到黑色,边缘为淡色,周围为一混浊带,在其外层有一透明圈。用接种针接触菌落有似奶油至树胶样的硬度,偶然会遇到非脂肪溶解的类似菌落;但无混浊带及透明圈。长期保存的冷冻或干燥食品中所分离的菌落比典型菌落所产生的黑色较淡些,外观可能粗糙并干燥。在血平板上,形成菌落较大,圆形、光滑凸起、湿润、金黄色(有时为白色),菌落周围可见完全透明溶血圈。挑取上述菌落进行革兰氏染色镜检及血浆凝固酶试验。

(3)鉴定

①染色镜检:金黄色葡萄球菌为革兰氏阳性球菌,排列呈葡萄球状,无芽孢,无荚膜,直径为 0.5~1 μm。

②血浆凝固酶试验:挑取 Baird-Parker 平板或血平板上可疑菌落 1 个或以上,分别接种到 5 mL BHI 和营养琼脂小斜面,(36±1)℃培养 18~24 h。

取新鲜配制兔血浆 0.5 mL,放入小试管中,再加入 BHI 培养物 0.2~0.3 mL,振荡摇匀,置(36±1)℃温箱或水浴箱内,每 0.5 h 观察 1 次,观察 6 h,如呈现凝固(即将试管倾斜或倒置时,呈现凝块)或凝固体积大于原体积的 1/2,被判定为阳性结果。同时以血浆凝固酶试验阳性和阴性葡萄球菌菌株的肉汤培养物作为对照。也可用商品化的试剂,按说明书操作,进行血浆凝固酶试验。

结果如可疑,挑取营养琼脂小斜面的菌落到 5 mL BHI,(36±1)℃培养 18~48 h,重复试验。

(4)葡萄球菌肠毒素的检验　可疑食物中毒样品或产生葡萄球菌肠毒素的金黄色葡萄球菌菌株的鉴定,应按国标GB 4789.10—2010 中附录 B 检测葡萄球菌肠毒素。

5. 结果与报告

结果判定:符合 4 中(2)、(3),可判定为金黄色葡萄球菌。

结果报告:在 25 g(mL)样品中检出或未检出金黄色葡萄球菌。

(二)金黄色葡萄球菌 Baird-Parker 平板计数(第二法)

1. 检验程序

检验程序如图 7-9 所示。

2. 操作步骤

(1)样品的稀释

①固体和半固体样品。称取 25 g 样品置盛有 225 mL 磷酸盐缓冲液或生理盐水的无菌均质杯内,8 000~10 000 r/min 均质 1~2 min,或置盛有 225 mL 稀释液的无菌均质袋中,用拍

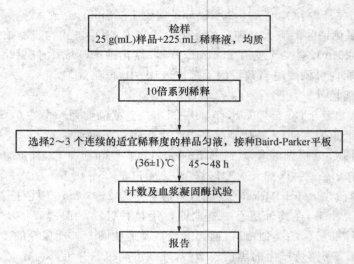

图 7-9　金黄色葡萄球菌 Baird-Parker 平板计数检验程序

击式均质器拍打 1～2 min,制成 1∶10 的样品匀液。

②液体样品。以无菌吸管吸取 25 mL 样品置盛有 225 mL 磷酸盐缓冲液或生理盐水的无菌锥形瓶(瓶内预置适当数量的无菌玻璃珠)中,充分混匀,制成 1∶10 的样品匀液。

③用 1 mL 无菌吸管或微量移液器吸取 1∶10 样品匀液 1 mL,沿管壁缓慢注于盛有 9 mL 稀释液的无菌试管中(注意吸管或吸头尖端不要触及稀释液面),振摇试管或换用 1 支 1 mL 无菌吸管反复吹打使其混合均匀,制成 1∶100 的样品匀液。

④按上述操作程序,制备 10 倍系列稀释样品匀液。每递增稀释 1 次,换用 1 次 1 mL 无菌吸管或吸头。

(2)样品的接种　根据对样品污染状况的估计,选择 2～3 个适宜稀释度的样品匀液(液体样品可包括原液),在进行 10 倍递增稀释时,每个稀释度分别吸取 1 mL 样品匀液以 0.3、0.3 和 0.4 mL 接种量分别加入 3 块 Baird-Parker 平板,然后用无菌 L 棒涂布整个平板,注意不要触及平板边缘。使用前,如 Baird-Parker 平板表面有水珠,可放在 25～50℃的培养箱里干燥,直到平板表面的水珠消失。

(3)培养　在通常情况下,涂布后,将平板静置 10 min,如样液不易吸收,可将平板放在培养箱(36±1)℃培养 1 h;等样品匀液吸收后翻转平皿,倒置于培养箱,(36±1)℃培养,45～48 h。

(4)典型菌落计数和确认

①金黄色葡萄球菌在 Baird-Parker 平板上,菌落直径为 2～3 mm,颜色呈灰色到黑色,边缘为淡色,周围为一混浊带,在其外层有一透明圈。用接种针接触菌落有似奶油至树胶样的硬度,偶然会遇到非脂肪溶解的类似菌落;但无混浊带及透明圈。长期保存的冷冻或干燥食品中所分离的菌落比典型菌落所产生的黑色较淡些,外观可能粗糙并干燥。

②选择有典型的金黄色葡萄球菌菌落的平板,且同一稀释度 3 个平板所有菌落数合计在 20～200 CFU 的平板,计数典型菌落数。如果:a. 只有一个稀释度平板的菌落数在 20～200 CFU 且有典型菌落,计数该稀释度平板上的典型菌落;b. 最低稀释度平板的菌落数小于 20 CFU 且有典型菌落,计数该稀释度平板上的典型菌落;c. 某一稀释度平板的菌落数大于 200 CFU 且有典

型菌落,但下一稀释度平板上没有典型菌落,应计数该稀释度平板上的典型菌落;d.某一稀释度平板的菌落数大于 200 CFU 且有典型菌落,且下一稀释度平板上有典型菌落,但其平板上的菌落数不在 20～200 CFU,应计数该稀释度平板上的典型菌落;以上按公式(7-2)计算;e.2 个连续稀释度的平板菌落数均在 20～200 CFU,按公式(7-3)计算。

③从典型菌落中任选 5 个菌落(小于 5 个全选),分别做血浆凝固酶试验。

3. 结果计算

$$T = \frac{A \times B}{n \times d} \tag{式 7-2}$$

式中:T 为样品中金黄色葡萄球菌菌落数;A 为某一稀释度典型菌落的总数;B 为某一稀释度血浆凝固酶阳性的菌落数;n 为某一稀释度用于血浆凝固酶试验的菌落数;d 为稀释因子。

$$T = \frac{\dfrac{A_1 \times B_1}{n_1} + \dfrac{A_2 \times B_2}{n_2}}{1.1 \times d} \tag{式 7-3}$$

式中:T 为样品中金黄色葡萄球菌菌落数;A_1 为第一稀释度(低稀释倍数)典型菌落的总数;A_2 为第二稀释度(高稀释倍数)典型菌落的总数;B_1 为第一稀释度(低稀释倍数)血浆凝固酶阳性的菌落数;B_2 为第二稀释度(高稀释倍数)血浆凝固酶阳性的菌落数;n_1 为第一稀释度(低稀释倍数)用于血浆凝固酶试验的菌落数;n_2 为第二稀释度(高稀释倍数)用于血浆凝固酶试验的菌落数;1.1 为计算系数;d 为稀释因子(第一稀释度)。

4. 结果与报告

根据 Baird-Parker 平板上金黄色葡萄球菌的典型菌落数,按上述中公式计算,报告每克(毫升)样品中金黄色葡萄球菌数以 CFU/g(mL)表示;如 T 值为 0,则以小于 1 乘以最低稀释倍数报告。

(三)金黄色葡萄球菌 MPN 计数(第三法)

1. 检验程序

金黄色葡萄球菌 MPN 计数检验程序如图 7-10 所示。

2. 操作步骤

(1)样品的稀释　按第二法稀释进行。

(2)接种和培养　根据对样品污染状况的估计,选择 3 个适宜稀释度的样品匀液(液体样品可包括原液),在进行 10 倍递增稀释时,每个稀释度分别吸取 1 mL 样品匀液接种到 10%氯化钠胰酪胨大豆肉汤管,每个稀释度接种 3 管,将上述接种物于(36±1)℃培养 45～48 h。

用接种环从有细菌生长的各管中,移取 1 环,分别接种 Baird-Parker 平板,(36±1)℃培养 45～48 h。

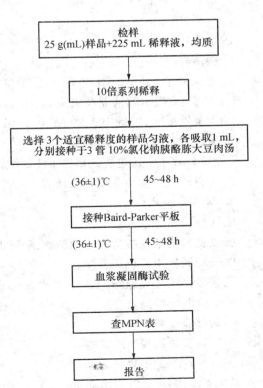

图 7-10　金黄色葡萄球菌 MPN 计数检验程序

（3）典型菌落确认见第二法典型菌落确认。从典型菌落中至少挑取 1 个菌落接种到 BHI 肉汤和营养琼脂斜面，(36±1)℃培养 18～24 h。进行血浆凝固酶试验，第一法血浆凝固酶试验。

3. 结果与报告

计算血浆凝固酶试验阳性菌落对应的管数，查 MPN 检索表，报告每克（毫升）样品中金黄色葡萄球菌的最可能数以 MPN/g(mL)表示。

四、乳制品中阪崎肠杆菌的检验

阪崎肠杆菌是奶粉（乳）制品中新发现的一种致病菌。由其引发的婴儿、早产儿脑膜炎、败血症及坏死性结肠炎散发和暴发的病例已在全球相继出现。多份研究报告表明婴儿配方奶粉是当前发现致婴儿、早产儿脑膜炎、败血症和坏死性结肠炎的主要感染渠道，在某些情况下，由阪崎肠杆菌引发疾病而导致的死亡率可达 40%～80%。阪崎肠杆菌已引起世界多国相关部门的重视。检验方法参照国标 GB 4789.40—2010。

（一）阪崎肠杆菌检验（第一法）

1. 设备和材料

除微生物实验室常规灭菌及培养设备外，其他设备和材料如下。

①恒温培养箱：(25±1)℃，(36±1)℃，(44±0.5)℃。

②冰箱：2～5℃。

③恒温水浴箱：(44±0.5)℃。

④天平：感量 0.1 g。

⑤均质器。

⑥振荡器。

⑦无菌吸管：1 mL（具 0.01 mL 刻度）、10 mL（具 0.1 mL 刻度）或微量移液器及吸头。

⑧无菌锥形瓶：容量 100、200、2 000 mL。

⑨无菌培养皿：直径 90 mm。

⑩pH 计或 pH 比色管或精密 pH 试纸。

⑪全自动微生物生化鉴定系统。

2. 培养基和试剂

①缓冲蛋白胨水。

②改良月桂基硫酸盐胰蛋白胨肉汤-万古霉素。

③阪崎肠杆菌显色培养基。

④胰蛋白胨大豆琼脂（TSA）。

⑤生化鉴定试剂盒。

⑥氧化酶试剂。

⑦L-赖氨酸脱羧酶培养基。

⑧L-鸟氨酸脱羧酶培养基。

⑨L-精氨酸双水解酶培养基。

⑩糖类发酵培养基。

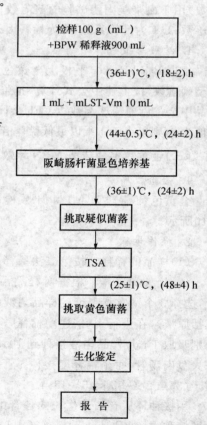

图 7-11　阪崎肠杆菌检验程序

⑪西蒙氏柠檬酸盐培养基。

3．检验程序

阪崎肠杆菌检验程序见图 7-11。

4．操作步骤

(1)前增菌和增菌 取检样 100 g(mL)加入已预热至 44℃装有 900 mL 缓冲蛋白胨水的锥形瓶中，用手缓缓地摇动至充分溶解，(36±1)℃培养(18±2)h。移取 1 mL 转种于 10 mL mLST-Vm 肉汤，(44±0.5)℃培养(24±2)h。

(2)分离 轻轻混匀 mL ST-Vm 肉汤培养物，各取增菌培养物 1 环，分别划线接种于两个阪崎肠杆菌显色培养基平板，(36±1)℃培养(24±2)h。

挑取 1～5 个可疑菌落，划线接种于 TSA 平板。(25±1)℃培养(48±4)h。

(3)鉴定 自 TSA 平板上直接挑取黄色可疑菌落，进行生化鉴定。阪崎肠杆菌的主要生化特征见表 7-15。可选择生化鉴定试剂盒或全自动微生物生化鉴定系统。

表 7-15　阪崎肠杆菌的主要生化特征

生化试验	特征	生化试验	特征
黄色素产生	＋	发酵	
氧化酶	—	D-山梨醇	(—)
L-赖氨酸脱羧酶	—	L-鼠李糖	＋
L-鸟氨酸脱羧酶	(＋)	D-蔗糖	＋
L-精氨酸双水解酶	＋	D-蜜二糖	＋
柠檬酸水解	(＋)	苦杏仁苷	＋

注：＋表示＞99％阳性，—表示＞99％阴性，(＋)表示 90％～99％阳性，(—)表示 90％～99％阴性。

5．结果与报告

综合菌落形态和生化特征，报告每 100 g(mL)样品中检出或未检出阪崎肠杆菌。

(二)阪崎肠杆菌的计数(第二法)

1．操作步骤

(1)样品的稀释

①固体和半固体样品：无菌称取样品 100、10 和 1 g 各 3 份，加入已预热至 44℃分别盛有 900、90 和 9 mL BPW 中，轻轻振摇使充分溶解，制成 1：10 样品匀液，置(36±1)℃培养(18±2)h。分别移取 1 mL 转种于 10 mL mL ST-Vm 肉汤，(44±0.5)℃培养(24±2)h。

②液体样品：以无菌吸管分别取样品 100、10 和 1 mL 各 3 份，加入已预热至 44℃分别盛有 900、90 和 9 mL BPW 中，轻轻振摇使充分混匀，制成 1：10 样品匀液，置(36±1)℃培养(18±2)h。分别移取 1 mL 转种于 10 mL mL ST-Vm 肉汤，(44±0.5)℃培养(24±2)h。

(2)分离、鉴定 同第一法。

2．结果与报告

综合菌落形态、生化特征，根据证实为阪崎肠杆菌的阳性管数，查 MPN 检索表(7-16)，报告每 100 g(mL)样品中阪崎肠杆菌的 MPN 值。

表 7-16　阪崎肠杆菌最可能数（MPN）检索表

阳性管数			MPN	95%可信限		阳性管数			MPN	95%可信限	
100	10	1		下限	上限	100	10	1		下限	上限
0	0	0	<0.3	—	0.95	2	2	0	2.1	0.45	4.2
0	0	1	0.3	0.015	0.96	2	2	1	2.8	0.87	9.4
0	1	0	0.3	0.015	1.1	2	2	2	3.5	0.87	9.4
0	1	1	0.61	0.12	1.8	2	3	0	2.9	0.87	9.4
0	2	0	0.62	0.12	1.8	2	3	1	3.6	0.87	9.4
0	3	0	0.94	0.36	3.8	3	0	0	2.3	0.46	9.4
1	0	0	0.36	0.017	1.8	3	0	1	3.8	0.87	11
1	0	1	0.72	0.13	1.8	3	0	2	6.4	1.7	18
1	0	2	1.1	0.36	3.8	3	1	0	4.3	0.9	18
1	1	0	0.74	0.13	1.8	3	1	1	7.5	1.7	20
1	1	1	1.1	0.36	3.8	3	1	2	12	3.7	42
1	2	0	1.1	0.36	4.2	3	1	3	16	4	42
1	2	1	1.5	0.45	4.2	3	2	0	9.3	1.8	42
1	3	0	1.6	0.45	4.2	3	2	1	15	3.7	42
2	0	0	0.92	0.14	3.8	3	2	2	21	4	43
2	0	1	1.4	0.36	4.2	3	2	3	29	9	100
2	0	2	2	0.45	4.2	3	3	0	24	4.2	100
2	1	0	1.5	0.37	4.2	3	3	1	46	9	200
2	1	1	2	0.45	4.2	3	3	2	110	18	410
2	1	2	2.7	0.87	9.4	3	3	3	>110	42	—

注 1：本表采用 3 个检样量[100 g(mL)、10 g(mL)和 1 g(mL)]，每个检样量接种 3 管。

注 2：表内所列检样量如改用 1 000 g(mL)、10 g(mL)和 1 g(mL)时，表内数字应相应降低 10 倍；如改用 10 g(mL)、1 g(mL)和 0.1 g(mL)时，则表内数字应相应增高 10 倍，其余类推。

3. 培养基和试剂

（1）缓冲蛋白胨水（BPW）

蛋白胨	10.0 g
氯化钠	5.0 g
磷酸氢二钠（Na₂HPO₄·12H₂O）	9.0 g
磷酸二氢钾	1.5 g
蒸馏水	1 000 mL

加热搅拌至溶解，调节 pH 至 7.2，121℃高压灭菌 15 min。

（2）改良月桂基硫酸盐胰蛋白胨肉汤-万古霉素

改良月桂基硫酸盐胰蛋白胨（mLST）肉汤：

氯化钠	34.0 g
胰蛋白胨	20.0 g
乳糖	5.0 g
磷酸二氢钾	2.75 g

磷酸氢二钾	2.75 g
十二烷基硫酸钠	0.1 g
蒸馏水	1 000 mL

加热搅拌至溶解，调节 pH 至 6.8±0.2。分装每管 10 mL，121℃高压灭菌 15 min。

万古霉素溶液：

万古霉素	10.0 mg
蒸馏水	10.0 mL

10.0 mg 万古霉素溶解于 10.0 mL 蒸馏水，过滤除菌。万古霉素溶液可以在 0～5℃保存 15 d。

改良月桂基硫酸盐胰蛋白胨肉汤-万古霉素：

每 10 mL mLST 加入万古霉素溶液 0.1 mL，混合液中万古霉素的终浓度为 10 μg/mL。

注意：mLST-Vm 必须在 24 h 之内使用。

（3）胰蛋白胨大豆琼脂（TSA）

胰蛋白胨	15.0 g
植物蛋白胨	5.0 g
氯化钠	5.0 g
琼脂	15.0 g
蒸馏水	1 000 mL

加热搅拌至溶解，煮沸 1 min，调节 pH 至 7.3±0.2，121℃高压 15 min。

（4）氧化酶试剂

N,N,N′,N′-四甲基对苯二胺盐酸盐	1.0 g
蒸馏水	100 mL

少量新鲜配制，于冰箱内避光保存，在 7 d 之内使用。

试验方法：用玻璃棒或一次性接种针挑取单个特征性菌落，涂布在氧化酶试剂湿润的滤纸平板上。如果滤纸在 10 s 之内未变为紫红色、紫色或深蓝色，则为氧化酶试验阴性，否则即为氧化酶实验阳性。

注意：实验中切勿使用镍/铬材料。

（5）L-赖氨酸脱羧酶培养基

L-赖氨酸盐酸盐	5.0 g
酵母浸膏	3.0 g
葡萄糖	1.0 g
溴甲酚紫	0.015 g
蒸馏水	1 000 mL

将各成分加热溶解，必要时调节 pH 至 6.8±0.2。每管分装 5 mL，121℃高压 15 min。

实验方法：挑取培养物接种于 L-赖氨酸脱羧酶培养基，刚好在液体培养基的液面下。（30±1)℃培养(24±2)h，观察结果。L-赖氨酸脱羧酶试验阳性者，培养基呈紫色，阴性者为黄色。

（6）L-鸟氨酸脱羧酶培养基

L-鸟氨酸盐酸盐	5.0 g

酵母浸膏	3.0 g
葡萄糖	1.0 g
溴甲酚紫	0.015 g
蒸馏水	1 000 mL

将各成分加热溶解,必要时调节 pH 至 6.8±0.2。每管分装 5 mL。121℃高压 15 min。

实验方法:挑取培养物接种于 L-鸟氨酸脱羧酶培养基,刚好在液体培养基的液面下。(30±1)℃培养(24±2)h,观察结果。L-鸟氨酸脱羧酶试验阳性者,培养基呈紫色,阴性者为黄色。

(7)L-精氨酸双水解酶培养基

L-精氨酸盐酸盐	5.0 g
酵母浸膏	3.0 g
葡萄糖	1.0 g
溴甲酚紫	0.015 g
蒸馏水	1 000 mL

将各成分加热溶解,必要时调节 pH 至(6.8±0.2)。每管分装 5 mL。121℃高压 15 min。

实验方法:挑取培养物接种于 L-精氨酸脱羧酶培养基,刚好在液体培养基的液面下。(30±1)℃培养(24±2)h,观察结果。L-精氨酸脱羧酶试验阳性者,培养基呈紫色,阴性者为黄色。

(8)糖类发酵培养基

基础培养基:

酪蛋白(酶消化)	10.0 g
氯化钠	5.0 g
酚红	0.02 g
蒸馏水	1 000 mL

将各成分加热溶解,必要时调节 pH 至(6.8±0.2)。每管分装 5 mL。121℃高压 15 min。

糖类溶液(D-山梨醇、L-鼠李糖、D-蔗糖、D-蜜二糖、苦杏仁苷):

| 糖 | 8.0 g |
| 蒸馏水 | 100 mL |

分别称取 D-山梨醇、L-鼠李糖、D-蔗糖、D-蜜二糖、苦杏仁苷等糖类成分各 8 g,溶于 100 mL 蒸馏水中,过滤除菌,制成 80 mg/mL 的糖类溶液。

完全培养基:

| 基础培养基 | 875 mL |
| 糖类溶液 | 125 mL |

无菌操作,将每种糖类溶液加入基础培养基,混匀;分装到无菌试管中,每管 10 mL。

实验方法:挑取培养物接种于各种糖类发酵培养基,刚好在液体培养基的液面下。(30±1)℃培养(24±2)h,观察结果。糖类发酵试验阳性者,培养基呈黄色,阴性者为红色。

(9)西蒙氏柠檬酸盐培养基

| 柠檬酸钠 | 2.0 g |
| 氯化钠 | 5.0 g |

磷酸氢二钾	1.0 g
磷酸二氢铵	1.0 g
硫酸镁	0.2 g
溴百里香酚蓝	0.08 g
琼脂	8.0～18.0 g
蒸馏水	1 000 mL

将各成分加热溶解,必要时调节 pH 至(6.8±0.2)。每管分装 10 mL,121℃高压 15 min,制成斜面。

实验方法:挑取培养物接种于整个培养基斜面,(36±1)℃培养(24±2)h,观察结果。阳性者培养基变为蓝色。

五、食品中霉菌和酵母菌的检验

1. 设备和材料

除微生物实验室常规灭菌及培养设备外,其他设备和材料如下。

①冰箱:2～5℃。

②恒温培养箱:(28±1)℃。

③均质器。

④恒温振荡器。

⑤显微镜:10×～100×。

⑥电子天平:感量 0.1 g。

⑦无菌锥形瓶:容量 500 mL、250 mL。

⑧无菌广口瓶:500 mL。

⑨无菌吸管:1 mL(具 0.01 mL 刻度)、10 mL(具 0.1 mL 刻度)。

⑩无菌平皿:直径 90 mm。

⑪无菌试管:10 mm×75 mm。

⑫无菌牛皮纸袋、塑料袋。

2. 培养基和试剂

(1)马铃薯-葡萄糖-琼脂培养基

马铃薯(去皮切块)	300 g
葡萄糖	20.0 g
琼脂	20.0 g
氯霉素	0.1 g
蒸馏水	1 000 mL

将马铃薯去皮切块,加 1 000 mL 蒸馏水,煮沸 10～20 min。用纱布过滤,补加蒸馏水至 1 000 mL。加入葡萄糖和琼脂,加热溶化,分装后,121℃灭菌 20 min。倾注平板前,用少量乙醇溶解氯霉素加入培养基中。

(2)孟加拉红培养基

蛋白胨	5.0 g
葡萄糖	10.0 g

磷酸二氢钾	1.0 g
硫酸镁（无水）	0.5 g
琼脂	20.0 g
孟加拉红	0.033 g
氯霉素	0.1 g
蒸馏水	1 000 mL

上述各成分加入蒸馏水中,加热溶化,补足蒸馏水至 1 000 mL,分装后,121℃灭菌 20 min。倾注平板前,用少量乙醇溶解氯霉素加入培养基中。

3. 检验程序

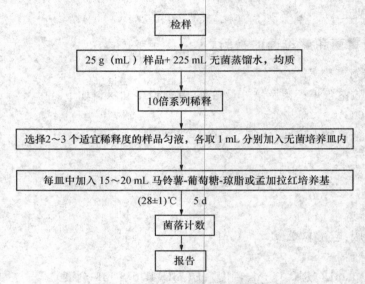

图 7-12　霉菌和酵母计数的检验程序

4. 操作步骤

(1)样品的稀释

①固体和半固体样品:称取 25 g 样品至盛有 225 mL 灭菌蒸馏水的锥形瓶中,充分振摇,即为 1∶10 稀释液。或放入盛有 225 mL 无菌蒸馏水的均质袋中,用拍击式均质器拍打 2 min,制成 1∶10 的样品匀液。

②液体样品:以无菌吸管吸取 25 mL 样品至盛有 225 mL 无菌蒸馏水的锥形瓶(可在瓶内预置适当数量的无菌玻璃珠)中,充分混匀,制成 1∶10 的样品匀液。

③取 1 mL 1∶10 稀释液注入含有 9 mL 无菌水的试管中,另换一支 1 mL 无菌吸管反复吹吸,此液为 1∶100 稀释液。

④按上述操作程序,制备 10 倍系列稀释样品匀液。每递增稀释 1 次,换用 1 次 1 mL 无菌吸管。

⑤根据对样品污染状况的估计,选择 2～3 个适宜稀释度的样品匀液(液体样品可包括原液),在进行 10 倍递增稀释的同时,每个稀释度分别吸取 1 mL 样品匀液于 2 个无菌平皿内。同时分别取 1 mL 样品稀释液加入 2 个无菌平皿作空白对照。

⑥及时将 15～20 mL 冷却至 46℃的马铃薯-葡萄糖-琼脂或孟加拉红培养基(可放置于

(46±1)℃恒温水浴箱中保温)倾注平皿,并转动平皿使其混合均匀。

(2)培养　待琼脂凝固后,将平板倒置,(28±1)℃培养 5 d,观察并记录。

(3)菌落计数　肉眼观察,必要时可用放大镜,记录各稀释倍数和相应的霉菌和酵母数。以菌落形成单位(CFU)表示。

选取菌落数在 10～150 CFU 的平板,根据菌落形态分别计数霉菌和酵母数。霉菌蔓延生长覆盖整个平板的可记录为多不可计。菌落数应采用 2 个平板的平均数。

5. 结果与报告

(1)计算　计算 2 个平板菌落数的平均值,再将平均值乘以相应稀释倍数计算。

①若所有平板上菌落数均大于 150 CFU,则对稀释度最高的平板进行计数,其他平板可记录为多不可计,结果按平均菌落数乘以最高稀释倍数计算。

②若所有平板上菌落数均小于 10 CFU,则应按稀释度最低的平均菌落数乘以稀释倍数计算。

③若所有稀释度平板均无菌落生长,则以小于 1 乘以最低稀释倍数计算;如为原液,则以小于 1 计数。

(2)报告

①菌落数在 100 以内时,按"四舍五入"原则修约,采用 2 位有效数字报告。

②菌落数大于或等于 100 时,前 3 位数字采用"四舍五入"原则修约后,取前 2 位数字,后面用 0 代替位数来表示结果;也可用 10 的指数形式来表示,此时也按"四舍五入"原则修约,采用 2 位有效数字。

③称重取样以 CFU/g 为单位报告,体积取样以 CFU/mL 为单位报告,报告或分别报告霉菌和/或酵母数。

◈项目小结

(一)学习内容

食品微生物污染的安全检测(表 7-17)。

表 7-17　食品微生物污染的安全检测

检测项目	检测标准	检测项目	检测标准
菌落总数	GB 4789.2—2010	金黄色葡萄球菌	GB 4789.10—2010
大肠菌群	GB 46789.3—2010	单核细胞增生李斯特氏菌	GB 4789.30—2010
沙门氏菌	GB 4789.4—2010	霉菌和酵母菌	GB 4789.15—2010
阪崎杆菌	GB 4789.40—2010	商业无菌	GB/T 4789.26—2003
志贺氏菌	GB 4789.5—2012		

(二)学习方法体会

微生物检测过程复杂,时间长,操作条件要求严格,需要耐心细致。

◈项目检测

一、判断题

1. 沙门氏菌的形态特征是革兰氏阳性杆菌,无芽孢,无荚膜,多数有动力,周生鞭毛。(　　)

2. 志贺氏菌的形态特征是革兰氏阴性杆菌,无芽孢,无荚膜,无鞭毛,运动,有菌毛。(　　)

3. 葡萄球菌属的形态特征是革兰氏阴性球菌,无芽孢,一般不形成荚膜,有鞭毛。(　　)

4. 链球菌的形态特征是革兰氏阳性,呈球形或卵圆形,不形成芽孢,无鞭毛,不运动。(　　)

5. 葡萄球菌的培养条件是营养要求较高,在普通培养基上生长不良。(　　)

6. 链球菌的培养条件是营养要求不高在普通培养基上生长良好。(　　)

7. 志贺氏菌能发酵葡萄糖产酸产气,也能分解蔗糖,水杨素和乳糖。(　　)

8. 沙门氏菌能发酵葡萄糖产酸产气,也能分解蔗糖,水杨素和乳糖。(　　)

9. 从食物中毒标本中分离出葡萄球菌,则说明它一定是引起该食物中毒的病原菌。(　　)

10. M. R 试验时,甲基红指示剂呈红色,可判断为阴性反应;呈黄色,则可判断为阳性反应。(　　)

11. 沙门氏菌属革兰氏染色呈阳性。(　　)

12. 志贺氏菌属革兰氏染色呈阴性。(　　)

13. 葡萄球菌属革兰氏染色呈阴性。(　　)

14. 球菌属革兰氏染色呈阳性。(　　)

15. 查大肠菌群最可能数(MPN)检索表时,当检样量增加 10 倍时,查表所得数字也应相应增加 10 倍。(　　)

16. 检测大肠菌群试验中,配制煌绿乳糖胆盐肉汤(BGLB)需要在试管中加入一个倒置的小导管。(　　)

17. 病原微生物分离鉴定工作应在二级生物安全实验室(BSL-2)进行。(　　)

二、选择题

1. 志贺氏菌感染中,不正确的是(　　)。
A. 传染源是病人和带菌者,无动物宿主　　B. 宋内氏志贺氏菌多引起轻型感染
C. 福氏志贺氏菌感染易转变为慢性　　　　D. 感染后免疫期长且巩固

2. 宋内氏志贺氏菌有 2 个变异相,急性患者分离的菌株一般是(　　)。
A. Ⅰ相　　　　　　　B. Ⅱ相　　　　　　　C. Ⅰ相或Ⅱ相　　　　D. Ⅰ相和Ⅱ相

3. 志贺氏菌随饮食进入体内,导致人体发病,其潜伏期一般为(　　)。
A. 1 d 之内　　　　　B. 1～3 d　　　　　　C. 5～7 d　　　　　　D. 7～8 d

4. 志贺氏菌属中,下列哪一项不正确(　　)。
A. K 抗原为型特异型抗原　　　　　　　　B. O 抗原为群特异性抗原
C. 分解葡萄糖,产酸不产气　　　　　　　D. 分解乳糖,产酸产气

5. 下述哪一条是大肠菌群检验的卫生意义(　　)。
A. 可以用来预测食品耐存放的程度和期限　B. 作为食品被污染程度的标志
C. 可以作为肠道致病菌污染食品的指示菌　D. 是判定食品有无芽孢菌的一项指标

6. 下列关于大肠菌群的描述不正确的是(　　)。
A. 能发酵乳糖,产酸不产气　　　　　　　B. 需氧和兼性厌氧菌
C. 革兰氏阴性杆菌　　　　　　　　　　　D. 无芽孢杆菌

7. 下列关于沙门氏菌属在三糖铁琼脂培养基内的反应结果描述不正确的是(　　)。
A. 斜面为红色　　B. 斜面为黄色　　C. 多数底层产气　　D. 多数底层变黑

8. 下列关于志贺氏菌在 SS 琼脂培养基平板上的菌落特征描述正确的是(　　)。

A. 中心黑色或几乎全黑色菌落　　　　　　B. 粉红色湿润菌落

C. 无色透明菌落　　　　　　　　　　　　D. 蓝绿色或蓝色,有金属光泽

9. 下列生化反应结果不属于大肠埃希氏菌的是(　　)。

A. TSI 斜面产酸或不产酸,斜面产酸　　　B. H_2S 阳性

C. KCN 阴性　　　　　　　　　　　　　D. 尿素阴性

10. 下列关于典型的金黄色葡萄球菌在 Baird-Parker 平板上的菌落形态描述错误的是(　　)。

A. 菌落直径为 2~3 mm

B. 菌落呈金黄色

C. 菌落周围为一混浊带,在其外层有一透明圈

D. 用接种针接触菌落有似奶油至树胶样的硬度

11. 下列关于金黄色葡萄球菌的描述正确的是(　　)。

A. 革兰氏阳性球菌,无芽孢,有荚膜

B. 血浆凝固酶试验阴性

C. 在血平板上形成的菌落较大,圆形,光滑凸起,均为金黄色

D. 在血平板上菌落周围形成明显的 β 型溶血环

12. 病原微生物分离鉴定工作应在(　　)进行。

A. 一级生物安全实验室　　　　　　　　B. 二级生物安全实验室

C. 三级生物安全实验室　　　　　　　　D. 四级生物安全实验室

13. 食品中水分对微生物生长有重要影响,下列微生物中,对水分要求最低的是(　　)。

A. 大肠杆菌　　　B. 金黄色葡萄球菌　　C. 酵母菌　　　　D. 霉菌

14. 在食品菌落总数检验中,稀释级为 10^{-1} 时菌落数为多不可计;稀释级为 10^{-2} 时菌落数为 290 CFU/g;稀释级为 10^{-3} 时菌落数为 45 CFU/g,最终结果应报告为(　　)CFU/g。

A. 多不可计　　　B. $3.7×10^4$　　　　C. $2.9×10^4$　　　　D. $4.5×10^4$

15. 根据菌落总数的报告原则,某样品经菌落总数测定的数据为 3 775 个/mL,应报告为(　　)个/mL。

A. 3 775　　　　　B. 3 800　　　　　　C. 37 800　　　　　D. 40 000

16. 金黄色葡萄球菌在血平板上的菌落特点是(　　)。

A. 金黄色,大而凸起的圆形菌落

B. 金黄色,表面光滑的圆形菌落,周围有溶血环

C. 金黄色,透明,大而凸起的圆形菌落

D. 白色透明圆形菌落

17. 测定菌落总数的培养时间是(　　)。

A. $(24±2)$ h　　　B. $(18±2)$ h　　　C. $(36±2)$ h　　　D. $(48±2)$ h

18. 霉菌及酵母菌苗菌落计数,应选择每皿菌落数在(　　)之间进行计数。

A. 30~300　　　　B. 30~200　　　　　C. 30~100　　　　　D. 15~150

19. 霉菌检测所需培养温度为 25~28℃,培养时间是(　　)。

A. 7 d　　　　　　B. 6 d　　　　　　　C. 5 d　　　　　　　D. 3 d

20. 菌落计数时,固体样品加入稀释液后,最好置灭菌均质器中以(　　)的速度处理 1 min。

A. 4 000～6 000 r/min　　　　　　　　B. 6 000～8 000 r/min

C. 8 000～10 000 r/min　　　　　　　D. 10 000～12 000 r/min

21. 霉菌及酵母菌的培养温度是(　　)。

A. (36±1)℃　　　B. (35±1)℃　　　C. (30±1)℃　　　D. 25～28℃

22. 培养基制备后应保持一定的透明度,下面制备操作影响最大的是(　　)。

A. 原料称量混合溶解　　　　　　　　B. 加热煮沸,调 pH

C. 过滤、分装容器　　　　　　　　　D. 消毒或灭菌

23. 在做霉菌及酵母菌测定时,每个稀释度作(　　)平皿。

A. 4 个　　　　　B. 3 个　　　　　C. 2 个　　　　　D. 1 个

24. 某培养物生化试验结果为 H_2S^+,靛基质-尿素-KCN-赖氨酸,该培养物可能是(　　)。

A. 大肠杆菌　　　　　　　　　　　　B. 甲型副伤寒沙门氏菌

C. 鼠伤寒沙门氏菌　　　　　　　　　D. 志贺氏菌

25. 做霉菌及酵母菌计数,样品稀释应用灭菌吸管吸 1∶10 稀释液 1 mL 于 9 mL 灭菌水试管中,另换 1 支 1 mL 灭菌吸管吸吹(　　)次,此液为 1∶100 稀释液。

A. 100　　　　　B. 50　　　　　C. 30　　　　　D. 20

26. 霉菌及酵母菌测定结果,其单位为(　　)。

A. 个/(kg)L　　B. 个/100 g(mL)　　C. 个/10 g(mL)　　D. 个/g(mL)

27. 其他粮食加工品生产许可证审查细则中规定检验的致病菌不包括(　　)。

A. 沙门氏菌　　　B. 志贺氏菌　　　C. 金黄色葡萄球菌　　D. 李斯特菌

项目八 食品中掺假物质的安全检测

◆学习目的

掌握食品加工、种植、养殖过程中添加的污染物的检测方法。

◆知识要求

1. 了解食品加工过程中添加有毒有害物质的影响及危害；

2. 了解在种植、养殖过程中添加有毒有害物质的影响及危害；

3. 掌握三聚氰胺、甲醛、瘦肉精、苏丹红的测定方法。

◆技能要求

能够正确测定三聚氰胺、甲醛、瘦肉精、苏丹红等。

◆项目导入

随着国民经济的高速发展，国民生活质量的不断提高，人们要求吃得营养、安全；但从近年来媒体所披露的食品中毒事件却屡见不鲜。

民以食为天，食品是人类赖以生存和发展的重要物质之一，食品质量优劣直接关系到人民群众的身体健康甚至生命安全。随着我国国民经济状况的不断改善，人民生活水平的不断提高，人民群众对食品的质量提出了更高的要求，食品安全问题便成了人们极为关注的问题之一。食品污染事件及群体食物中毒，如蔬菜农药超标、豆奶中毒、高含量瘦肉精肉类中毒以及农药加工火腿、毒胶囊等食品安全事件的不断发生，严重危害到人们的日常生活。食品安全事件的不断发生引起了我国政府及有关部门的高度重视。

任务一 原料乳中三聚氰胺的快速检测

【检测要点】

掌握正确结果的判定能力。

【仪器试剂】

一、试剂

除另有说明外，所用试剂均为分析纯或以上规格，水为 GB/T 6682 规定的一级水。

①乙腈（CH_3CN）：色谱纯。

②磷酸（H_3PO_4）。

③磷酸二氢钾。

④三聚氰胺标准物质纯度大于或等于99%。

⑤三聚氰胺标准贮备溶液(1.00×10^3 mg/L)：称取100 mg三聚氰胺标准物质（准确至0.1 mg），用水完全溶解后，100 mL容量瓶中定容至刻度，混匀，4℃条件下避光保存，有效期为1个月。

⑥标准工作溶液：使用时配制。

a. 标准溶液A(2.00×10^2 mg/L)：准确移取20.0 mL三聚氰胺标准贮备溶液，置于100 mL容量瓶中，用水稀释至刻度，混匀。

b. 标准溶液B(0.50 mg/L)：准确移取0.25 mL标准溶液A，置于100 mL容量瓶中，用水稀释至刻度，混匀。

c. 按表8-1分别移取不同体积的标准溶液A于容量瓶中，用水稀释至刻度，混匀。按表8-2分别移取不同体积的标准溶液B于容量瓶中，用水稀释至刻度，混匀。

表 8-1　标准工作溶液配制（高浓度）

标准溶液A体积/mL	0.10	0.25	1.00	1.25	5.00	12.5
定容体积/mL	100	100	100	50.0	50.0	50.0
标准工作溶液浓度/(mg/L)	0.20	0.50	2.00	5.00	20.0	50.0

表 8-2　标准工作溶液配制（低浓度）

标准溶液B体积/mL	1.00	2.00	4.00	20.00	40.00
定容体积/mL	100	100	100	100	100
标准工作溶液浓度/(mg/L)	0.005	0.01	0.02	0.10	0.20

⑦磷酸盐缓冲液(0.05 mol/L)：称取6.8 g磷酸二氢钾（准确至0.01 g），加水800 mL完全溶解后，用磷酸调节pH至3.0，用水稀释至1 L，用滤膜过滤后备用。

二、仪器

①一次性注射器：2 mL。

②滤膜：水相，0.45 μm。

③针式过滤器：有机相，0.45 μm。

④具塞刻度试管：50 mL。

⑤液相色谱仪：配有紫外检测器/二极管阵列检测器。

⑥分析天平：感量0.000 1 g和0.01 g。

⑦pH计：测量精度±0.02。

⑧溶剂过滤器。

【工作过程】

一、试样制备

称取混合均匀的15 g原料乳样品（准确至0.01 g），置于50 mL具塞刻度试管中，加入

30 mL乙腈,剧烈振荡6 min,加水定容至满刻度,充分混匀后静置3 min,用一次性注射器吸取上清液用针式过滤器过滤后,作为高效液相色谱分析用试样。

二、高效液相色谱测定

1. 色谱条件
①色谱柱:强阳离子交换色谱柱,SCX,250 mm×4.6mm(i.d.),5 μm,或性能相当者。
注意:宜在色谱柱前加保护柱(或预柱),以延长色谱柱使用寿命。
②流动相:磷酸盐缓冲溶液-乙腈(70+30,体积比),混匀。
③流速:1.5 mL/min。
④柱温:室温。
⑤检测波长:240 nm。
⑥进样量:20 μL。

2. 液相色谱分析测定
①仪器的准备。开机,用流动相平衡色谱柱,待基线稳定后开始进样。
②定性分析。依据保留时间一致性进行定性识别的方法。根据三聚氰胺标准物质的保留时间,确定样品中三聚氰胺的色谱峰参见图8-1。必要时应采用其他方法进一步定性确证。

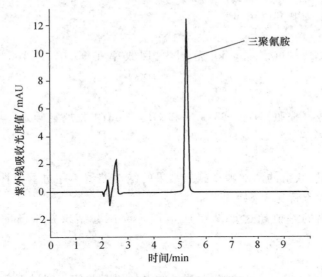

图 8-1 三聚氰胺标准样品色谱

3. 定量分析:校准方法为外标法
校准曲线制作——根据检测需要,使用标准工作溶液分别进样,以标准工作溶液浓度为横坐标,以峰面积为纵坐标,绘制校准曲线。
试样测定——使用试样分别进样,获得目标峰面积。根据校准曲线计算被测试样中三聚氰胺的含量(mg/kg)。
试样中待测三聚氰胺的响应值均应在方法线性范围内。
注意:当试样中三聚氰胺的响应值超出方法的线性范围的上限时,可减少称样量再进行提取与测定。

三、结果处理

1. 计算公式

结果按下式计算：

$$X = \rho \times \frac{V}{m} \times \frac{1\,000}{1\,000} \qquad (式\ 8\text{-}1)$$

式中：X 为原料乳中三聚氰胺的含量，mg/kg；ρ 为从校准曲线得到的三聚氰胺溶液的浓度，mg/L；V 为试样定容体积，mL；m 为样品称量质量，g。

2. 计算结果有效数字

通常情况下计算结果保留 3 位有效数字；结果在 0.1～1.0 mg/kg 时，留 2 位有效数字；结果小于 0.1 mg/kg 时，保留 1 位有效数字。

3. 平行试验

按以上步骤，对同一样品进行平行试验测定。

4. 空白试验

除不称取样品外，均按上述步骤同时完成空白试验。

5. 方法检测限

本方法的检测限为 0.05 mg/kg。

6. 回收率

在添加浓度 0.30～100.0 mg/kg 范围内，回收率在 93.0%～103%，相对标准偏差小于 10%。

7. 精密度

本标准精密度数据按照 GB/T 6379.1 和 GB/T 6379.2 规定确定，其重复性和再现性值以 95% 的置信度计算。

8. 重复性

在重复性条件下，获得的两次独立测量结果的绝对差值不超过重复性限 r，样品中三聚氰胺含量范围及重复性方程见表 8-3。

如果两次测定值的差值超过重复性限 r，应舍弃试验结果并重新完成两次单个试验的测定。

9. 再现性

在再现性的条件下，获得的两次独立测试结果的绝对差值不超过再现性限 R，样品中三聚氰胺的含量范围及再现性方程见表 8-3。

表 8-3   三聚氰胺含量范围及重复性和再现性方程

成分	含量范围/(mg/kg)	重复性限(r)	再现性限(R)
三聚氰胺	0.3～100.0	$\lg I = -1.260 - 0.928\,6\,\lg m$	$\lg R = -0.704\,4 + 0.774\,4\,\lg m$

注：m 表示两次测定结果的算术平均值，单位为 mg/kg。

10. 重复性与再现性参考值

表 8-4 列出了 m 在不同范围时的 r 与 R 值，供参考。

表 8-4 **m 在不同范围时的 r 与 R 值**

$m/(mg/kg)$	0.30~0.40	0.40~0.50	0.50~1.00	1.00~2.00	2.00~2.50	2.50~10.0
r	0.02	0.02	0.03	0.05	0.10	0.13
R	0.08	0.10	0.12	0.20	0.34	0.40
$m/(mg/kg)$	10.0~20.0	20.0~40.0	40.0~60.0	60.0~80.0		80.0~100.0
r	0.47	0.89	1.69	2.46		3.22
R	1.17	2.01	3.44	4.71		5.88

11. 试验报告

试验报告应包括以下内容。

①鉴别样品、实验室和分析日期等资料。

②遵守本标准规定的程度。

③分析结果及其表示。

④测定中观察到的异常现象。

⑤对分析结果可能有影响而本部分未包括的操作或者任选的操作。

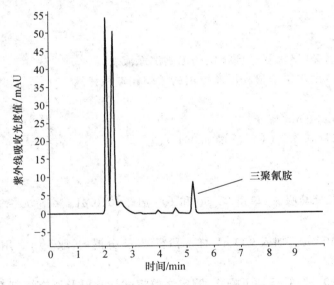

图 8-2 **原料乳中添加三聚氰胺的色谱图**

【知识链接】

三聚氰胺(化学式:$C_3H_6N_6$),俗称密胺、蛋白精,IUPAC 命名为"1,3,5-三嗪-2,4,6-三胺",是一种三嗪类含氮杂环有机化合物,被用作化工原料。它是白色单斜晶体,几乎无味,微溶于水(3.1 g/L 常温),可溶于甲醇、甲醛、乙酸、热乙二醇、甘油、吡啶等,不溶于丙、醚类、对身体有害,不可用于食品加工或食品添加物。

【知识拓展】

一、乳及乳制品中三聚氰胺的检测

1. 检测原理

本方法是酶联免疫法中的竞争性测定法,其主要原理是:样品中游离的三聚氰胺与酶标板上固定的三聚氰胺抗原竞争特异性抗体,通过酶标Ⅱ抗的反应,洗掉游离的酶标物,再通过酶的专一性显色剂显色,根据显色的深浅来判断样品中三聚氰胺的含量。根据竞争性原理,样品中游离的三聚氰胺少,则酶标Ⅱ抗结合多,显色就深,相反,则显色浅。结果可以通过在450 nm处测定吸收值计算,颜色变化的程度反映样品中三聚氰胺的含量,在一定浓度范围内吸光度的高低与样品中三聚氰胺的含量成反比。参照标准 DB 34/T 1374—2011。

2. 试剂和材料

(1)除非另有说明,本法所用试剂均为分析纯,水为符合 GB/T 6682 规定的二级水。

(2)竞争酶标免疫法三聚氰胺试剂盒,2～8℃冰箱中保存。

①微孔板:包被有三聚氰胺抗原。

②三聚氰胺标准溶液:0、10、30、90、270 和 810 ng/mL。

③三聚氰胺酶标Ⅱ抗工作液。

④三聚氰胺抗体工作液。

⑤浓缩样本稀释液。

⑥浓缩洗涤液。

⑦底物 A 液。

⑧底物 B 液。

⑨终止液。

(3)洗涤液:用水 20 倍稀释厂商提供的浓缩洗涤液。

(4)样本稀释液:用水 4 倍稀释厂商提供的浓缩样本稀释液。

3. 仪器和设备

①酶标仪(配备 450 nm 滤光片)。

②分析天平:感量 0.000 01 g,感量 0.001 g。

③振荡器。

④恒温干燥箱。

⑤微量加样器及配套吸头:单道 20、50 和 100 μL,1 000 μL,多道 50～300 μL。

4. 样品处理

取生鲜乳样品 100 μL,加入 900 μL 样本稀释液,充分混匀,取 50 μL 用于检测。

5. 测试程序

①测定在室温 20～25℃条件下操作,测定之前将试剂盒以及所有试剂在室温(20～25℃)下放置 1～2 h。

②将足够标准和样品所用数量的孔条插入微孔架,标准和样品做两个平行实验,记录下标准和样品的位置。

③分别在各孔中加 50 μL 的标准品溶液或样品溶液。

④分别在各孔中加 50 μL 的抗体工作液。

⑤盖好盖板膜,轻轻晃动反应板数秒,(25±2)℃反应 30 min。

⑥倾出微孔中的液体,加 250 μL 洗涤工作液,轻轻振荡 30 s,倾出微孔中的洗涤液,在吸水纸上拍打,彻底清除微孔中的残留液和气泡,重复上述操作 3 遍。

⑦立即在每孔中加入 100 μL 酶标Ⅱ抗工作液。

⑧盖好盖板膜,轻轻晃动反应板数秒,(25±2)℃反应 30 min。

⑨倾出微孔中的液体,加 250 μL 洗涤工作液,轻轻振荡 30 s,倾出微孔中的洗涤液,在吸水纸上拍打,彻底清除微孔中的残留液和气泡,重复上述操作 3 遍。

⑩立即在每孔中加入 100 μL AB 混合液(用前 5 min 内按体积比 1∶1 配制),轻轻晃动反应板数秒,(25±2)℃避光反应 10～15 min。

⑪每孔加 50 μL 终止液(推荐使用多通道加样器),轻轻振荡混匀,10 min 内在 450 nm 下检测吸光度。

6. 结果处理

百分吸光度值按下式计算:

$$百分吸光度值 = \frac{B}{B_0} \times 100\% \qquad (式 8\text{-}2)$$

式中:B 为标准溶液或供试样品的平均吸光度值;B_0 为零标准的标准溶液平均吸光度值。

用专业计算机软件求出供试样品中三聚氰胺的浓度,乘以稀释系数即得检测结果。或计算出的标准相对吸光度值绘成为一个对应浓度(ng/mL)的半对数坐标系统曲线图,校正曲线在 10～810 ng/mL 范围内应当成为线性。相对应每一个样品的浓度(ng/mL)可以从校正曲线上读出。

灵敏度:本方法在生鲜乳中的检测限为 100 ng/mL。

准确度:本方法在 200 ng/mL 添加浓度水平上的回收率为 70%～120%。

精密度:本方法的批内变异系数 $CV \leqslant 10\%$,批间变异系数 $CV \leqslant 15\%$。

二、原料乳与乳制品中三聚氰胺的检测方法

(一)第一法高效液相色谱法(HPLC 法)

1. 测定原理

试样用三氯乙酸溶液-乙腈提取,经阳离子交换固相萃取柱净化后,用高效液相色谱测定,外标法定量。GB/T 22388—2008。

2. 试剂与材料

除非另有说明,所有试剂均为分析纯,水为 GB/T 6682 规定的一级水。

①甲醇:色谱纯。

②乙腈:色谱纯。

③氨水:含量为 25%～28%。

④三氯乙酸。

⑤柠檬酸。

⑥辛烷磺酸钠:色谱纯。

⑦甲醇水溶液:准确量取 50 mL 甲醇和 50 mL 水,混匀后备用。

⑧三氯乙酸溶液(1%):准确称取 10 g 三氯乙酸于 1 L 容量瓶中,用水溶解并定容至刻度,混匀后备用。

⑨氨化甲醇溶液(5%):准确量取 5 mL 氨水和 95 mL 甲醇,混匀后备用。

⑩离子对试剂缓冲液:准确称取 2.10 g 柠檬酸和 2.16 g 辛烷磺酸钠,加入约 980 mL 水溶解,调节 pH 至 3.0 后,定容至 1 L 备用。

⑪三聚氰胺标准品：CAS 108－78－01，纯度大于 99.0%。

⑫三聚氰胺标准储备液：准确称取 100 mg(精确到 0.1 mg)三聚氰胺标准品于 100 mL 容量瓶中，用甲醇水溶液溶解并定容至刻度，配制成浓度为 1 mg/mL 的标准储备液，于 4℃避光保存。

⑬阳离子交换固相萃取柱：混合型阳离子交换固相萃取柱，基质为苯磺酸化的聚苯乙烯-二乙烯基苯高聚物，填料质量为 60 mg，体积为 3 mL，或相当者。使用前依次用 3 mL 甲醇、5 mL 水活化。

⑭定性滤纸。

⑮海砂：化学纯，粒度 0.65~0.85 mm，二氧化硅(SiO_2)含量为 99%。

⑯微孔滤膜：0.2 μm，有机相。

⑰氮气：纯度大于等于 99.999%。

3. 仪器和设备

①高效液相色谱(HPLC)仪：配有紫外检测器或二极管阵列检测器。

②分析天平：感量为 0.000 1 和 0.01 g。

③离心机：转速不低于 4 000 r/min。

④超声波水浴。

⑤固相萃取装置。

⑥氮气吹干仪。

⑦涡漩混合器。

⑧具塞塑料离心管：50 mL。

⑨研钵。

4. 样品处理

(1)提取

①液态奶、奶粉、酸奶、冰激凌和奶精等。称取 2 g(精确至 0.01 g)试样于 50 mL 具塞塑料离心管中，加入 15 mL 三氯乙酸溶液和 5 mL 乙腈，超声提取 10 min，再振荡提取 10 min 后，以不低于 4 000 r/min 离心 10 min。上清液经三氯乙酸溶液润湿的滤纸过滤后，用三氯乙酸溶液定容至 25 mL，移取 5 mL 滤液，加入 5 mL 水混匀后作为待净化液。

②奶酪、奶油和巧克力等。称取 2 g(精确至 0.01 g)试样于研钵中，加入适量海砂(试样质量的 4~6 倍)研磨成干粉状，转移至 50 mL 具塞塑料离心管中，用 15 mL 三氯乙酸溶液分数次清洗研钵，清洗液转入离心管中，再往离心管中加入 5 mL 乙腈，余下操作同①中"超声提取 10 min……加入 5 mL 水混匀后作为待净化液"。

注意：若样品中脂肪含量较高，可以用三氯乙酸溶液饱和的正己烷液-液分配除脂后再用 SPE 柱净化。

(2)净化　将待净化液转移至固相萃取柱中。依次用 3 mL 水和 3 mL 甲醇洗涤，抽至近干后，用 6 mL 氨化甲醇溶液洗脱。整个固相萃取过程流速不超过 1 mL/min。洗脱液于 50℃下用氮气吹干，残留物(相当于 0.4 g 样品)用 1 mL 流动相定容，涡漩混合 1 min，过微孔滤膜后，供 HPLC 测定。

5. 高效液相色谱测定

(1)HPLC 参考条件

①色谱柱：C_{18}，250 mm×4.6 mm[内径(i. d.)]，5 μm，或相当者。

C_{18},250 mm×4.6 mm[内径(i. d.)]，5 m,或相当者。

②流动相：C_{18},离子对试剂缓冲液-乙腈(85+15,体积比),混匀。

C_{18},离子对试剂缓冲液-乙腈(90+10,体积比),混匀。

③流速:1.0 mL/min。

④柱温:40℃。

⑤波长:240 nm。

⑥进样量:20 μL。

(2)标准曲线的绘制　用流动相将三聚氰胺标准储备液逐级稀释得到的浓度为 0.8、2、20、40 和 80 μg/mL 的标准工作液,浓度由低到高进样检测,以峰面积-浓度作图,得到标准曲线回归方程。基质匹配加标三聚氰胺的样品 HPLC 色谱图参见图 8-3。

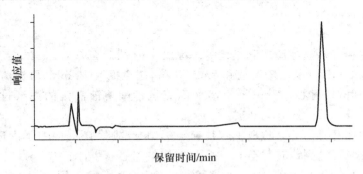

图 8-3　基质匹配加标三聚氰胺的 HPLC 色谱图
(检测波长 240 nm,保留时间 13.6 min,C_{18}色谱柱)

(3)定量测定　待测样液中三聚氰胺的响应值应在标准曲线线性范围内,超过线性范围则应稀释后再进样分析。

(4)结果计算　试样中三聚氰胺的含量由色谱数据处理软件或按下式计算获得：

$$X = \frac{A \times \rho \times V \times 1\ 000}{A_s \times m \times 1\ 000} \times D \qquad (式 8-3)$$

式中:X 为试样中三聚氰胺的含量,mg/kg;A 为样液中三聚氰胺的峰面积;ρ 为标准溶液中三聚氰胺的浓度,μg/mL;V 为样液最终定容体积,mL;A_s 为标准溶液中三聚氰胺的峰面积;m 为试样的质量,g;D 为稀释倍数。

空白试验:除不称取样品外,均按上述测定条件和步骤进行。

方法定 f 限:本方法的定量限为 2 mg/kg。

回收率:在添加浓度 2~10 mg/kg 浓度范围内,回收率在 80%~110%,相对标准偏差小于 1 000。

允许差:在重复性条件下获得的两次独立测定结果的绝对差值不得超过算术平均值的 10%。

(二)第二法液相色谱-质谱/质谱法(LC-MS/MS 法)

1. 测定原理

试样用三氯乙酸溶液提取,经阳离子交换固相萃取柱净化后,用液相色谱-质谱/质谱法测定和确证,外标法定量。

2. 试剂与材料

除非另有说明,所有试剂均为分析纯,水为 GB/T 6682 规定的一级水。

①乙酸。

②乙酸铵。

③乙酸铵溶液(10 mmol/L):准确称取 0.772 g 乙酸铵于 1 L 容量瓶中,用水溶解并定容至刻度,混匀后备用。

④其他同第一法的试剂。

3. 仪器和设备

①液相色谱-质谱/质谱(LC-MS/MS)仪:配有电喷雾离子源(ESI)。

②其他同第一法的仪器。

4. 样品处理

(1)提取

①液态奶、奶粉、酸奶、冰激凌和奶糖等。称取 1 g(精确至 0.01 g)试样于 50 mL 具塞塑料离心管中,加入 8 mL 三氯乙酸溶液和 2 mL 乙腈,超声提取 10 min,再振荡提取 10 min 后,以不低于 4 000 r/min 离心 10 min。上清液经三氯乙酸溶液润湿的滤纸过滤后,作为待净化液。

②奶酪、奶油和巧克力等。称取 1 g(精确至 0.01 g)试样于研钵中,加入适量海砂(试样质量的 4~6 倍)研磨成干粉状,转移至 50 mL 具塞塑料离心管中,加入 8 mL 三氯乙酸溶液分数次清洗研钵,清洗液转入离心管中,再加入 2 mL 乙腈,余下操作同①中"超声提取 10 min,⋯⋯作为待净化液"。

注意:若样品中脂肪含量较高,可以用三氯乙酸溶液饱和的正己烷液-液分配除脂后再用 SPE 柱净化。

(2)净化 将待净化液转移至固相萃取柱中。依次用 3 mL 水和 3 mL 甲醇洗涤,抽至近干后,用 6 mL 氨化甲醇溶液洗脱。整个固相萃取过程流速不超过 1 mL/min。洗脱液于 50℃下用氮气吹干,残留物(相当于 1 g 试样)用 1 mL 流动相定容,涡漩混合 1 min,过微孔滤膜后,供 LC-MS/MS 测定。

5. 液相色谱-质谱/质谱测定

(1)LC 参考条件

①色谱柱:强阳离子交换与反相 C_{18} 混合填料,混合比例(1∶4),150 mm×2.0 mm[内径(i.d.)],5 μm,或相当者。

②流动相:等体积的乙酸按溶液和乙腈充分混合,用乙酸调节至 pH=3.0 后备用。

③进样量:10 μL。

④柱温:40℃。

⑤流速:0.2 mL/min。

(2)MS/MS 参考条件

①电离方式:电喷雾电离,正离子。

②离子喷雾电压:4 kV。

③雾化气:氮气,2.815 kg/cm² (40 psi)。

④干燥气:氮气,流速 10 L/min,温度 350℃。

⑤碰撞气:氮气。

⑥分辨率:Q1(单位)Q3(单位)。

⑦扫描模式:多反应监测(MRM),母离子 $m/z127$,定量子离子 $m/z85$,定性子离子 $m/z68$。

⑧停留时间:0.3 s。

⑨裂解电压:100 V。

⑩碰撞能量:$m/z127>85$ 为 20 V,$m/z127>68$ 为 35 V。

(3)标准曲线的绘制 取空白样品按照 4 处理。用所得的样品溶液将三聚氰胺标准储备液逐级稀释得到的浓度为 0.01、0.05、0.1、0.2 和 0.5 $\mu g/mL$ 的标准工作液,浓度由低到高进样检测,以定量子离子峰面积-浓度作图,得到标准曲线回归方程。基质匹配加标三聚氰胺的样品 LC-MS/MS 多反应监测质量色谱图参见图 8-4。

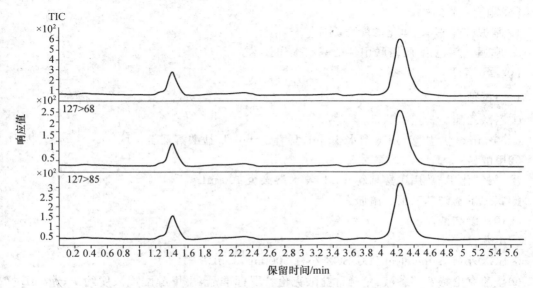

图 8-4 基质匹配加标三聚氰胺的 LC-MS/MS 色谱图

(保留时间 4.2 min,定性离子 $m/z127>85$ 和 $m/z127>68$)

(4)定量测定 待测样液中三聚氰胺的响应值应在标准曲线线性范围内,超过线性范围则应稀释后再进样分析。

(5)定性判定 按照上述条件测定试样和标准工作溶液,如果试样中的质量色谱峰保留时间与标准工作溶液一致(变化范围在±2.5%之内);样品中目标化合物的两个子离子的相对丰度与浓度相当标准溶液的相对丰度一致,相对丰度偏差不超过表 8-5 的规定,则可判断样品中存在三聚氰胺。

表 8-5 定性离子相对丰度的最大允许偏差 %

相对离子丰度	>50	20~50	10~20	≤10
允许的相对偏差	±20	±25	±30	±50

(6)结果计算 同上。

空白试验:除不称取样品外,均按上述测定条件和步骤进行。

方法定量限:本方法的定量限为 0.01 mg/kg。

回收率:在添加浓度 0.01～0.5 mg/kg 浓度范围内,回收率在 80％～110％,相对标准偏差小于 10％。

允许差:在重复性条件下获得的两次独立测定结果的绝对差值不得超过算术平均值的 15％。

任务二　猪肉中瘦肉精(盐酸克伦特罗)的检测

【检测要点】

1. 掌握样品萃取、净化的能力。

2. 掌握气相色谱-质谱联用仪的基本操作技术。

【仪器试剂】

(一)试剂

①乙酸乙酯。

②30 mmol/L 盐酸:用蒸馏水 30 mL 稀释 1 mol/L 盐酸溶液至 1 L。

③甲醇。

④4％氨化甲醇:用甲醇稀释 4 mL 氨水溶液至 100 mL。

⑤双三甲基硅基三氟乙酰胺。

⑥10％碳酸钠。

⑦甲苯。

⑧SCX 小柱:supelelcan,LC-SCX 小柱 500 mg,3 mL。

⑨盐酸克伦特罗储备液:精确称盐酸克伦特罗标准品,用甲醇配成浓度约 1 mg/mL 标准储备液。

⑩盐酸克伦特罗标准工作液:将储备液用甲醇稀释为 10～2 000 μg/mL,存放在冰箱备用。

(二)仪器设备

①聚四氟乙烯管:50 mL,具塞。

②SeP-Pak 真空接头。

③匀浆机。

④机械真空泵。

⑤涡漩混合器。

⑥恒温箱,精度为±3℃

⑦离心机。

⑧气相色谱-质谱联用仪。

【工作过程】

一、试样提取

称取(5±0.5)g 动物肝组织样品于带盖的聚四氟乙烯离心管中,加入 15 mL 乙酸乙酯,再加入 3 mL 10.0%碳酸钠溶液,然后以 10 000 r/min 以上的速度均质 60 s,盖上盖子以 5 000 r/min 的速度离心 2 min,吸取上层有机溶剂于离心管中,在残渣中再加入 10 mL 乙酸乙酯在涡漩混合器上混合 1 min,离心后吸取有机溶剂合并提取液。在收集的有机溶剂中加入 5 mL 0.10 mol/L 的盐酸溶液,涡漩混合 30 s,以 5 000 r/min 的速度离心 2 min,吸取下层溶液,同样步骤重复萃取一次,合并两次萃取液,用 2.5 mol/L 氢氧化钠调节 pH 至 5.2。

二、试样净化

SCX 小柱依次用 5 mL 甲醇、5 mL 水和 5 mL 30 mmol/L 盐酸活化,然后将萃取液上样至固相萃取小柱中,依次用 5 mL 水和 5 mL 甲醇淋洗柱子,在溶剂流过固相萃取柱后,抽干 SCX 小柱,再用 5 mL 4%氨化甲醇溶液洗脱,收集洗脱液。

三、试样测定

1. 衍生化

在 50℃水浴中用氮气吹干上述洗脱液,加入 100 μL 甲苯和 100 μL BSTFA,试管加盖后于涡漩混合器上震荡 30 s,在 80℃的烘箱中加热衍生 1 h(盖住盖子),同时吸取 0.5 mL 标准工作液加入到 4.5 mL 4%氨化甲醇溶液中。用氮气吹干后同样品操作,待衍生结束冷却后加入 0.3 mL 甲苯转入进样小瓶中,进行气相色谱-质谱分析。

2. GC/MS 测定参数设定

色谱柱:HP-5MS 5%苯基甲苯聚硅氧烷,30 m×0.25 mm(内径),0.25 μm(膜厚)。

进样口:220℃。

进样方式:不分流。

柱温:70℃保持 0.6 min,以 25℃/min 升温至 200℃保持 6 min,以 25℃/min 升温至 280℃保持 5 min。

载气:氮气。

流速:0.9 mL/min。

GC/MS 传输线温度:280℃。

溶剂延迟:8 min。

EM 电压:高于调谐电压 220 V。

离子源温度:280℃。

四级杆温度:160℃。

选择离子监测:(m/z)86,212,262,277。

3. 定量方法

选择试样峰$(m/z$ 86)的峰面积进行单点或多点校准定量。当单点校准定量时根据样品液中盐酸克伦特罗含量情况,选择峰面积相近的标准工作溶液进行定量,同时,标准工作溶液和样品液中盐酸克伦特罗响应值均应在仪器检测线性范围内。

四、结果处理

试样中盐酸克伦特罗的含量按下式计算：

$$X = \frac{A \times \rho_f \times V}{A_f \times m}$$

（式 8-4）

式中：X 为试样中盐酸克伦特罗残留含量，$\mu g/kg$；A 为样液中经衍生化盐酸克伦特罗的峰面积；A_f 为标准工作液中经衍生化盐酸克伦特罗的峰面积；ρ_f 为标准工作液中盐酸克伦特罗的浓度，$\mu g/L$；V 为样液最终定容体积，mL；m 为最终样液所代表的试样量，g。

在重复性条件下获得的两次独立测定结果的绝对值不得超过算术平均值的 30%。

【知识链接】

瘦肉精是一类药物，而不是某一种特定的药物，任何能够促进瘦肉生长、抑制肥肉生长的物质都可以叫作"瘦肉精"。在中国，通常所说的瘦肉精是指克伦特罗，而普通消费者则把此类药物统称为瘦肉精。当它们以超过治疗剂量 5～10 倍的用量用于家畜饲养时，即有显著的营养"再分配效应"——促进动物体蛋白质沉积、促进脂肪分解抑制脂肪沉积，能显著提高胴体的瘦肉率、增重和提高饲料转化率，因此曾被用作牛、羊、禽、猪等畜禽的促生长剂、饲料添加剂。

人食用含瘦肉精的猪肉后会出现头晕、恶心、手脚颤抖、心跳加速甚至心脏骤停致昏迷死亡，特别对心律失常、高血压、青光眼、糖尿病和甲状腺功能亢进等患者有极大危害。

1. 理化特性

白色或类白色的结晶粉末，无臭、味苦，熔点 161℃，溶于水、乙醇，微溶于丙酮，不溶于乙醚。常用气相色谱仪测定。分子式：$C_{12} - H_{18} - C_{12} - N_2 - O$。

2. 检测原理

对样品在碱性条件下用乙酸乙酯进行提取，合并提取液后，用稀盐酸反萃取，萃取液在 pH=5.2 的缓冲溶液中进行提取。萃取的样液用 C_{18} 和 SCX 小柱，固相萃取净化，分离的药物残留经双三甲基硅基三氟乙酰胺 BSTFA 衍生后用带有质量选择检测器的气相色谱仪测定。参照标准 NY/T 468—2006。

任务三　辣椒酱中苏丹红的检测

【检测要点】

1. 掌握样品处理的能力。

2. 掌握高效色谱法的基本操作技术。

【仪器试剂】

(一)试剂与标准品

①乙腈：色谱纯。

②丙酮：色谱纯、分析纯。

③甲酸:分析纯。

④乙醚:分析纯。

⑤正己烷:分析纯。

⑥无水硫酸钠:分析纯。

⑦层析柱管:1 cm(内径)×5 cm(高)的注射器管。

⑧层析用氧化铝(中性 100~200 目):105℃干燥 2 h,于干燥器中冷至室温,每 100 g 中加入 2 mL 水降活,混匀后密封,放置 12 h 后使用。

注意:不同厂家和不同批号氧化铝的活度有差异,须根据具体购置的氧化铝产品略作调整,活度的调整采用标准溶液过柱,将 1 μg/mL 的苏丹红的混合标准溶液 1 mL 加到柱中,用 5%丙酮正己烷溶液 60 mL 完全洗脱为准,4 种苏丹红在层析柱上的流出顺序为苏丹红Ⅱ、苏丹红Ⅳ、苏丹红Ⅰ、苏丹红Ⅲ,可根据每种苏丹红的回收率作出判断。苏丹红Ⅱ、苏丹红Ⅳ的回收率较低表明氧化铝活性偏低,苏丹红Ⅲ的回收率偏低时表明活性偏高。

⑨氧化铝层析柱:在层析柱管底部塞入一薄层脱脂棉,干法装入处理过的氧化铝至 3 cm 高,轻敲实后加一薄层脱脂棉,用 10 mL 正己烷预淋洗,洗净柱中杂质后,备用。

⑩5%丙酮的正己烷液:吸取 50 mL 丙酮用正己烷定容至 1 L。

⑪标准物质:苏丹红Ⅰ、苏丹红Ⅱ、苏丹红Ⅲ、苏丹红Ⅳ,纯度≥95%。

⑫标准贮备液:分别称取苏丹红Ⅰ、苏丹红Ⅱ、苏丹红Ⅲ及苏丹红Ⅳ各 10.0 mg(按实际含量折算),用乙醚溶解后用正己烷定容至 250 mL。

(二)仪器与设备

①高效液相色谱仪(配有紫外可见光检测器)。

②分析天平:感量 0.1 mg。

③旋转蒸发仪。

④均质机。

⑤离心机。

⑥0.45 μm 有机滤膜。

【工作过程】

一、样品制备

将液体、浆状样品混合均匀,固体样品需磨细。

二、样品处理

称取 10~20 g(准确至 0.01 g)样品于离心管中,加 10~20 mL 水将其分散成糊状,含增稠剂的样品多加水,加入 30 mL 正己烷:丙酮=3:1,匀浆 5 min,3 000 r/min 离心 10 min,吸出正己烷层,于下层再加 20 mL×2 次正己烷匀浆,离心,合并 3 次正己烷,加入无水硫酸钠 5 g 脱水,过滤后于旋转蒸发仪上蒸干并保持 5 min,用 5 mL 正己烷溶解残渣后,慢慢加入氧化铝层析柱中,为保证层析效果,在柱中保持正己烷液面为 2 mm 左右时上样,在全程的层析过程中不应使柱干涸,用正己烷少量多次淋洗浓缩瓶,一并注入层析柱。控制氧化铝表层吸附的色素带宽宜小于 0.5 cm,待样液完全流出后,视样品中含油类杂质的多少用 10~30 mL 正己烷洗柱,直至流出液无色,弃去全部正己烷淋洗液,用含 5%丙酮的正己烷液 60 mL 洗脱,收集、浓缩后,用丙酮转移并定容至 5 mL,经 0.45 μm 有机滤膜过滤后待测。

三、仪器条件

色谱柱:Zorbax SB-C$_{18}$ 3.5 μm 4.6 mm×150 mm(或相当型号色谱柱)。

流动相:

溶剂 A:0.1% 甲酸的水溶液:乙腈=85:15。

溶剂 B:0.1% 甲酸的乙腈溶液:丙酮=80:20。

梯度洗脱:流速:1 mL/min。

柱温:30℃。

检测波长:苏丹红Ⅰ 478 nm;苏丹红Ⅱ、苏丹红Ⅲ、苏丹红Ⅳ520 nm;于苏丹红Ⅰ出峰后切换。进样量 10 μL。梯度条件见表 8-6。

表 8-6　梯度条件

时间/min	流动相		曲线
	A/%	B/%	
0	25	75	线性
10.0	25	75	线性
25.0	0	100	线性
32.0	0	100	线性
35.0	25	75	线性
40.0	25	75	线性

四、标准曲线

吸取标准储备液 0、0.1、0.2、0.4、0.8 和 1.6 mL,用正己烷定容至 25 mL,此标准系列浓度为 0、0.16、0.32、0.64、1.28 和 2.56 μg/mL,绘制标准曲线。标准色谱图见 8-5 所示。

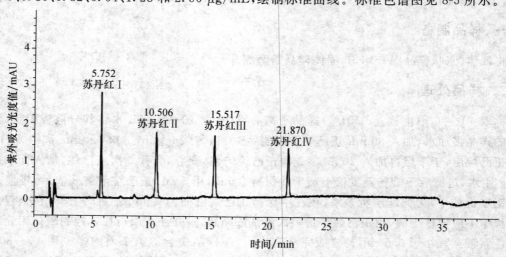

图 8-5　苏丹红标准色谱图

五、结果处理

按下式计算样品中苏丹红含量：

$$X = \frac{\rho \times V}{m}$$ （式 8-5）

式中：X 为样品中苏丹红含量，mg/kg；ρ 为由标准曲线得出的样液中苏丹红的浓度，μg/mL；V 为样液定容体积，mL；m 为样品质量，g。

【知识链接】

"苏丹红"是一种化学染色剂，并非食品添加剂。它的化学成分中含有一种叫萘的化合物，该物质具有偶氮结构，由于这种化学结构的性质决定了它具有致癌性，对人体的肝肾器官具有明显的毒性作用。苏丹红属于化工染色剂，主要是用于石油、机油和其他的一些工业溶剂中，目的是使其增色，也用于鞋、地板等的增光。又名"苏丹"。

一、检测原理

样品经溶剂提取、固相萃取净化后，用反相高效液相色谱-紫外可见光检测器进行色谱分析，采用外标法定量。参照国标 GB/T 19681—2005。

二、样品处理

①红辣椒粉等粉状样品：称取 1～5 g（准确至 0.001 g）样品于三角瓶中，加入 10～30 mL 正己烷，超声 5 min，过滤，用 10 mL 正己烷洗涤残渣数次，至洗出液无色，合并正己烷液，用旋转蒸发仪浓缩至 5 mL 以下，慢慢加入氧化铝层析柱中，为保证层析效果，在柱中保持正己烷液面为 2 mm 左右时上样，在全程的层析过程中不应使柱干涸，用正己烷少量多次淋洗浓缩瓶，一并注入层析柱。控制氧化铝表层吸附的色素带宽宜小于 0.5 cm，待样液完全流出后，视样品中含油类杂质的多少用 10～30 mL 正己烷洗柱，直至流出液无色，弃去全部正己烷淋洗液，用含 5% 丙酮的正己烷液 60 mL 洗脱，收集、浓缩后，用丙酮转移并定容至 5 mL，经 0.45 μm 有机滤膜过滤后待测。

②红辣椒油、火锅料、奶油等油状样品：称取 0.5～2 g（准确至 0.001 g）样品于小烧杯中，加入适量正己烷溶解（1～10 mL），难溶解的样品可于正己烷中加温溶解。按①中"慢慢加入到氧化铝层析柱……过滤后待测"操作。

③辣椒酱、番茄沙司等含水量较大的样品：称取 10～20 g（准确至 0.01 g）样品于离心管中，加 10～20 mL 水将其分散成糊状，含增稠剂的样品多加水，加入 30 mL 正己烷∶丙酮＝3∶1，匀浆 5 min，3 000 r/min 离心 10 min，吸出正己烷层，于下层再加入 20 mL×2 次正己烷匀浆，离心，合并 3 次正己烷，加入无水硫酸钠 5 g 脱水，过滤后于旋转蒸发仪上蒸干并保持 5 min，用 5 mL 正己烷溶解残渣后，按①中"慢慢加入到氧化铝层析柱……过滤后待测"操作。

④香肠等肉制品：称取粉碎样品 10～20 g（准确至 0.01 g）于三角瓶中，加入 60 mL 正己烷充分匀浆 5 min，滤出清液，再以 20 mL×2 次正己烷匀浆，过滤。合并 3 次滤液，加入 5 g 无水硫酸钠脱水，过滤后于旋转蒸发仪上蒸至 5 mL 以下，按①中"慢慢加入到氧化铝层析柱中……过滤后待测"操作。

任务四　水发食品中甲醛的快速检测

【检测要点】

1. 掌握样品处理的能力。

2. 掌握荧光分光光度法的基本操作技术。

【仪器试剂】

(一)试剂

①12%的氢氧化钠溶液:称取 12 g 分析纯的氢氧化钠固体,溶于 100 mL 水中。置于聚乙烯塑料瓶中保存。

②1%间苯三酚溶液:称取 1 g 分析纯间苯三酚,溶于 100 mL 12%的氢氧化钠溶液中,临用时现配。

③甲醛检测管的制备:取 0.2 mL 1%间苯三酚溶液加到 1.5 mL 带塞离心管中备用。

(二)仪器

①天平感量:0.01 g。

②100 mL 比色管。

③水浴锅。

④温度计(100℃)。

【工作过程】

一、试样处理

取其浸泡液直接进行检测。

二、试样测定

吸取 1.0 mL 样品浸泡液于甲醛检测管中,摇匀,使浸泡液与检测管的试剂充分反应,10 min内观察溶液颜色的变化。

在样品检测的同时,取 1.0 mL 样品浸泡液于 1.5 mL 带塞离心管做样品空白对照。

三、结果处理

以白纸或白瓷板做衬底并与样品空白溶液对比,观察溶液颜色变化。

溶液呈橙红色表明甲醛含量较高。

溶液呈浅红色表明甲醛含量较低。

溶液颜色不变表明未检出甲醛。

【知识链接】

检测原理:在碱性条件下,甲醛与间苯三酚发生显色反应,生成橙红色络合物,通过颜色变化检测样品中甲醛的含量。显色反应速度较快,超过 15 min 颜色会逐渐脱色。参照标准

DB44/T 519—2008。

甲醛是无色、具有强烈气味的刺激性气体,其35%~40%的水溶液通称福尔马林。甲醛是原浆毒物,能与蛋白质结合,吸入高浓度甲醛后,会出现呼吸道的严重刺激和水肿、眼刺痛、头痛,也可发生支气管哮喘。皮肤直接接触甲醛,可引起皮炎、色斑、坏死。经常吸入少量甲醛,能引起慢性中毒,出现黏膜充血、皮肤刺激症、过敏性皮炎角化和脆弱、甲床指端疼痛,孕妇长期吸入可能导致新生婴儿畸形,甚至死亡,男子长期吸入可导致男子精子畸形、死亡,性功能下降,严重的可导致白血病,气胸,生殖能力缺失,全身症状有头痛、乏力、胃纳差、心悸、失眠、体重减轻以及植物神经紊乱等。

任务五 火腿中敌敌畏的检测

【检测要点】

1. 掌握样品处理的能力。

2. 掌握气相色谱法的基本操作技术。

【仪器试剂】

(一)试剂

①乙酸乙酯。

②丙酮。

③二氯甲烷。

④环己烷。

⑤无水硫酸钠。

⑥氯化钠(分析纯)。

⑦敌敌畏标准品(农业部农药检定所)。

(二)主要仪器

①气相色谱仪(VARIAN-CP3800,GC-PFPD)。

②GPC净化系统(LC-TECH)。

③自动浓缩仪(LC-TECH)。

④旋转蒸发仪。

⑤振荡器。

⑥氮吹仪。

⑦实验室常用玻璃仪器。

【工作过程】

一、样品前处理

称取磨碎的火腿肉10 g于100 mL的具塞平底烧瓶中,加入8 mL水,再加40 mL丙酮,180 r/min振荡30 min,加入6 g NaCl,混匀。再加入30 mL二氯甲烷,继续振荡30 min,静置

10 min。吸取上清溶液 50 mL,过无水硫酸钠收集,用自动浓缩仪浓缩定容至 7 mL,取 5 mL 过 GPC 净化,用环己烷-乙酸乙酯(50+50,V/V)以 5 mL/min 洗脱,收集第 95 至第 125 mL 洗脱液,用自动浓缩仪浓缩,柔和氮气吹干,用乙酸乙酯定容至 1 mL,上样检测。

二、样品的分析色谱条件

气相色谱仪:VARIAN-CP3800,GC-PFPD。

色谱柱:VARIAN CP-SIL 5CB 30 m×0.32 mm×0.25 μm。

柱温:80℃,保持 1 min;15℃/min 升至 180℃,再以 50℃/min 升至 240℃,保持 4 min。

进样口温度:240℃。

检测器温度:300℃。

载气:高纯度氮气,纯度>99.999%,恒流 1.5 mL/min。

空气 1:17.0 mL/min。

氢气:13.0 mL/min。

空气 2:10.0 mL/min。

三、结果处理

$$X = \frac{\rho \times V}{m} \qquad \text{(式 8-6)}$$

式中:X 为试样中敌敌畏残留含量,μg/kg;ρ 为标准工作液中敌敌畏的浓度,μg/L;V 为样液最终定容体积,mL;m 为最终样液所代表的试样量,g。

任务六　饮料中塑化剂的检测

【检测要点】

1. 掌握样品处理的能力。

2. 掌握荧光分光光度法的基本操作技术。

【仪器试剂】

(一)试剂

除另有说明外,本实验所用水均为 GB/T 21911—2008 规定的一级水,试剂均为色谱纯。

①正己烷。

②乙酸乙酯。

③环己烷。

④乙腈。

⑤丙酮。

⑥无水硫酸钠:优级纯,于 650℃灼烧 4 h,冷却后储于密闭干燥器中备用。

⑦邻苯二甲酸酯标准品:纯度>98%。

⑧标准使用液:将标准品用正己烷配制成浓度分别为 0.5、1.0、2.0、4.0 和 8.0 mg/L 的标准系列溶液待用。

(二)仪器

①气相色谱-质谱联用仪(GC-MS)。
②高效液相色谱仪。
③振荡器。
④离心机。
⑤涡漩混合器。
⑥玻璃器皿。
⑦分析天平。
⑧SPE 柱。

【工作过程】

一、试样制备

取同一批次 3 个完整独立包装的可乐样品(样品不少于 500 mL),置于硬质全玻璃器皿中,混合均匀,待用。

二、试样处理

量取混合均匀的试样 5.0 mL 除去二氧化碳于玻璃离心管中,加入正己烷 5.0 mL,涡漩 2 min,以不低于 4 000 r/min 的转速离心 1 min,静置分层,将上层清液转移至洁净的试管中,再以正己烷重复提取 2 次,合并 3 次上清液,40℃下氮气吹至 2 mL,待净化。

将 SPE 柱依次加入 5 mL 丙酮、5 mL 正己烷、1 g 无水硫酸钠活化,弃去流出液;加入待净化液,流速控制在 1 mL/min 内;上样后依次加入 5 mL 正己烷、5 mL 4%丙酮-正己烷溶液洗脱,收集流出液,在 40℃的温度,缓慢氮气流条件下吹至近干后挥干,乙腈定容至 1 mL 后进行 GC-MS 分析(如含有少量油滴,离心后取清液进行检测)。

三、空白试验

试验中使用的试剂按试样处理方式处理后,进行 HPLC、GC-MS 分析。

四、GC-MS 法测定

(一)色谱条件

①色谱柱:HP-5MS 石英毛细管柱[30 m×0.25 mm×0.25 μm]。
②进样口温度:250℃。
③升温程序:初始温度 60℃,保持 1 min,以 20℃/min 升温至 220 ℃,保持 1 min,再以 5℃/min 升温至 280℃,保持 10 min。
④载气:氮气。
⑤流速:1 mL/min。
⑥进样方式:不分流进样。

⑦进样量:1 μL。

(二)质谱条件

①电离方式:电子轰击源(EI)。

②监测方式:选择离子扫描模式(SIM)。

③色谱与质谱接口温度:280℃。

④电离能量:70 eV。

⑤溶剂延迟:5 min。

五、HPLC 法测定

(1)HPLC 分析条件

①色谱柱:Diamonsil C$_{18}$,250 mm×4.6 mm,5 μm。

②流速:1.0 mL/min。

③检测器:UV 224 m。

④柱温:30℃。

⑤进样量:20 μL。

⑥流动相:乙腈、水,梯度洗脱。

(2)梯度洗涤条件　如表 8-7 所示。

表 8-7　梯度洗涤条件

时间/min	0	10	15	35	36	40
乙腈/%	50	90	100	100	50	50

六、定性分析

在(GC-MS)仪器条件下,试样待测液和标准品的选择离子色谱峰在相同保留时间处出现,并且对应质谱碎片离子的质荷比与标准品一致,其丰度比与标准品相比应符合;相对丰度大于 50% 时,允许 10% 偏差;相对丰度 20%～50%,允许 15% 偏差;相对丰度 10%～20% 时,允许 20% 偏差;相对丰度小于 10% 时,允许 50% 偏差,此时可定性确证目标分析物。

七、定量分析

以各邻苯二甲酸酯化合物的标准溶液浓度为横坐标,各自的定量离子的峰面积为纵坐标,作标准曲线线性回归方程,以试样的峰面积与标准曲线比较定量见图 8-6 和图 8-7。

八、结果处理

1. 邻苯二甲酸酯化合物的含量计算

$$X = \frac{(\rho_i - \rho_0) \times V \times D}{m}$$

(式 8-7)

式中:X 为试样中某种邻苯二甲酸酯含量,mg/kg;ρ_i 为试样中某种邻苯二甲酸酯峰面积对应

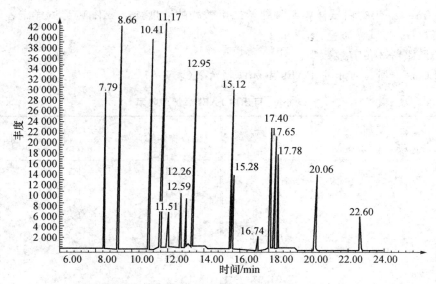

图 8-6 邻苯二甲酸酯类化合物标准物质的气相色谱-质谱选择离子色谱图

注：16 种邻苯二甲酸酯类的出峰顺序依次为：邻苯二甲酸二甲酯（DMP）、邻苯二甲酸二乙酯（DEP）、邻苯二甲酸二异丁酯（DIBP）、邻苯二甲酸二丁酯（DBP）、邻苯二甲酸二（2-甲氧基）乙酯（DMEP）、邻苯二甲酸二（4-甲基-2-戊基）酯（BMPP）、邻苯二甲酸二（2-乙氧基）乙酯（DEEP）、邻苯二甲酸二戊酯（DPP）、邻苯二甲酸二己酯（DHXP）、邻苯二甲酸丁基苄基酯（BBP）、邻苯二甲酸二（2-丁氧基）乙酯（DBEP）、邻苯二甲酸二环己酯（DCHP）、邻苯二甲酸二（2-乙基）己酯（DEHP）、邻苯二甲酸二苯酯、邻苯二甲酸二正辛酯（DNOP）、邻苯二甲酸壬酯（DNP）。

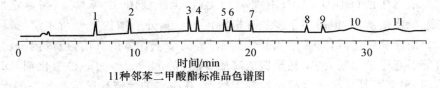

11种邻苯二甲酸酯标准品色谱图

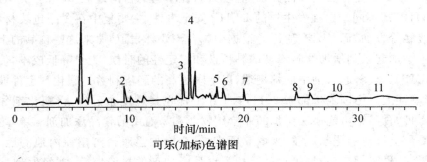

可乐(加标)色谱图

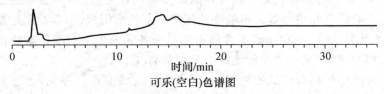

可乐(空白)色谱图

图 8-7 邻苯二甲酸酯色谱图

的浓度,mg/mL;ρ_0 为空白试样中某种邻苯二甲酸酯的浓度,mg/mL;V 为试样定容体积,mL;D 为稀释倍数;m 为试样质量,g。

计算结果保留 3 位有效数字。

2. HPLC 法分析得可乐中 PAEs 添加回收结果(表 8-8)

表 8-8 可乐中 PAEs 添加回收率

化合物名称	添加水平/ (mg/kg)	回收率/%	化合物名称	添加水平/ (mg/kg)	回收率/%
DMP	1	85.59	DCHP	1	89.31
DEP	1	89.20	DEHP	1	86.64
DBP	1	84.49	DNOP	1	89.93
DPP	1	124.25	DINP	5	90.52
DHP	1	93.75	DIDP	5	93.02
BBP	1	94.97			

【知识链接】

塑化剂也称增塑剂、可塑剂,是一种增加材料的柔软性或是材料液化的添加剂。其添加对象包含了塑胶、混凝土、墙壁材料、水泥与石膏等。同一种塑化剂常常使用在不同的对象上,但其效果往往并不相同。塑化剂种类多达百余种,但使用得最普遍的即是一群称为邻苯二甲酸酯类的化合物。以邻苯二甲酸二(2-乙基己基)酯(DEHP)为最大宗,占塑化剂产量的 3/4,其次是邻苯二甲酸二丁酯(DBP)。DEHP 是一种无色、无味液体,中等黏度、高稳定性、低挥发性、成本低廉、低水溶解度,但易溶于多数有机溶剂中。其分子结构类似荷尔蒙,被称为"环境荷尔蒙",如果由食物链进入体内,形成假性荷尔蒙,就会干扰体内分泌,造成内分泌失调。若长期食用可能引起生殖系统异常,甚至造成畸胎、癌症的危险。作为一种塑化剂,DEHP 只能在工业上使用,根本不是合法的食品添加剂。然而,在中国的台湾地区生产的一些食品饮料中发现大量 DEHP,却不同于以往发生过的 DEHP 安全事件,主要集中在食品包装材料污染、非食品物质的接触等方面,而是另有原因。根据中国台湾媒体报道,原来这些食品的上游生产厂商在向食品中添加起云剂增加饮料流动的黏稠性和稳定性的时候,为了降低成本,使用了更廉价的塑化剂 DEHP 代替起云剂中的棕榈油,以追求更高的经济利益。塑化剂事件波及亚洲的多个国家,影响甚大。中国卫生部于 2011 年 6 月 1 日晚紧急发布公告,将塑化剂邻苯二甲酸酯类列为第六批"食品中可能违法添加的非食用物质和易滥用的食品添加剂名单"之中。国务院食品安全委员会针对塑化剂风波,采取 5 项措施,全面加强对台湾销往内地的运动饮料、果汁、茶饮料、果酱、果浆、胶淀粉类等食品及相关食品添加剂的检验监管,一经发现立即下架查封。同时,根据国家发表的食品中邻苯二甲酸酯的测定标准检出限规定:含油脂样品中各邻苯二甲酸酯化合物的检出限为 1.5 mg/kg,不含油脂样品中各邻苯二甲酸酯化合物的检出限为 0.05 mg/kg。可见饮料中塑化剂的含量测定有着重要的意义。

实验原理:利用有机溶剂提取样品中的邻苯二甲酸酯,经 SPE 小柱净化,运用 HPLC、GC-MS 法分析测定。采用特征选择离子监测扫描模式(SIM),以碎片的丰度比定性,标准样品定量离子外标法定量。参照国标 GB/T 21911—2008 食品中邻苯二甲酸酯的测定。

◆项目小结

学习内容见表 8-9。

表 8-9　常见的食品掺假安全检测

检测项目	检测标准	检测项目	检测标准
三聚氰胺	DB13/T 1112—2009	甲醛	DB44/T 519—2008
瘦肉精	NY/T 468—2006	敌敌畏	无国标
苏丹红	GB/T 19681—2005	塑化剂	GB/T 21911—2008

本项目为选学部分,学校根据具体情况开设此项目内容。

项目九　食品安全检测综合实训

◆学习目的

掌握十五大类食品的安全检测方法。

◆知识要求

1. 了解十五大类食品易出现的质量问题及关键控制环节。

2. 掌握十五大类食品安全的检测方法。

◆技能要求

能够正确测定各类食品的安全指标。

◆项目导入

食品检测综合技能实训是食品相关专业的重要专业课程，是对学过的专业知识的综合运用和对专业技能的集中训练。

针对十五大类食品（饮料、罐头、乳制品、肉制品、粮油制品、焙烤制品、速冻食品、糖果及巧克力制品、蜜饯、调味品、酱腌制品、食用油类、酒类制品、茶叶、桶装水）的具有代表性的检测任务。

任务一　果蔬汁饮料的安全检验

【检测目标】

1. 了解果蔬汁容易出现的质量问题及关键控制环节。

2. 掌握果蔬汁饮料的常规检测项目及相关标准。

3. 掌握果蔬汁饮料的安全检测方法。

【安全问题】

1. 设备、环境等生产设施卫生管理不到位，而使产品的安全指标不合格。

2. 个人卫生、质量意识不强造成产品的化学和生物污染，产生质量安全问题。

3. 原辅材料、包装材料、水处理把关不严，造成物理、化学和生物危害。

4. 原料质量及配料控制等环节易从原料中带入防腐剂、色素、甜味剂等，造成原果汁含量及配料与明示不符、食品添加剂超范围和超量使用。

【控制环节】

1. 原辅料、包装材料的质量控制。

2．生产车间，尤其是配料和灌装车间的卫生管理控制。

3．水处理工序、灌装工序的控制。

4．瓶、盖的清洗消毒。

5．操作人员的卫生管理。

【检测指标】

（一）安全检测指标

安全检测指标应符合表 9-1 的规定。

表 9-1　安全检测指标

项目	指标	检验标准	备注
铅（Pb）/（mg/L）	≤0.05	GB 5009.12	参见项目四
二氧化硫（SO_2）/（mg/kg）	≤10	GB/T 5009.34	参见项目二
苯甲酸/（g/kg）	≤2.0	GB/T 5009.29	参见项目二
山梨酸/（g/kg）	≤2.0	GB/T 5009.29	参见项目二
糖精钠/（μg/mL）	≤0.05	DB13/T 1112	参见项目二
甜蜜素/（μg/mL）	≤2.0	DB13/T 1112	参见项目二
着色剂/（mg/kg）	≤0.2	GB/T 5009.35	参见项目二
展青霉素[b]/（μg/L）	≤50	GB/T 5009.185	参见下面
菌落总数/（CFU/mL）	≤100	GB 4789.2	参见项目七
大肠菌群/（MPN/100 mL）	≤3	GB 4789.3	参见项目七
霉菌/（CFU/mL）	≤20	GB/T 4789.15	参见项目七
酵母/（CFU/mL）	≤20	GB/T 4789.15	参见项目七
商业无菌		GB/T 4789.26	参见项目七
致病菌（沙门氏菌、志贺氏菌、金黄色葡萄球菌）	不得检出	GB 4789.4；GB 4789.5；GB 4789.10；	参见项目七

注 1：a 仅适用于金属灌装。b 仅适用于苹果汁、山楂汁。

注 2：以罐头加工工艺生产的罐装果蔬汁饮料应符合商业无菌的要求。

（二）苹果和山楂制品中展青霉素的检测

1．原理

试样中展青霉素经提取、净化、浓缩、薄层展开后，利用薄层扫描仪进行紫外反射光扫描定量。

2．试剂

①硅胶 CF_{254}。

②薄层色谱展开剂。

横向：氯仿-丙酮（30＋1.5）。

纵向：甲苯-乙酸乙酯-甲酸（50＋15＋1）。

③展青霉素标准品。

④乙酸乙酯。

⑤1.5%碳酸钠溶液。

⑥无水硫酸钠。

⑦三氯乙烷。

⑧显试剂：溶解 0.1 g MBTH·HCl·H$_2$O 3-甲基-2 苯并噻唑酮腙水盐酸盐于 20 mL 蒸馏水中，置于冰箱中保存，每 3 d 重新配置。

3. 仪器

①薄层扫描仪。

②层析槽（内径 11.5 cm、高 20 cm 的标准罐）。

③玻璃板 10 cm×10 cm。

④紫外光灯。

4. 提取

①果汁、果酒：量取果汁 25 mL，置于分液漏斗中，加入等体积的乙酸乙酯，振摇 2 min，静置分层，重复以上步骤 2 次，合并有机相加 2.5 mL 1.5%的碳酸钠振摇 1 min 静置分层后，弃去碳酸钠层，同上步骤再次用碳酸钠处理 1 次。将提取液滤入 100 mL 梨形瓶中，于 40℃水浴上于真空减压浓缩至近干，用少许三氯甲烷清洗瓶壁，浓缩干，加三氯甲烷 0.4 mL 定容，供薄层色谱测定用。

②果酱：称取试样 25 g 于乳钵中，加适量无水硫酸钠研磨后，称至三角瓶中，加 80 mL 乙酸乙酯浸泡 30 min，振荡 30 min，过滤，取滤液 50 mL 以下操作同①。

5. 测定

①薄层板的制备：取硅胶 CF$_{254}$ 5 g 加水 15 mL 涂布 10 cm×10 cm 玻璃板上，一次涂成 5 块，薄层厚度为 0.3 mm，阴干后，105℃烘烤 2 h 放入干燥器中备用。

②点样：取一块薄板，在距底边和右边 10 cm 处，用微量注射器滴加 1.0 μg/mL 的展青霉素标准液 10 μL，相距左边 4 cm 处滴加 10 μL 样液，在试样点同意垂线上，距顶端 2 cm 处滴 20 ng 的标准液，为位置参考点。

③展开：横向展开到顶端点后取出挥干，进行纵向展开，至顶端后，取出挥干，在 254 nm 紫外灯下观察，出现黑色吸收点则试样为阳性。进行扫描定量测定。

④薄层色谱扫描测定。

仪器操作条件：

测定波长：270 nm。

参考波长：310 nm。

反射光测定：

扫描速度：40 nm/min。

记录仪器：纸速 20 nm/min。

层顶标准及展青霉素峰面积。

⑤阳性试样的确证：将阳性试样的薄层色谱板，喷以 MBTH 显色剂，130℃烘烤 15 min，冷至室温后，于 365 nm 紫光灯下观察，展青霉素应呈橙黄色点。

6. 计算

果汁及果酱中展青霉素含量的计算见（式 9-1）和（式 9-2）。

果汁：
$$X = \rho \times \frac{A}{S} \times V \times D \times \frac{1}{V_1} \tag{式 9-1}$$

果酱：
$$X = \rho \times \frac{A}{S} \times V \times D \times \frac{1}{m} \times \frac{8}{5} \tag{式 9-2}$$

式中：X 为展青霉素含量，$\mu g/mL$；ρ 为展青霉素标准液浓度，$\mu g/mL$；A 为样液展青霉素峰面积；S 为标准溶液展青霉素峰面积；V 为加入三氯甲烷定容体积，mL；D 为样液点稀释倍数；m 为式样的质量，g；V_1 为液体式样的体积，mL。

精密度：再重复性条件下获得的 2 次独立性结果的绝对值不得超过算术平均值的 10%。

任务二 植物蛋白饮料的安全检验

【检测目标】

1. 了解植物蛋白饮料容易出现的质量问题及关键控制环节。

2. 掌握植物蛋白饮料的常规检测项目及相关标准。

3. 掌握植物蛋白饮料的安全检测方法。

【安全问题】

1. 设备、环境、原辅料、包装材料、人员等环节的管理控制不到位，易造成化学和生物污染，而使产品的安全指标不合格。

2. 生产过程控制不当，生产半成品停留时间过长，温度控制不当，易产生变质，造成生物污染。

3. 产品密封不严，会产生二次污染，杀菌控制不到位，产品产生后污染，造成生物污染。

4. 原料质量及配料控制等环节控制不到位，易造成蛋白质不达标。

5. 对食品添加剂等配料使用上管理不到位，易出现超范围和超量使用，造成化学污染。

【控制环节】

1. 原辅料、包装材料的质量控制。

2. 生产车间，尤其是配料和灌装车间的卫生管理控制。

3. 生产设备、管道的清洗消毒管理控制。

4. 配料的计量控制。

5. 灌封工序、杀菌工序的控制。

6. 操作人员的卫生管理。

【检测指标】

(一)安全检测指标

安全检测指标应符合表 9-2 的规定。

表 9-2　安全检测指标

项目	指标	检验标准	备注
铅(Pb)/(mg/L)	≤0.3	GB 5009.12	参见项目四
氰化物(以 HCN 计)/(mg/L)	≤0.05	GB/T 5009.36	参见下面
脲酶试验	阴性	GB/T 5009.183	参见下面
苯甲酸/(g/kg)	≤2.0	GB/T 5009.29	参见项目二
山梨酸/(g/kg)	≤2.0	GB/T 5009.29	参见项目二
糖精钠/(μg/mL)	≤0.05	DB13/T 1112	参见项目二
甜蜜素/(μg/mL)	≤2.0	DB13/T 1112	参见项目二
菌落总数/(CFU/mL)	≤100	GB 4789.2	参见项目七
大肠菌群/(MPN/100 mL)	≤3	GB 4789.3	参见项目七
霉菌和酵母/(CFU/mL)	≤20	GB/T 4789.15	参见项目七
致病菌(沙门氏菌、志贺氏菌、金黄色葡萄球菌)	不得检出	GB 4789.4；GB 4789.5；GB 4789.10；	参见项目七

注:杏仁测定氰化物含量;大豆制品测定脲酶试验。

(二)植物蛋白饮料中脲酶的定性测定

1. 测定原理

脲酶在适当的 pH 和温度下催化尿素,转化成碳酸铵,碳酸铵在碱性条件下形成氢氧化铵,再与钠氏试剂中的碘化钾汞复盐作用形成碘化双汞铵,如试样中脲酶活性消失,上述反应即不发生。

$$NH_2CONH_2 + 2H_2O \xrightarrow{\text{脲酶}} (NH_4)_2CO_3$$
$$(NH_4)_2NO_3 + 2NaOH \longrightarrow Na_2CO_3 + NH_4OH$$
$$2K_2[HgI_4] + 3KOH + NH_3 \longrightarrow NH_2Hg_2OI + 7KI + 2H_2O$$
$$\text{(黄棕色沉淀)}$$

2. 试剂

①1%尿素溶液。

②10%钨酸钠溶液。

③2%酒石酸钾钠溶液。

④5%硫酸。

⑤中性缓冲液:取 0.067 mol/L 磷酸氢二钾溶液 611 mL,加入 389 mL 0.067 mo/L 磷酸二氢钾溶液混合均匀即可。

a. 0.067 mol/L 磷酸氢二钾溶液:称取无水磷酸氢二钾 9.47 g 溶解于 1 000 mL 水中。

b. 0.067 mol/L 磷酸二氢钾溶液:称取磷酸二氢钾 9.07 g 溶于 1 000 mL 水中即成。

⑥钠氏试剂:称取红色碘化汞(HgI₂)55 g,碘化钾 41.25 g 溶于 250 mL 水中,溶解后,倒入 1 000 mL 容量瓶中。再称取氢氧化钠 144 g,溶于 500 mL 水中,溶解并冷却后,再缓缓地

倒入以上 1 000 mL 容量瓶中,加水至刻度,摇匀后倒入试剂瓶,静止后用上清液。

3. 分析步骤

①取 10 mL 比色管甲、乙 2 支,各加入 0.1 g 试样,再各加 1 mL 水,振摇 30 s(约 100 次),然后各加入中性缓冲液 1 mL。

②向上两管中的甲管(试样管)中加入尿素溶液 1 mL,再向乙管(空白对照管)中加入 1 mL 水,将甲乙两管摇匀置于 40℃ 水浴中保温 20 min。

③从水浴中取出二管后,各加 4 mL 水,摇匀再加 10% 钨酸钠溶液 1 mL,摇匀,再加 5% 硫酸 1 mL,摇匀过滤备用。

④取上述滤液 2 mL,分别加入 25 mL 具塞纳氏比色管(配套管)中,再按下述步骤操作。各加水 15 mL 后再加入 2% 酒石酸钾钠 1 mL。各加入纳氏试剂 2 mL 后再加入至 25 mL 刻度。

⑤摇匀后观察结果见表 9-3。

表 9-3　观察结果

脲酶定性	表示符号	显示情况
强阳性	++++	砖红色混浊或澄清液
次强阳性	+++	橘红色澄清液
阳性	++	深金黄色或黄色澄清液
弱阳性	+	微黄色澄清液
阴性	-	试样管与空白对照管同色或更淡

(三)杏仁蛋白饮料中氰化物的检测

1. 定性分析

(1)原理　氰化物遇酸产生氢氰酸,氢氰酸与苦味酸钠作用,生成红色异氰紫酸钠。

(2)试剂

①酒石酸。

②碳酸钠溶液(100 g/L)。

③苦味酸试纸:取定性滤纸剪成长 7 cm、宽 0.3~0.5 cm 的纸条,浸入饱和苦味酸-乙醇溶液中,数分钟后取出,在空气中阴干,贮存备用。

(3)仪器　取 200~300 mL 锥形瓶,配备一适宜的单孔软木塞或橡皮塞,孔内塞以内径 0.4~0.5 cm,长 5 cm 的玻璃管,管内悬一条苦味酸试纸,临用时,试纸以碳酸钠溶液 (100 g/L)润湿。

(4)分析步骤　迅速称取 5 g 试样,置于 100 mL 锥形瓶中,加 20 mL 水及 0.5 g 酒石酸,立即塞上悬有苦味酸并以碳酸钠湿润的试纸条的木塞,置 40~50℃ 水浴中,加热 30 min。观察颜色变化,如试纸不变色,表示氰化物为负反应或未超过规定;如试纸变色,需再做定量试验。

2. 定量检测

(1)原理　氰化物在酸性溶液中蒸出后被吸收于碱性溶液中,在 pH 7.0 溶液中,用氯胺 T 将氰化物转变为氰化氢,再与异烟酸-吡唑酮作用,生成蓝色染料,与标准系列比较定量。

本方法取样量为 10 g 时,检出限为 0.015 mg/kg。

(2)试剂

①甲基橙指示剂(0.5 g/L)。

②乙酸锌溶液(100 g/L)。

③酒石酸。

④氢氧化钠溶液(100 g/L)。

⑤氢氧化钠溶液(1 g/L)。

⑥乙酸(1+24)。

⑦酚酞-乙醇指示液(10 g/L)。

⑧磷酸盐缓冲溶液[(0.5 mol/L)pH 7.0]:称取 34.0 g 无水磷酸二氢钾和 35.5 g 无水磷酸氢二钠,溶于水并稀释至 1 000 mL。

⑨试银灵(对二甲氨基亚苄基罗丹宁)溶液:称取 0.02 g 试银灵,溶于 100 mL 丙酮中。

⑩异烟酸-吡唑酮溶液:称取 1.5 g 异烟酸溶于 24 mL 氢氧化钠溶液(20 g/L),加水至 100 mL,另取 0.25 g 吡唑酮,溶于 20 mL N-二甲基酰胺中,合并上述两种溶液、摇匀。

⑪氯胺 T 溶液:称取 1 g 氯胺 T(有效氯含量应在 11% 以上),溶于 100 mL 水中,临用时现配。

⑫氰化钾标准溶液:称取 0.25 g 氰化钾,溶于水中,并稀释至 1 000 mL,此溶液每毫升约相当于 0.1 g 氰化物,其准确度可在使用前用下法标定。

取上述溶液 10.0 mL,置于锥形瓶中,加 1 mL 氢氧化钠溶液(20 g/L),使 pH 为 11 以上,加 0.1 mL 试银灵溶液,用硝酸银标准溶液(0.020 mol/L)滴定至橙红色[1 mL 硝酸银标准溶液(0.02 mol/L)相当于 1.08 mg 氢氰酸]。

⑬氰化钾标准使用液:根据氰化钾标准溶液的浓度吸取适量,用氢氧化钠溶液(1 g/L)稀释成相当于每毫升 1 μg 氢氰酸。

(3)仪器

①250 mL 玻璃水蒸气蒸馏装置。

②分光光度计。

(4)分析步骤

①迅速称取 10.00 g 试样,放置于 250 mL 蒸馏瓶中,加适量水使式样全部浸没,加 20 mL 乙酸锌溶液(100 g/L),加 1~2 g 酒石酸,迅速连接好全部装置,冷凝管下端插入盛有 5 mL 氢氧化钠溶液(1 g/L)的 100 mL 的容量瓶的液面下,缓缓加热,通水蒸气进行蒸馏,收集馏液近 100 mL,取下容量瓶,加水至刻度,摇匀。取 10 mL 蒸馏液于 25 mL 比色管中。

②吸取 0、0.3、0.6、0.9、1.2 和 1.5 mL 氰化物标准溶液(相当于 0、0.3、0.6、0.9、1.2 和 1.5 μg 氢氰酸),分别置于 25 mL 比色管中,各加水 10 mL,于试样液及标准溶液中各加 1 mL 氢氧化钠溶液(1 g/L)和 1 滴酚酞指示液,用乙酸(1+24)调至红色刚刚消失,加 5 mL 磷酸盐缓冲溶液,加温至 37℃左右,再加入 0.25 mL 氯胺 T 溶液,加塞混合,放置 5 min,然后加 5 mL 异烟酸-吡唑酮溶液,加水至 25 mL 摇匀,于 25~40℃放置 40 min,用 2 cm 比色杯,以零管调节零点,于波长 638 nm 处测吸光度,绘制标准曲线比较。

(5)结果计算　试样中氰化物(以氢氰酸计)的含量按下式进行计算。

$$X = \frac{m_1 \times 1\,000}{m \times \frac{V_2}{V_1} \times 1\,000}$$

(式 9-3)

式中：X 为试样中氰化物（以氢氰酸计）的含量，μg；m_1 为由标准曲线查得氰化物的质量，μg；m 为试样质量，g；V_1 为试样蒸馏液总体积，mL；V_2 为测定用蒸馏液体积，mL。

计算结果保留 2 位有效数字。

任务三 水果罐头的安全检验

【检测目标】

1. 了解水果罐头容易出现的质量问题及关键控制环节。

2. 掌握水果罐头的常规检测项目及相关标准。

3. 掌握水果罐头的安全检测方法。

【安全问题】

1. 管内壁的腐蚀

①氧气对金属是强烈的氧化剂。排气不彻底，在罐头中残留的氧在酸性介质中作为阴极去极化剂对锡有强烈的氧化作用。因此，罐头内残留氧的多少是内壁腐蚀轻重的一个决定性因素。

②水果类罐头，一般属于酸性或高酸性食品，一般 pH 越低，腐蚀性越强。通常还与内容物的酸含量和酸的组成有关。

③由于原料含总酸量、酸的种类、硝酸根离子、色素等成分不同，因而不同种类的原料对马口铁的腐蚀性不同。

④低甲氧基果胶能促进锡的腐蚀，因此，水果加工过程中，应迅速破坏果胶酶的活性，防止因果胶酶的作用而使果胶分解，产生低甲氧基果胶或半乳糖醛酸而促进腐蚀。

⑤罐头食品由于硝酸盐的存在，而引起急剧溶锡腐蚀的现象。特别是罐内残留氧量多和介质 pH 低的情况下，腐蚀速度更快。

⑥樱桃、莓果类均含花色苷色素。这类色素在镀锡薄钢板罐内壁表现为阳极去极剂，与腐蚀产生的锡盐结合形成紫色的分子内醋盐，对罐的腐蚀性很大。

⑦果糖或糖水水果罐头的糖类的焦化而引起急剧的腐蚀。

2. 水果罐头的氢胀和穿孔腐蚀

罐头内的果酸与铁皮发生作用，产生气体引起胀罐。马口铁有露铁点或涂料铁涂膜孔隙多，容易引起集中腐蚀而穿孔。

3. 水果罐头变色

主要由于酶促褐变和非酶促褐变引起，包括：美拉德反应、抗坏血酸的作用、金属离子对花色苷色素的作用等引起变色。

4. 细菌性胀罐和败坏

酸性低的水果罐头常发生细菌性胀罐和败坏。

5. 细菌性败坏

罐头食品杀菌或封口效果不好,会出现细菌性败坏。

【控制环节】

1. 原辅料验收和处理。

2. 真空封口工序。

3. 杀菌控制工序。

【检测指标】

安全检测指标应符合表 9-4 的规定。

表 9-4　安全检测指标

项目	指标	检验标准	备注
铅(Pb)/(mg/L)	≤1.0	GB 5009.12	参见项目四
锡/(mg/L)	≤250	GB/T 5009.16	参见项目四
着色剂/(mg/kg)	≤0.2	GB/T 5009.35	参见项目二
二氧化硫/(mg/kg)	≤0.05	GB/T 5009.34	参见项目二
商业无菌		GB 4789.26	参见项目七

任务四　午餐肉罐头的安全检验

【检测目标】

1. 了解午餐肉罐头容易出现的质量问题及关键控制环节。

2. 掌握午餐肉罐头的常规检测项目及相关标准。

3. 掌握午餐肉罐头的安全检测方法。

【安全问题】

1. 原料来自疫区、未经检验、兽药残留超标引起生物和化学危害。

2. 外来杂物,对原料处理和生产过程卫生控制不当使杂质进入到产品中。

3. 出现硫化物污染,罐内涂料出现破碎,造成午餐肉边上出现黑色硫化铁。

4. 表面发黄,由于抽真空不足,罐内空气较多,表面接触空气氧化而造成。

5. 物理性胀罐,主要是由于肉中存在较多空气或装罐太满引起。

6. 平酸腐败菌,由于杀菌出现偏差造成杀菌不足;或者密封不严,造成产品污染。

【控制环节】

1. 原辅料验收和处理。

2. 金属探测工序。

3. 真空封口工序。

4. 杀菌控制工序。

【检测指标】

（一）安全检测指标

安全检测指标应符合表 9-5 的规定。

表 9-5　安全检测指标　　　　　　　　　　　　　　　mg/kg

项目	指标	检验标准	备注
镉	≤0.1	GB/T 5009.15	参见项目四
铅（Pb）	≤0.5	GB 5009.12	参见项目四
总汞	≤0.05	GB/T 5009.17	参见项目四
总砷	≤0.5	GB/T 5009.11	参见项目四
锡	≤250	GB/T 5009.16	参见项目四
铬	≤1.0	GB/T 5009.123	参见项目四
亚硝酸盐	≤50	GB 5009.33	参见项目二
复合磷酸盐	≤0.4	GB/T 9695.9	参见下面
商业无菌		GB 4789.26	参见项目七

（二）肉与肉制品——聚磷酸盐测定

1. 原理

用三氯乙酸提取肉和肉制品中的聚磷酸盐，提取液经乙醇、乙醚处理后，在微晶纤维素薄层层析板上分离，通过喷雾显色，检验聚磷酸盐。

2. 试剂

所用试剂均为分析纯，实验用水应符合 GB/T 6682 的要求。

①异丙醇。

②硝酸。

③四水合钼酸铵溶液（75 g/L）：称取 75 g 四水合钼酸铵，用水溶解并定容至 1 000 mL。

④氢氧化铵。

⑤酒石酸。

⑥焦亚硫酸钠（150 g/L）：称取 150 g 焦亚硫酸钠，用水溶解并定容至 1 000 mL 。

⑦亚硫酸钠（200 g/L）：称取 200 g 亚硫酸钠，用水溶解并定容至 1 000 mL。

⑧1-氨基-2-萘酚-4-磺酸。

⑨乙酸钠。

⑩三氯乙酸溶液（135 g/L）：称取 135 g 三氯乙酸，用水定容至 1 000 mL。

⑪乙醚。

⑫乙醇（95%）。

⑬可溶性淀粉。

⑭微晶纤维素。

⑮标准参比混合液——在 100 mL 水中溶解下列物质。

磷酸二氢钠：200 mg；焦磷酸四钠：300 mg；三磷酸五钠：200 mg；六偏磷酸钠：200 mg。

标准参比混合液在 4℃条件下可稳定至少 4 周。

⑯展开剂:将 140 mL 异丙醇,40 mL 三氯乙酸溶液和 0.6 mL 氢氧化铵混合均匀,保存于密闭瓶中。

⑰显色剂Ⅰ:量取 50 mL 硝酸、50 mL 四水合钼酸铵溶液,混合均匀,在上述溶液中溶解 10 g 酒石酸(现用现配)。

⑱显色剂Ⅱ:将 195 mL 焦亚硫酸钠溶液和 5 mL 亚硫酸钠溶液混匀,然后称取 0.5 g 1-氨基-2-萘酚-4-磺酸溶于上述溶液中,再称取 40 g 乙酸钠溶于此溶液中,该溶液贮存于密闭的棕色瓶中,可在 4℃条件下保存 1 周。

3. 仪器与设备

实验室常规设备及仪器如下。

①机械设备:用于试样的均质。包括:绞肉机、斩拌机等肉类组织粉碎机。

②匀浆器。

③涂布器(涂布厚度 0.25 mm)。

④玻璃板(10 cm×20 cm、5 cm×20 cm)。

⑤层析缸。

⑥微量注射器。

⑦吹风机(有冷、热风挡)。

⑧喷雾器。

⑨干燥箱。

⑩干燥器。

4. 分析步骤

(1)试样准备　至少取有代表性的试样 200 g,使用适当的机械设备将试样均质。均质后的试样要尽快分析。否则,要密封低温贮存,防止变质和成分发生变化。贮存的试样在启用时,应重新混匀。

(2)薄层板的制备　将可溶性淀粉 0.3 g 溶于 90 mL 沸水中,冷却后加入 15 g 微晶纤维素粉,用均浆器匀浆 1 min。用涂布器把浆液涂在玻璃板上,铺成 0.25 mm 厚的浆层,在室温下自然干燥 1 h,然后在 100℃烘箱中加热 10 min,取出立即放入干燥器中。也可以用商品微晶纤维素板。

(3)提取液的制备

①将 50 mL 50℃左右的温水倒入装有 50 g 试样的烧杯中,立即充分搅拌,加入 10 g 三氯乙酸,彻底搅匀。放入冰箱冷却 1 h 后用扇形滤纸过滤。

②若滤液混浊,加入同体积的乙醚并摇匀,用吸管吸去乙醚,再加入同体积的乙醇,振摇 1 min,静置数分钟后再用扇形滤纸过滤。

(4)薄层层析分离

①将适量的展开剂倒入层析缸中,使深度为 5~10 mm,盖上盖,避光静置 30 min。

②用微量注射器吸取提取液 3 μL,若经过澄清处理的提取液取 6 μL,在距薄层板板底约 2 cm 处点样,每次点样 1 μL,使点的直径尽量小。边点边用吹风机冷风挡吹干。

注意:避免使用热风吹干,以防止磷酸盐水解。

③用同样的方法,将标准参比液 3 μL 点在同一块板上,距样品点 1~1.5 cm,距板底距离

与样品点一致。

④打开层析缸盖,迅速而小心地把点好样的薄层板放入缸中,盖上盖,在室温下避光展开。

⑤展开到溶剂前沿上升约 10 cm 处,取出薄层板,放入 60℃干燥箱中干燥 10 min,或在室温下干燥 30 min,或用吹风机冷风挡吹干。

5. 磷酸盐的检验

①将展开过的薄层板垂直立在通风橱中,用喷雾器把显色剂Ⅰ均匀地喷在薄板上,使之显现出黄斑。

②用吹风机吹干薄层板后,放入 100℃干燥箱中至少干燥 1 h,把硝酸全部除去。将薄层板从干燥箱中取出,证实是否有刺鼻的硝酸味道。

③薄层板冷却至室温后,放入通风橱中,喷显色剂Ⅱ,使之呈现出明显的蓝斑不是绝对要喷显色剂Ⅱ,但此显色剂产生强烈的蓝斑可提高检测效果。

6. 结果

将试样斑点与聚磷酸盐标准混合液斑点的比移值相比较,计算其 R_f。

正磷酸盐的斑点经常可见。如果样品中含有高浓度的磷酸盐,也可以看见二磷酸盐或聚合磷酸盐的斑点。

参比混合液磷酸盐的 R_f 值如下。

正磷酸盐	0.70～0.80
焦磷酸盐	0.35～0.50
三磷酸盐	0.20～0.30
六偏磷酸盐	0

注意:可用鲜肉的提取液校正磷酸盐的 R_f 值,鲜肉中只含正磷酸盐。

任务五　全脂乳粉制品的安全检验

【检测目标】

1. 了解全脂乳粉制品容易出现的质量问题及关键控制环节。

2. 掌握全脂乳粉制品的常规检测项目及相关标准。

3. 掌握全脂乳粉制品的安全检测方法。

【安全问题】

1. 脂肪分解味(酸败味)

由于乳中解脂酶的作用,使乳粉中的脂肪水解而产生游离的挥发性脂肪酸。为此,应严把原料质量关,同时杀菌时要将脂肪分解酶彻底灭活。

2. 氧化味(哈喇味)

不饱和脂肪酸氧化产生氧化味的主要因素是空气、光线、重金属、过氧化物酶等造成的,乳粉中的水分及游离脂肪酸含量的高低也是乳粉产生氧化味的原因之一。

3. 棕色

水分含量在 5% 以上的乳粉贮藏时会发生美拉德反应产生棕色。

4. 吸潮

乳粉中的乳糖呈无水的非结晶的玻璃态,易吸潮。当乳糖吸水后,使蛋白质彼此黏结成块,故应保存在密封容器中。

5. 细菌引起的变质

开封后的乳粉会逐渐吸收水分,当超过 5% 以上时,细菌开始繁殖,使乳粉变质。

【控制环节】

1. 原辅料验收和处理。

2. 预处理和标准化。

3. 干燥时颗粒度和水分的控制。

4. 成品包装控制。

【检测指标】

安全检测指标:安全检测指标应符合表 9-6、表 9-7 的规定。

表 9-6　理化检测指标　　　　　　　　　　　　　　mg/kg

项目	指标	检验标准	备注
无机砷	≤0.5	GB/T 5009.11	参见项目四
铅	≤0.5	GB 5009.12	参见项目四
总汞	≤0.01	GB/T 5009.17	参见项目四
铬	≤2.0	GB/T 5009.123	参见项目四
亚硝酸盐	≤2.0	GB 5009.33	参见项目二
黄曲霉毒素 $M_1/(\mu g/kg)$	≤0.5	GB 5413.37	参见项目六

表 9-7　微生物限量指标

项目	采样方案[a] 及限量(若非指定,均以 CFU/g 表示)				检验标准	备注
	n	c	m	M		
菌落总数	5	2	30 000	50 000	GB 4789.2	参见项目七
大肠菌群	5	1	10	100	GB 4789.3 平板计数法	参见项目七
金黄色葡萄球菌	5	2	10	100	GB 4789.10 平板计数法	参见项目七
沙门氏菌	5	0	0/25 g	—	GB 4789.4	参见项目七

注:[a] 样品的分析及处理按 GB 4789.1 或 GB 4789.18 执行。

任务六　发酵乳的安全检验

【检测目标】

1. 了解发酵乳制品容易出现的质量问题及关键控制环节。

2. 掌握发酵乳制品的常规检测项目及相关标准。

3. 掌握发酵乳制品的安全检测方法。

【安全问题】

1. 凝固性差的主要原因

生产过程中发酵时间不够；使用了发酵能力弱的发酵剂，产酸低，引起凝固不良；乳中固体物不足，发酵停止；搬运过程中的剧烈震动等也是造成凝固不良的原因。

2. 乳清析出

酸乳在贮藏过程中，温度过高或时间较久，使蛋白质的水合能力降低，形成的产品疏松而破裂，使乳清析出。

3. 口感差、风味不良，酸度过高或过低

原料乳品质差、发酵剂的污染、生产环境不卫生等原因都会使酸乳凝固时，出现海绵状气孔和乳清分离、口感不良、有异味。

4. 发酵时间长

可能是使用的发酵剂不良，产酸弱，乳中酸度不足，发酵温度过低或发酵剂用量过少。

5. 微生物污染

有非乳酸菌生长或胀包。

【控制环节】

1. 原辅料验收和处理。

2. 预处理和标准化。

3. 发酵剂的制备。

4. 发酵。

5. 灌装。

6. 设备的清洗。

【检测指标】

安全检测指标应符合表 9-8、表 9-9 的规定。

表 9-8　理化检测指标　　　　　　　　　　　　　　　　mg/kg

项目	指标	检验标准	备注
无机砷	≤0.1	GB/T 5009.11	参见项目四
总汞	≤0.01	GB/T 5009.17	参见项目四
铅（折算成生乳计）	≤0.05	GB 5009.12	参见项目四
铬	≤0.3	GB/T 5009.123	参见项目四
亚硝酸盐	≤0.4	GB 5009.33	参见项目二
黄曲霉毒素 M_1/(μg/kg)	≤0.5	GB 5413.37	参见项目六

表 9-9　微生物限量指标

项目	采样方案a 及限量(若非指定,均以 CFU/g 或 CFU/mL 表示)				检验标准	备注
	n	c	m	M		
大肠菌群	5	2	1	5	GB 4789.3 平板计数法	参见项目七
金黄色葡萄球菌	5	0	0/25 g(mL)	—	GB 4789.10 定性检验	参见项目七
沙门氏菌	5	0	0/25 g(mL)	—	GB 4789.4	参见项目七
酵母			≤100		GB 4789.15	参见项目七
霉菌			≤30			

注:a 样品的分析及处理按 GB 4789.1 或 GB 4789.18 执行。

任务七　哈尔滨红肠的安全检验

【检测目标】

1. 了解肉制品容易出现的质量问题及关键控制环节。
2. 掌握肉制品的常规检测项目及相关标准。
3. 掌握肉制品的安全检测方法。

【安全问题】

1. 食品添加剂超量。
2. 产品氧化。
3. 酸败及污染。
4. 吸潮。
5. 细菌引起的变质。

【控制环节】

1. 原辅料质量的控制。
2. 加工过程的温度控制。
3. 腌制过程中各种添加剂成分的配比及总量的控制。
4. 产品包装和贮运。

【检测指标】

安全检测指标应符合表 9-10 的规定。

表 9-10 安全检测指标 mg/kg

项目	指标	检验标准	备注
镉	≤0.1	GB/T 5009.15	参见项目四
铅(Pb)	≤0.5	GB 5009.12	参见项目四
总汞	≤0.05	GB/T 5009.17	参见项目四
总砷	≤0.5	GB/T 5009.11	参见项目四
锡	≤250	GB/T 5009.16	参见项目四
铬	≤1.0	GB/T 5009.123	参见项目四
N-二甲基亚硝胺/(μg/kg)	≤3.0	GB/T 5009.26	参见项目五
苯并芘/(μg/kg)	≤5	GB 5413.37	参见项目五
菌落总数/(CFU/g)	≤30 000	GB 4789.2	参见项目七
大肠菌群/(MPN/100 g)	≤90	GB 4789.3	参见项目七
致病菌(沙门氏菌、志贺氏菌、金黄色葡萄球菌)	不得检出	GB 4789.4;GB 4789.5;GB 4789.10	参见项目七

任务八 肉松的安全检验

【检测目标】

1. 了解肉制品容易出现的质量问题及关键控制环节。

2. 掌握肉制品的常规检测项目及相关标准。

3. 掌握肉制品的安全检测方法。

【安全问题】

1. 因煮制时间过长而使产品绒丝短碎。

2. 炒松过程中的塌底起焦。

3. 水分含量高而导致腐败变质。

4. 口感差。

【控制环节】

1. 煮制程度的控制

若筷子稍加用力夹肉时,肌肉纤维能分散,肉已煮好,需要 3~4 h。

2. 炒肉松时火候的控制

掌握炒松时的火力,勤翻勤炒,至水分小于 20%,颜色变为金黄色,具有特殊香味时结束。

3. 油酥的控制

控制好融化猪油加入的比例和时机,用铁锹翻拌使其成球形颗粒即为成品。

4. 成品包装控制

短期贮存选用复合膜包装,而长期贮存则多用玻璃或马口铁。

【检测指标】

安全检测指标应符合表 9-11 的规定。

表 9-11　安全检测指标　　　　　　　　　　　　　　　mg/kg

项目	指标	检验标准	备注
镉	≤0.1	GB/T 5009.15	参见项目四
铅(Pb)	≤0.5	GB 5009.12	参见项目四
总汞	≤0.05	GB/T 5009.17	参见项目四
总砷	≤0.5	GB/T 5009.11	参见项目四
铬	≤1.0	GB/T 5009.123	参见项目四
N-二甲基亚硝胺/(μg/kg)	≤3.0	GB/T 5009.26	参见项目五
菌落总数/(CFU/g)	≤30 000	GB 4789.2	参见项目七
大肠菌群/(MPN/100 g)	≤90	GB 4789.3	参见项目七
致病菌(沙门氏菌、志贺氏菌、金黄色葡萄球菌)	不得检出	GB 4789.4；GB 4789.5；GB 4789.10	参见项目七

任务九　方便面的安全检验

【检测目标】

1. 了解方便面容易出现的质量问题及关键控制环节。

2. 掌握方便面的常规检测项目及相关标准。

3. 掌握方便面的安全检测方法。

【安全问题】

1. 含盐量超标。

2. 油炸方便面中面饼的含油量超标。

3. 食品添加剂超范围和超量使用。

4. 酸价、过氧化值、水分及微生物超标。

5. 使用非食用植物油。

【控制环节】

1. 小麦面粉原料的验收环节控制

主要是吊白块的使用。

2. 棕榈油的验收环节控制

控制油的酸价和过氧化值,若酸价和过氧化值超过国家规定的标准,食用后即会对身体造成危害。

3. 面块制作过程中的油炸工序

控制油的酸价和过氧化值、致病菌的污染。

4. 酱包、油包制作的煮制工序

主要是控制致病菌。

5. 食品添加剂的控制

6. 成品包装的控制

【检测指标】

安全检测指标应符合表 9-12 的规定。

表 9-12　安全检测指标　　　　　　　　　　　　　　　　　　　mg/kg

项目	指标	检验标准	备注
总汞	≤0.02	GB/T 5009.17	参见项目四
总砷	≤0.5	GB/T 5009.11	参见项目四
铅	≤0.2	GB 5009.12	参见项目四
铬	≤1.0	GB/T 5009.123	参见项目四
山梨酸(苯甲酸)	≤2.0	GB/T 5009.29	参见项目二
菌落总数/(CFU/g)	≤1 000	GB 4789.2	参见项目七
大肠菌群/(MPN/100 g)	≤30	GB 4789.3	参见项目七
致病菌(沙门氏菌、志贺氏菌、金黄色葡萄球菌)	不得检出	GB 4789.4；GB 4789.5；GB 4789.10	参见项目七

任务十　小麦面粉的安全检验

【检测目标】

1. 了解小麦面粉容易出现的质量问题及关键控制环节。

2. 掌握小麦面粉的常规检测项目及相关标准。

3. 掌握小麦面粉的安全检测方法。

【安全问题】

1. 增白剂(过氧化苯甲酰)超标准使用。

2. 灰分超标。

3. 含沙量超标。

4. 磁性金属物超标。

5. 水分过高。

【控制环节】

1. 小麦的清理过程控制。

2. 小麦的水分调节控制。

3. 小麦研磨过程控制。

4. 小麦的筛理过程控制。

5. 成品包装过程控制。

【检测指标】

(一)小麦粉安全检测指标

安全检测指标应符合表 9-13 的规定。

表 9-13 安全检测指标

mg/kg

项目	指标	检验标准	备注
总砷	≤0.5	GB/T 5009.11	参见项目四
铅	≤0.2	GB 5009.12	参见项目四
镉	≤0.1	GB/T 5009.15	参见项目四
汞	≤0.02	GB/T 5009.17	参见项目四
铬	≤1.0	GB/T 5009.123	参见项目四
磷化物(以 PH_3 计)	≤0.05	GB/T 5009.36	参见下面
甲基毒死蜱	≤5	GB/T 5009.20	参见项目三
甲基嘧啶磷	≤5	GB/T 5009.20	参见项目三
溴氰菊酯	≤0.5	GB/T 5009.104	参见项目三
六六六	≤0.05	GB/T 5009.19	参见项目三
林丹	≤0.05	GB/T 5009.19	参见项目三
滴滴涕	≤0.05	GB/T 5009.19	参见项目三
氯化苦(以原粮计)	≤2	GB/T 5009.19	参见项目三
七氯	≤0.02	GB/T 5009.19	参见项目三
艾氏剂	≤0.02	GB/T 5009.19	参见项目三
狄氏剂	≤0.02	GB/T 5009.19	参见项目三
黄曲霉毒素 B_1/($\mu g/kg$)	≤5	GB/T 5009.22	参见项目六
脱氧雪腐镰刀菌烯醇(DON)/($\mu g/kg$)	≤100	GB/T 5009.111	参见国标
赭曲霉毒素 A/($\mu g/kg$)	≤5	GB/T 5009.96	参见项目六
过氧化苯甲酰	≤0.5	GB/T 22325	参见项目九

(二)小麦粉中过氧化苯甲酰的检测

1. 原理

由甲醇提取的过氧化苯甲酰,用碘化钾作为还原剂将其还原为苯甲酸,高效液相色谱分离,在 230 nm 下检测。

2. 试剂和材料

本标准所用试剂除特别注明外,均为分析纯试剂,实验用水应符合 GB/T 6682 规定的一级水要求。

①甲醇:色谱纯。

②碘化钾溶液:50%水溶液(质量浓度)。

③苯甲酸:纯度≥99.9%,国家标准物质。

④乙酸铵缓冲溶液(0.02 mol/L):称取乙酸按1.54 g用水溶解并稀释至1 L,混匀后用0.45 μm的滤膜过滤后使用。

⑤苯甲酸标准贮备溶液(1 mg/mL):称取0.1 g(精确至0.000 1 g)苯甲酸,用甲醇稀释至100 mL。

3. 仪器设备

①高效液相色谱仪:配有紫外检测器;色谱柱:C_{18}反相柱。

②天平:感量0.000 1 g。

③涡漩混合器。

④溶剂过滤器。

4. 分析步骤

(1)样品制备　称取样品5 g(准确至0.1 mg)于50 mL具塞比色管中,加10.0 mL甲醇,在涡漩混合器上混匀1 min,静置5 min,加50%碘化钾水溶液5.0 mL,在涡漩混合器上混匀1 min,放置10 min。加水至50.0 mL,混匀,静置,吸取上层清液通过0.22 μm滤膜,滤液置于样品瓶中备用。

(2)标准曲线的制备

①准确移取苯甲酸标准贮备液0、0.625、1.25、2.50、5.00、10.00、12.50和25.00 mL分别置于8个25 mL容量瓶中,分别加甲醇至25.0 mL,配成浓度分别为0、25.0、50.0、100.0、200.0、400.0、500.0和1 000.0 μg/mL的苯甲酸标准系列溶液。

②分别称取8份5 g(精确至0.1 mg)不含苯甲酸和过氧化苯甲酰的小麦粉于8支50 mL具塞比色管中,分别准确加入苯甲酸标准系列溶液10.00 mL,其余操作同4.的(1)中"在涡漩混合器上混匀1 min"以下叙述。标准液的最终浓度分别为:0、5.0、10.0、20.0、40.0、80.0、100.0和200.0 μg/mL。依次取不同浓度的苯甲酸标准液10.0 μL,注入液相色谱仪,以苯甲酸峰面积为纵坐标,以苯甲酸浓度为横坐标,绘制标准曲线。标准物质色谱图和含有标准物质的小麦粉样品色谱图参见图9-1、图9-2。

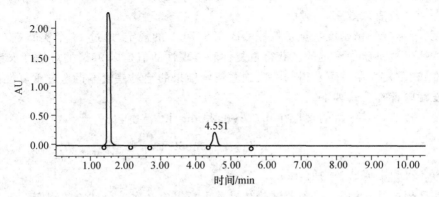

图 9-1　苯甲酸标准物质色谱图

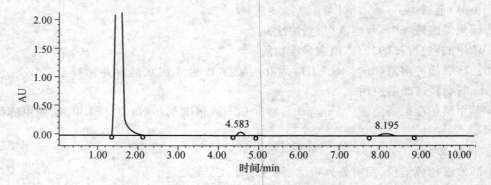

图 9-2　含有标准物质的小麦粉样品色谱图

5. 测定

(1)色谱条件

①色谱柱:4.6 mm×250 mm,C$_{18}$反相柱(5 μm)(为了延长柱子寿命,建议加 C$_{18}$保护柱)。

②检测波长:230 nm。

③流动相:甲醇:水(含 0.02 mol/L 乙酸铵)为 10:90(体积分数)。

④流速:1.0 mL/min。

⑤进样量:10.0 μL。

(2)样品测定　取 10.0 μL 试液注入液相色谱仪,根据苯甲酸的峰面积从工作曲线上查取对应的苯甲酸浓度,并计算样品中过氧化苯甲酰的含量。

6. 计算方法

样品中过氧化苯甲酰含量按下式计算:

$$X = \frac{\rho \times V \times 1\,000}{m \times 1\,000 \times 1\,000} \times 0.992 \qquad\text{(式 9-4)}$$

式中:X 为样品中过氧化苯甲酰的含量,g/kg;ρ 为由工作曲线上查出的试样测定液中相当于苯甲酸的浓度,μg/mL;V 为试样提取液的体积,mL;m 为样品质量,g;0.992 为由苯甲酸换算成过氧化苯甲酰的换算系数。

结果保留 2 位有效数字。

精密度:本标准的精密度数据是按照 GB/T 6379.2 的规定,通过 14 个实验室对 2 个添加水平的试样所做的试验中确定的。获得重复性和再现性的值是以 95% 的可信度来计算。

重复性:在重复性条件下获得的 2 次独立测定结果的绝对差值不得超过重复性限(r),本标准的重复性限计算公式如下。

小麦粉中过氧化苯甲酰的含量在 0.00~0.20 mg/kg 范围:

$$r = 4.796\,4 + 0.059\,4X_{0} \qquad\text{(式 9-5)}$$

式中:X_{0} 为 2 次测定值的平均值,mg/kg。

如果差值超过重复性限,应舍弃试验结果并重新完成 2 次单个试验的测定。

再现性:在再现性条件下获得的 2 次独立测定结果的绝对差值不得超过再现性限(R),本标准的再现性限计算公式如下。

小麦粉中过氧化苯甲酰的含量在 $0.00\sim0.20$ mg/kg 范围：

$$R = 6.680\,2 + 0.033\,0X_0$$ （式 9-6）

式中：X_0 为 2 次测定值的平均值，mg/kg。

（三）小麦粉中磷化物的检测

1. 测定原理

样品中磷化物在水和酸的作用下，产生磷化氢气体，蒸出并吸收于高锰酸钾溶液中被氧化成磷酸，再与钼酸铵作用生成磷钼酸铵，用氯化亚锡还原成蓝色化合物-钼蓝，测定其吸光度，用标准曲线法定量。

2. 试剂和材料

除另有规定外，所用试剂均为分析纯。实验用水应符合 GB/T 6682 中三级要求。

①高锰酸钾溶液（16.5 g/L）：称取 16.5 g 高锰酸钾，加水溶解后稀释至 1 000 mL 静止 3 d 或加热煮沸 3 min，冷却，放置过夜，用玻璃棉或石棉过滤备用。

②高锰酸钾溶液（3.3 g/L）：去一定量的高锰酸钾溶液用水稀释 5 倍。

③硫酸（1+17）：取 28 mL 98% 硫酸缓缓加入 400 mL 水中，冷却后加水至 500 mL。

④硫酸（1+5）：取 83.3 mL 8% 硫酸缓缓加入 400 mL 水中，冷却后加水至 500 mL。

⑤饱和亚硫酸钠溶液：取 28.5 g 无水亚硫酸钠，加约 70 mL 水，微热使溶解，冷却后稀释至 100 mL。

⑥钼酸铵溶液：50 g/L。

⑦氯化亚锡溶液：取 0.1 g 氯化亚锡，溶于 5 mL 盐酸中，用时现配。

⑧酸性高锰酸钾溶液：高锰酸钾溶液和硫酸溶液等量混合。

⑨碱性焦性没食子酸溶液：5 g 焦性没食子酸溶于 15 mL 水中，48 g 氢氧化钾溶于 32 mL 水中，冷却后小心将两溶液混合，用时现配。

⑩磷化物标准溶液：称取 0.040 0 g 经 105℃ 干燥过的无水磷酸二氢钾，溶于水，移入 100 mL 容量瓶中，加水稀释至刻度（可加 1 滴三氯甲烷以增加保存时间），此溶液含磷量相当于含磷化氢 0.10 mg/mL。

⑪磷化物标准使用液：吸取 1.00 mL 磷化物标准溶液于 100 mL 容量瓶中，加水至刻度混匀，此溶液含磷量相当于含磷化氢 1.0 μg/mL。

3. 仪器和设备

实验室常规仪器设备及以下仪器设备。

（1）分光光度计　配 3 cm 比色皿，可调节波长 710 nm。

（2）天平　感量 0.01 g 和 0.000 1 g。

（3）磷化氢蒸馏吸收装置　包括下列玻璃仪器和器具。

①气体吸收管：20 mL。

②洗气瓶：250 mL。

③分液漏斗：250 mL，装有三径瓶配套的胶塞。

④沸水浴：铜质水浴锅和电炉，或其他等效的设备。

⑤水利抽气泵或其他抽气设备：可调抽气速度。

⑥反应瓶：三角瓶，1 000 mL。

⑦玻璃弯管：长短管各 1 根，具有与反应瓶配套的胶塞，或能与反应瓶吻口的磨口连接管。

注意：长管应能伸入反应瓶液面下至少 2 cm，短管位于反应瓶中的部分不宜过长。

⑧铁架台：配有十字架和万能夹。

⑨软管：橡皮管和乳胶管。

(4)比色管　50 mL。

(5)刻度移液管　1 mL、5 mL 各数支。

(6)量筒　10、100 mL。

4. 试样制备

打开包装后，尽可能快地按 GB 5491 分取试样粒状粮食样品，不需粉碎。

5. 操作步骤

(1)蒸馏吸收装置准备　连接好蒸馏吸收装置(图 9-3)。在三个串联的气体吸收管中各加 5 mL 高锰酸钾溶液和 1 mL 硫酸洗气瓶 1 中加入约 100 mL 酸性高锰酸钾溶液，洗气瓶 2 中加入新配制的碱性焦性没食子酸溶液，分液漏斗中加入 5 mL 硫酸和 80 mL 水。水浴锅中加入适量的水并加热至沸腾。打开抽气泵，检查装置的气密性。

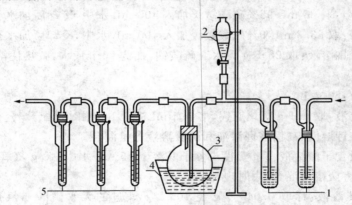

图 9-3　蒸馏吸收装置
1. 洗气瓶　2. 分液漏斗　3. 反应瓶　4. 水浴　5. 气体吸收管

(2)测定

①称取 50 g(精确至 0.1 g)的试样。

②预先抽气 5 min，取下分液漏斗，迅速加入试样于反应瓶中，立即装上分液漏斗，塞紧瓶塞，加大抽气速度，将分液漏斗中的溶液加至反应瓶中，然后减慢抽气速度，抽气 30 min，并保持水浴沸腾。

注意：反应时抽气速度以能分辨反应气泡为宜。

③反应完毕后，先除去气体吸收管进气一端的链接，再除去抽气管一端的链接，关闭抽气泵，取下 3 个气体吸收管，合并吸收管中的溶液于 50 mL 比色管中，气体吸收管用少量水洗涤，洗涤液并入比色管中，滴加饱和亚硫酸钠溶液使高锰酸钾溶液褪色，加入 4.5 mL 硫酸，2.5 mL 钼酸铵溶液，摇匀，加水至 50 mL 刻度，摇匀。

④在比色管中加入 0.1 mL 氢化亚锡溶液，摇匀，15 min 后，用 3 cm 比色杯，以零管调节零点，于波长 710 nm 测吸光度，在标准曲线上求出相应的磷化氢含量。

（3）标准曲线制备

吸取 0、1.00、2.00、3.00、4.00 和 5.00 mL 磷化物标准使用液（相当于 0、1、2、3、4、5 μg 磷化氢）分别加于 6 支 50 mL 比色管中，再各加 30 mL 水，5.5 mL 硫酸，2.5 mL 钼酸铵溶液，摇匀，再加水至 50 mL，摇匀，再加 0.1 mL 氢化亚锡溶液，摇匀，15 min 后，用 3 cm 比色杯，以零管调节零点，于波长 710 nm 测吸光度，绘制磷化氢含量与吸光度关系标准曲线。

（4）空白试验　除不加试样外，按上面测定步骤加入各种试剂做空白试验。

（5）平行试验　每个试样按上面重复进行两次测定。

6. 结果处理

试样中磷化物残留量计算公式如下：

$$X = \frac{(m_1 - m_2) \times 1\,000}{m \times 1\,000} \tag{式 9-7}$$

式中：X 为试样中磷化物残留量（以 PH_3 计），mg/kg；m_1 为试样溶液中磷化物的质量，μg；m_2 为试剂空白液中磷化物的质量，μg；m 为试样质量，g。

结果保留 2 位有效数字。2 次测定结果的差值不应超过平均值的 10%。

任务十一　糕点的安全检验

【检测目标】

1. 了解糕点制品容易出现的质量问题及关键控制环节。

2. 掌握糕点制品的常规检测项目及相关标准。

3. 掌握糕点制品的安全检测方法。

【安全问题】

1. 微生物指标超标

①熟制的温度、时间控制不当。

②生产设备的定期清洗不彻底造成残留物质变质、霉变等。

③生产车间卫生条件不满足糕点生产的要求，人员操作不卫生等原因造成产品的污染。

2. 油脂酸败

①已酸败的油脂原料投入生产。

②生产过程中工艺控制不当。

③贮存条件不合理造成油脂酸败。

3. 食品添加剂超范围和超量使用

防腐剂、甜味剂、人工色素等未按标准要求使用。

【控制环节】

原辅料、食品添加剂的使用等。

【检测指标】

（一）糕点安全检测指标

安全检测指标应符合表 9-14 的规定。

表 9-14　安全检测指标

项目	指标	检验标准	备注
铝/(mg/kg)	≤100	GB/T 5009.182	参见本项目
铅/(mg/kg)	≤0.5	GB 5009.12	参见项目四
丙酸钠、丙酸钙/(mg/kg)	≤0.5	GB/T 5009.120	参见本项目
菌落总数/(CFU/g)	≤1 000	GB 4789.2	参见项目七
大肠菌群/(MPN/100 g)	≤30	GB 4789.3	参见项目七
霉菌和酵母/(CFU/mL)	≤20	GB/T 4789.15	参见项目七
致病菌(沙门氏菌、志贺氏菌、金黄色葡萄球菌)	不得检出	GB 4789.4；GB 4789.5；GB 4789.10	参见项目七

(二)糕点中铝的检测

1. 原理

试样经处理后,三价铝离子在乙酸-乙酸钠缓冲介质中,与铬天青 S 及溴化十六烷基三甲胺反应形成蓝色三元络合物,于 640 nm 波长处测定吸光度并与标准比较定量。

2. 试剂

①硝酸。

②高氯酸。

③硫酸。

④盐酸。

⑤6 mol/L 盐酸:量取 50 mL 盐酸,加水稀释至 100 mL。

⑥1%(体积分数)硫酸溶液。

⑦硝酸-高氯酸(5+1)混合液。

⑧乙酸-乙酸钠溶液:称取 34 g 乙酸钠(NaAc·3H$_2$O)溶于 450 mL 水中,加 2.6 mL 冰乙酸,调 pH 至 5.5,用水稀释至 500 mL。

⑨0.5 g/L 铬天青 S(Chrom azurol S)溶液:称取 50 mg 铬天青 S,用水溶解并稀释至 100 mL。

⑩0.2 g/L 溴化十六烷基三甲胺溶液:称取 20 mg 溴化十六烷基三甲胺,用水溶解并稀释至 100 mL。必要时加热助溶。

⑪10 g/L 抗坏血酸溶液:称取 1.0 g 抗坏血酸,用水溶解并稀释至 100 mL,临用时现配。

⑫铝标准贮备液:精密称取 1.000 0 g 金属铝(纯度 99.99%),加 50 mL 6 mol/L 盐酸溶液,加热,溶解冷却后,移入 1 000 mL 容量瓶中,用水稀释至刻度。该溶液每毫升相当于 1 mg 铝。

⑬铝标准使用液:吸取 1.00 mL 铝标注贮备液,置于 100 mL 容量瓶中,用水稀释至刻度,再从中吸取 5.00 mL 于 50 mL 容量瓶中,用水稀释至刻度。该溶液每毫升相当于 1 μg 铝。

3. 仪器

①分光光度计。

②食品粉碎机。

③电热板。

4. 试样处理

将试样(不包括夹心、夹馅部分)粉碎均匀,取约 30 g 置于 85℃烘箱中干燥 4 h,取 1.000~2.000 g,置于 100 mL 锥形瓶中,加数粒玻璃珠,加 10~15 mL 硝酸-高氯酸(5+1)混合液,盖好玻片,放置过夜电热板上缓缓加热至消化液无色透明,并出现大量高氯酸烟雾,取下锥形瓶,加入 0.5 mL 硫酸,不加玻片盖,再置电热板上适当升高温度加热除去高氯酸,加 10~15 mL 水,加热至沸,取下放冷后用水定容至 50 mL,如果试样稀释倍数不同,应保证试样溶液中含 1%硫酸。同时做 2 个试剂空白。

5. 测定

吸取 0.0、0.5、1.0、2.0、3.0、4.0 和 6.0 mL 铝标准使用液(相当于含铝 0、0.5、1.0、2.0、4.0 和 6.0 μg)分别置于 25 mL 比色管中,依次向各管中加入 1 mL 1%硫酸溶液。吸取 1 mL 消化好的试样液,置于 25 mL 比色管中。向标准管、试样管、空白试剂管中依次加入 8.0 mL 乙酸-乙酸钠缓冲液,1.0 mL 10 g/L 抗坏血酸溶液,摇匀,加 2.0 mL 0.2 g/L 溴化十六烷基三甲胺溶液,摇匀,再加 2.0 mL 0.5 g/L 铬天青 S 溶液,摇匀后,用水稀释至刻度,室温放置 20 min 后,用 1 cm 比色杯于分光光度计上,以零管调零点,于 640 nm 波长处测其吸光度,绘制标准曲线比较定量。

6. 结果计算

$$X = \frac{(m_1 - m_2) \times 10\,000}{m \times \dfrac{V_1}{V_2} \times 10\,000}$$

(式 9-8)

式中:X 为试样中铝的含量,mg/kg;m_1 为测定用试样中铝的含量,μg;m_2 为试剂空白液中铝的含量,μg;m 为试样质量,g;V_1 为试样消化液总体积,mL;V_2 为测定用试样消化液体积,mL。

计算结果保留 1 位有效数字。

精密度:再重复性条件下获得的 2 次独立性结果的绝对值不得超过算术平均值的 10%。

(三)食品中丙酸钠、丙酸钙的测定

1. 原理

试样酸化后,丙酸盐转化为丙酸,经水蒸气蒸馏,收集后直接进气相色谱,用氢火焰离子化检测器检测,与标准系列比较定量。

2. 试剂

①磷酸溶液:取 10 mL 磷酸(85%)加水至 100 mL。

②甲酸溶液:取 1 mL 甲酸(99%)加水至 50 mL。

③硅油。

④丙酸标准溶液:标准储备液(10 mg/mL)准确称取 250 mg 丙酸于 25 mL 容量瓶中,加水至刻度。标准使用液,将储备液用水稀释成 10~250 μg/mL 的标准系列。

3. 仪器

①气相色谱仪:具有氢火焰离子化检测器(FID)。

②水蒸气蒸馏装置。

4. 分析步骤

(1)提取 准确称取 30 g 事先均匀化的试样(面包、糕点试样需在室温下风干,磨碎),

置于 500 mL 蒸馏瓶中,加入 100 mL 水,再用 50 mL 水冲洗容器,转移到蒸馏瓶中,加 10 mL 磷酸溶液,2～3 滴硅油,进行水蒸气蒸馏,将 250 mL 容量瓶置于冰浴中作为吸收液装置,待蒸馏约 250 mL 时取出,在室温下放置 30 min,加水至刻度,吸取 10 mL 该溶液于试管中,加入 0.5 mL 甲酸溶液,混匀,供色谱测定用。

(2)色谱条件

①色谱柱:玻璃柱,内径 3 mm,长 1 m,内装 80～100 目 Porapak QS。

②仪器条件:柱温 180℃,进样口、检测器温度 220℃。

③气流条件:氮气 50 mL/min。

④氢气:50 mL/min。

⑤空气:500 mL/min。

(3)测定　取标准系列中各种浓度的标准使用液 10 mL,加 0.5 mL 甲酸溶液,混匀。取 5 μL 进气相色谱,测定不同浓度丙酸的峰高,根据浓度和峰高绘制标准曲线。同时加进试样溶液,根据试样的峰高与标准曲线比较定量。

5. 结果计算

结果计算公式如下:

$$X = \frac{X_0}{m} \times \frac{250}{1\,000} \qquad \text{(式 9-9)}$$

式中:X 为试样中丙酸含量,g/kg;X_0 为待测定液中丙酸含量,μg/mL;m 为试样质量,g。

则食品中丙酸钠和丙酸钙的含量分别为:

$$\text{丙酸钠含量} = \text{丙酸含量} \times 1.296\,7$$
$$\text{丙酸钙含量} = \text{丙酸含量} \times 1.256\,9$$

计算结果保留 2 位有效数字。

精密度:在重复性条件下获得的 2 次独立测定结果的绝对差值不得超过算术平均值的 10%。

任务十二　饼干的安全检验

【检测目标】

1. 了解糕点制品容易出现的质量问题及关键控制环节。

2. 掌握糕点制品的常规检测项目及相关标准。

3. 掌握糕点制品的安全检测方法。

【安全问题】

1. 食品添加剂超量使用。

2. 残留物质变质、霉变等。

3. 水分和微生物超标。

【控制环节】

配粉、烤制、灭菌。

【检测指标】

安全检测指标应符合表 9-15 的规定。

表 9-15　安全检测指标

项目	指标	检验标准	备注
铅/(mg/kg)	≤0.5	GB 5009.12	参见项目三
菌落总数/(CFU/g)	≤750	GB 4789.2	参见项目七
大肠菌群/(MPN/100 g)	≤30	GB 4789.3	参见项目七
霉菌/(CFU/mL)	≤50	GB/T 4789.15	参见项目七
致病菌(沙门氏菌、志贺氏菌、金黄色葡萄球菌)	不得检出	GB 4789.4;GB 4789.5;GB 4789.10	参见项目七

任务十三　速冻食品的安全检验

【检测目标】

1. 了解速冻食品容易出现的质量问题及关键控制环节。

2. 掌握速冻食品的常规检测项目及相关标准。

3. 掌握速冻食品的安全检测方法。

【安全问题】

1. 速冻食品发生沟流、黏结、夹带等不良流花现象。

2. 冻藏过程中易发生食品变色现象。

3. 速冻食品在原料、设备、加工过程方面不注意卫生而造成的微生物污染。

4. 速冻食品在解冻时易产生汁液流失。

5. 冻藏期间食品中脂肪的分解氧化作用。

【控制环节】

1. 速冻食品冻结速度的控制。

2. 冻藏期间食品温度波动的控制。

3. 食品冷链(冷冻加工、冷冻贮藏、冷藏运输、冷冻销售)的温度控制。

【检测指标】

安全检测指标应符合表 9-16 至表 9-18 的规定。

表 9-16　理化检测指标 mg/kg

项目	指标	检验标准	备注
铅	≤0.5	GB 5009.12	参见项目三

表 9-17　生制品的微生物限量指标

项目	采样方案[a] 及限量（若非指定，均以 CFU/g 表示）				检验方法	备注
	n	c	m	M		
金黄色葡萄球菌	5	1	1 000	10 000	GB 4789.10 平板计数法	参见项目七
沙门氏菌	5	0	0/25 g	—	GB 4789.4	参见项目七

注：[a] 样品的采样及处理按 GB 4789.1 执行。

表 9-18　熟制品的微生物限量指标

项目	采样方案[a] 及限量（若非指定，均以 CFU/g 表示）				检验方法	备注
	n	c	m	M		
菌落总数	5	1	10 000	100 000	GB 4789.2	参见项目七
大肠菌群	5	1	10	100	GB 4789.3 平板计数法	参见项目七
金黄色葡萄球菌	5	1	100	1 000	GB 4789.10 平板计数法	参见项目七
沙门氏菌	5	0	0/25 g	—	GB 4789.4	参见项目七

注：[a] 样品的采样及处理按 GB 4789.1 执行。

任务十四　糖果的安全检验

【检测目标】

1. 了解糖果制品容易出现的质量问题及关键控制环节。

2. 掌握糖果制品的常规检测项目及相关标准。

3. 掌握糖果制品的安全检测方法。

【安全问题】

1. 返砂或发烊。

2. 水分或还原糖不合格。

3. 乳糖产品蛋白质、脂肪不合格。

4. 含乳糖和充气糖果，由于加入了奶制品，容易造成微生物指标超标。

【控制环节】

1. 还原糖控制。

2. 焦香糖果焦香化处理控制。

3. 充气糖果充气程度的控制。

4. 凝胶糖果凝胶剂的使用技术。

5. 成品包装控制。

【检测指标】

安全检测指标应符合表 9-19 的规定。

表 9-19　安全检测指标

项目	指标	检验标准	备注
铅(Pb)/(mg/kg)	≤0.5	GB 5009.12	参见项目四
总砷/(mg/kg)	≤0.5	GB/T 5009.11	参见项目四
二氧化硫/(mg/kg)	≤0.05	GB/T 5009.34	参见项目二
铜/(mg/kg)	≤10	GB/T 5009.13	参见项目四
菌落总数/(CFU/g)			
硬质糖果、抛光糖果	≤750	GB 4789.2	参见项目七
焦香糖果、充气糖果	≤20 000	GB 4789.2	参见项目七
夹心糖果	≤2 500	GB 4789.2	参见项目七
凝胶糖果	≤1 000	GB 4789.2	参见项目七
大肠菌群/(MPN/100 g)			参见项目七
硬质糖果、抛光糖果	≤30	GB 4789.3	参见项目七
焦香糖果、充气糖果	≤440	GB 4789.3	参见项目七
夹心糖果	≤90	GB 4789.3	参见项目七
凝胶糖果	≤90	GB 4789.3	参见项目七
致病菌(沙门氏菌、志贺氏菌、金黄色葡萄球菌)	不得检出	GB 4789.4；GB 4789.5；GB 4789.10	参见项目七

任务十五　蜜饯制品的安全检验

【检测目标】

1. 了解蜜饯制品容易出现的质量问题及关键控制环节。

2. 掌握蜜饯制品的常规检测项目及相关标准。

3. 掌握蜜饯制品的安全检测方法。

【安全问题】

1. 返砂或流汤

产生返砂现象的原因是蜜饯中蔗糖含量过高而转化糖含量不足,但是转化糖占总糖的 90% 以上时,又容易产生流汤。因此,控制好蜜饯中蔗糖和转化糖的含量,是避免上述现象发生的根本途径。但也应注意存储温度不能低于 12~15℃，否则由于糖液在低温条件下溶解度下降引起饱和而造成结晶。

2. 超量或超范围使用食品添加剂

目前主要存在的问题：一是企业不了解国家有关标准要求，盲目使用食品添加剂；二是企业为了达到降低成本，改善食品感官特性，延长货架期，超量或超范围使用食品添加剂。

3. 微生物超标

造成微生物指标超标的原因：一是车间的环境卫生差，防尘。防蝇、防鼠等措施不当；二是生产设备和器具受到污染；三是包装人员不注意个人卫生，消毒不彻底。

【控制环节】

1. 原料处理。

2. 食品添加剂使用。

3. 糖（盐）渍。

4. 包装。

【检测指标】

安全检测指标应符合表 9-20 的规定。

表 9-20　安全检测指标

项目	指标	检验标准	备注
总砷/(mg/kg)	≤0.5	GB/T 5009.11	参见项目四
铅(Pb)/(mg/kg)	≤1.0	GB 5009.12	参见项目四
铜/(mg/kg)	≤10	GB/T 5009.13	参见项目四
二氧化硫/(mg/kg)	≤0.05	GB/T 5009.34	参见项目二
人工色素/(mg/kg)	≤0.05	GB/T 5009.35	参见项目二
菌落总数/(CFU/g)	≤1 000	GB 4789.2	参见项目七
大肠菌群/(MPN/100 g)	≤30	GB 4789.3	参见项目七
霉菌/(CFU/g)	≤50	GB/T 4789.15	参见项目七
致病菌（沙门氏菌、志贺氏菌、金黄色葡萄球菌）	不得检出	GB 4789.4；GB 4789.5；GB 4789.10	参见项目七

任务十六　酱油的安全检验

【检测目标】

1. 了解酱油容易出现的质量问题及关键控制环节。

2. 掌握酱油的常规检测项目及相关标准。

3. 掌握酱油的安全检测方法。

【安全问题】

1. 食品添加剂超范围和超量使用。

2. 微生物指标超标。

【控制环节】

1. 酿造酱油：制曲、发酵、灭菌。

2. 配制酱油：原料管理、酿造酱油的比例控制、灭菌。

【检测指标】

安全检测指标应符合表9-21的规定。

表9-21　安全检测指标

项目	指标	检验标准	备注
总砷/(mg/kg)	≤0.5	GB/T 5009.11	参见项目四
铅(Pb)/(mg/kg)	≤1.0	GB 5009.12	参见项目四
苯甲酸/(mg/kg)	≤5	GB/T 5009.29	参见项目二
黄曲霉毒素 B_1/(μg/kg)	≤5	GB/T 5009.22	参见项目六
菌落总数/(CFU/g)	≤30 000	GB 4789.2	参见项目七
大肠菌群/(MPN/100 g)	≤30	GB 4789.3	参见项目七
致病菌(沙门氏菌、志贺氏菌、金黄色葡萄球菌)	不得检出	GB 4789.4；GB 4789.5；GB 4789.10	参见项目七

任务十七　食醋的安全检验

【检测目标】

1. 了解食醋容易出现的质量问题及关键控制环节。

2. 掌握食醋的常规检测项目及相关标准。

3. 掌握食醋的安全检测方法。

【安全问题】

1. 食品添加剂超范围和超量使用。

2. 微生物指标超标。

【控制环节】

1. 酿造食醋：原料控制、醋酸发酵、灭菌。

2. 配制食醋：原料管理、酿造食醋的比例控制、灭菌。

【检测指标】

安全检测指标应符合表9-22的规定。

表 9-22   安全检测指标

项目	指标	检验标准	备注
总砷/(mg/kg)	≤0.5	GB/T 5009.11	参见项目四
铅(Pb)/(mg/kg)	≤1.0	GB 5009.12	参见项目四
山梨酸/(mg/kg)	≤5.0	GB/T 5009.29	参见项目二
黄曲霉毒素 B_1/(μg/kg)	≤5.0	GB/T 5009.22	参见项目六
菌落总数/(CFU/g)	≤10 000	GB 4789.2	参见项目七
大肠菌群/(MPN/100 g)	≤30	GB 4789.3	参见项目七
致病菌(沙门氏菌、志贺氏菌、金黄色葡萄球菌)	不得检出	GB 4789.4；GB 4789.5；GB 4789.10	参见项目七

任务十八   酱腌菜的安全检验

【检测目标】

1. 了解酱腌菜容易出现的质量问题及关键控制环节。

2. 掌握酱腌菜的常规检测项目及相关标准。

3. 掌握酱腌菜的安全检测方法。

【安全问题】

1. 食品添加剂超范围或超量使用。

2. 亚硝酸盐超标。

3. 微生物指标超标。

4. 固形物含量不足。

【控制环节】

1. 原辅料预处理:将霉变、变质、黄叶剔出。

2. 后熟:掌握适宜时间,避免腌制时间不当导致亚硝酸盐超标。

3. 灭菌:控制灭菌温度、灭菌时间、包装容器的清洗和灭菌。

4. 灌装:注意灌装时样品不受污染。

【检测指标】

安全检测指标应符合表 9-23 的规定。

表 9-23   安全检测指标   mg/kg

项目	指标	检验标准	备注
总砷	≤0.5	GB/T 5009.11	参见项目四
铅	≤1.0	GB 5009.12	参见项目四
亚硝酸盐	≤20	GB 5009.33	参见项目二

续表 9-23

项目	指标	检验标准	备注
防腐剂	≤2	GB/T 5009.29	参见项目二
甜味剂	≤2	DB13/T 1112	参见项目二
着色剂	≤0.2	GB/T 5009.35	参见项目二
大肠菌群/(MPN/100 g)			
散装	≤90	GB 4789.3	参见项目七
瓶(袋)装	≤30	GB 4789.3	参见项目七
致病菌(沙门氏菌、志贺氏菌、金黄色葡萄球菌)	不得检出	GB 4789.4；GB 4789.5；GB 4789.10；	参见项目七

任务十九　食用大豆油的安全检验

【检测目标】

1. 了解食用植物油容易出现的质量问题及关键控制环节。
2. 掌握食用植物油的常规检测项目及相关标准。
3. 掌握食用植物油的安全检测方法。

【安全问题】

1. 酸价超标。
2. 过氧化值超标。
3. 溶剂残留量超标。
4. 加热试验项目不合格。

【控制环节】

油脂精炼:脱酸、脱臭。

【检测指标】

(一)食用油脂的安全检测指标

安全检测指标应符合表 9-24 的规定。

表 9-24　安全检测指标

项目	指标	检验标准	备注
总砷/(mg/kg)	≤0.1	GB/T 5009.11	参见项目四
铅/(mg/kg)	≤0.1	GB 5009.12	参见项目四
苯并芘/(μg/kg)	≤10.0	GB 5009.27	参见项目五
溶剂残留量/(mg/kg)	≤50	GB/T 5009.37	参见下面
黄曲霉毒素 B_1/(μg/kg)	≤10	GB/T 5009.22	参见项目六
抗氧化剂/(g/kg)	≤0.2	GB/T 23373	参见项目三

(二)溶剂残留的检测

1. 原理

将植物油试样放入密封的平衡瓶中,在一定温度下,使残留溶剂气化达到平衡时,取液上气体注入气相色谱仪中测定,与标准曲线比较定量。

2. 试剂

①N-N-二甲基乙酰胺(简称 DMA):吸取 1 mL 放入 100~150 mL 顶空瓶中,放 50℃放置 0.5 h,去液上气体 0.10 mL 注入气相色谱仪在 0~4 min 内无干扰即可使用。若有干扰可用超声波处理 30 min 或通入氮气用曝气法蒸干去扰。

②六号溶剂标准溶液:称取洗净干燥的具塞 20~25 mL 气化瓶的质量为 m_1,瓶中放入比气化瓶体积少 1 mL 的 DMA 密塞后称量为 m_2,用 1 mL 的注射器取约 0.5 mL 六号溶剂标准溶液通过塞注入瓶中,(不要与溶液接触),混匀,准确称量为 m_3。

六号试剂油的浓度计算公式如下:

$$X = \frac{m_3 - m_2}{(m_2 - m_1)/0.935} \times 1\,000 \qquad\qquad (式 9\text{-}10)$$

式中:X 为六号试剂的浓度,mg/mL;m_1 为瓶和塞的质量,g;m_2 为瓶、塞和 DMA 的质量,g;m_3 为 m_2 加六号溶剂的质量,g;0.935 为 DMA 在 20℃时的密度,g/mL。

3. 仪器

①气化瓶(顶空瓶):体积为 100~150 mL 具塞。

气密性实验:把 1 mL 乙烷放入瓶中,密塞后放入 60℃热水中 30 min(密封处无气泡外漏)。

②气相色谱仪:带氢火焰离子化检测器。

4. 分析步骤

(1)气相色谱参考条件

①色谱柱:不锈钢柱,内径 3 nm,长 3 m,内装涂有 5%DEGS 的白色担体 102(60~80 目)。

②检测器:氢火焰离子化检测器。

③柱温:60℃。

④气化室温:140℃。

⑤载气(N_2):30 mL/min。

⑥氢气:50 mL/min。

⑦空气:500 mL/min。

(2)测定   称取 25.00 g 食用油样,密塞后于 50℃恒温箱中加热 30 min,取出后立即用微量注射器或注射器吸取 0.10~0.15 mL 液上气体(与标准曲线进样体积一致)注入气相色谱,记录单组分或多组分(用归一化法)测量峰高或峰面积,与标准曲线比较,求出液上气体六号溶剂含量。

(3)标准曲线的绘制   取预先在气相色谱仪上测试管六号溶剂量较低的油为曲线制备的体底油(或经 70℃开放式赶掉大部分残留溶剂的食用油或压榨油),分别称取 25.00 g 放入 6 支气化瓶中,密塞,通过塞子注入六号溶剂标准液 20、40、60、80 和 100 μL(含量分别为 0、

$0.02 \times X$、……$0.10 \times X$ μg,其中 X 为六号溶剂的浓度)。放入 50℃烘箱中,平衡 30 min,分别取液上气体注入色谱,各响应值扣除空白值后,绘制标准曲线(多个色谱峰用归一化法计算)。

5. 结果计算

油样中六号溶剂的含量按下式进行计算:

$$X = \frac{m_1 \times 1\,000}{m_2 \times 1\,000}$$

(式 9-11)

式中:X 为油样中六号溶剂的含量,mg/kg;m_1 为测定气化瓶中六号溶剂的质量 μg;m_2 为试样质量,g。

计算结果保留 3 位有效数字。

精密度:再重复性条件下获得的 2 次独立性测定结果的绝对值不得超过算数平均值的 15%。

任务二十 茶叶的安全检验

【检测目标】

1. 了解茶叶容易出现的质量问题及关键控制环节。

2. 掌握茶叶的常规检测项目及相关标准。

3. 掌握茶叶的安全检测方法。

【安全问题】

1. 鲜叶、鲜花等原料因被有害有毒物质污染,造成茶叶产品农药残留量及重金属含量超标。

2. 茶叶加工过程中,各工序的工艺参数控制不当,影响茶叶卫生质量和茶叶品质。

3. 茶叶在加工、运输、贮藏过程中,易受设备、用具、场所和人员行为的污染,影响茶叶的品质和卫生质量。

【控制环节】

1. 原料的验收和处理。

2. 生产工艺。

3. 产品仓储。

【检测指标】

(一)茶叶的安全检测指标

安全检测指标应符合表 9-25 的规定。

(二)植物性食品中稀土元素的测定

1. 范围

本标准规定了用电感耦合等离子体质谱法测定植物性食品中稀土元素的方法。

本标准适用于谷类粮食、豆类、蔬菜、水果、茶叶等植物性食品中钪(Sc)、钇(Y)、镧(La)、铈(Ce)、镨(Pr)、钕(Nd)、钐(Sm)、铕(Eu)、钆(Gd)、铽(Tb)、镝(Dy)、钬(Ho)、铒(Er)、铥

（Tm）、镱（Yb）、镥（Lu）的测定。

表 9-25　安全检测指标

mg/kg

项目	指标	检验标准	备注
稀土	≤2	GB 5009.94	参见下面
铅	≤5	GB 5009.12	参见项目四
六六六	≤0.2	GB/T 5009.19	参见项目三
滴滴涕	≤0.2	GB/T 5009.19	参见项目三
乙酰甲胺磷	≤0.1	GB/T 5009.20	参见项目三
氯氰菊酯	≤20	GB/T 5009.110	参见下面
溴氰菊酯	≤10	GB/T 5009.110	参见下面
杀螟硫磷	≤0.5	GB/T 5009.20	参见项目三

2. 原理

样品经消解处理为样品溶液，样品溶液经雾化由载气送入 ICP 或送入等离子体炬管中，经过蒸发、解离、原子化和离子化等过程，转化为带正电荷的离子，经离子采集系统进入质谱仪，质谱仪根据质荷比进行分离。对于一定的质荷比，质谱的信号强度与进入质谱仪的离子数成正比，即样品浓度与质谱信号强度成正比。通过测量质谱的信号强度来测定试样溶液的元素浓度。

3. 试剂和材料

除非另有说明，本方法所用试剂均为优级纯，水为 GB/T 6682 规定的一级水。

①硝酸（HNO_3）。

②氩气（Ar）：高纯氩气（>99.999%）或液氩。

③硝酸溶液（5+95）：取 50 mL 硝酸，用水稀释至 1 000 mL。

④稀土元素贮备液（10 μg/mL）（Sc、Y、La、Ce、Pr、Nd、Sm、Eu、Gd、Tb、Dy、Ho、Er、Tm、Yb、Lu）。

⑤内标贮备液（10 μg/mL）（Rh、In、Re）。

⑥仪器调谐贮备液（10 ng/mL）（Li、Co、Ba、Tl）。

⑦稀土元素混合标准使用溶液（100 ng/mL）：取适量 Sc、Y、La、Ce、Pr、Nd、Sm、Eu、Gd、Tb、Dy、Ho、Er、Tm、Yb、Lu 的各元素单标标准储备溶液或元素混合标准贮备溶液，用硝酸溶液逐级稀释至浓度为 100.0 μg/L 的元素混合标准使用溶液。

⑧标准曲线工作液：取适量元素混合标准使用溶液，用硝酸溶液配制成浓度为 0、0.050 0、0.100、0.500、1.00 和 2.00 μg/L 的标准系列或浓度为 0、1.00、2.00、5.00、10.0 和 20.0 μg/L 的标准系列，亦可依据样品溶液中稀土元素浓度适当调节标准系列浓度范围。

⑨内标使用液（1 μg/mL）：取适量内标贮备液（10 μg/mL），用硝酸溶液（5+95）稀释 10 倍，浓度为 1 μg/mL。

⑩仪器调谐使用液（1 ng/mL）：取适量仪器调谐贮备液，用硝酸溶液（5+95）稀释 10 倍，浓度为 1 ng/mL。

4. 仪器和设备

①电感耦合等离子体质谱仪（ICP-MS）。

②天平：感量为 0.1 mg 和 1 mg。

③高压密闭微波消解系统，配有聚四氟乙烯高压消解罐。

④密闭高压消解器，配有消解内罐。

⑤恒温干燥箱（烘箱）。

⑥50～200℃控温电热板。

5. 分析步骤

(1)试样预处理

①干样：谷类粮食、豆类等取可食部分，经高速粉碎机粉碎，混匀，备用。

②湿样：蔬菜、水果等取可食部分，水洗干净，晾干或纱布揩干，经匀浆器匀浆，备用。

(2)试样消解

①微波消解：称取 0.2～0.5 g（精确到 0.001 g）于高压消解罐中，加入 5 mL HNO₃，旋紧罐盖，放置 1 h，按照微波消解仪的标准操作步骤进行消解。冷却后取出，缓慢打开罐盖排气，将高压消解罐放入控温电热板上，于 140℃赶酸。消解罐取出放冷，将消化液转移至 10～25 mL 容量瓶中，用少量水分 3 次洗涤罐，洗液合并于容量瓶中并定容至刻度，混匀备用；同时做试剂空白试验（表 9-26）。

表 9-26　微波消解参考条件

步骤	控制温度/℃	升温时间/min	恒温时间/min
1	120	5	5
2	140	5	10
3	180	5	10

②密闭高压罐消解：称取样品 0.5～1 g（精确到 0.001 g）于消解内罐中，加入 5 mL 硝酸浸泡过夜。盖好内盖，旋紧不锈钢外套，放入恒温干燥箱，140～160℃保持 4～6 h，在箱内自然冷却至室温，缓慢旋松不锈钢外套，将消解内罐取出，放在控温电热板上，于 140℃赶酸。消解内罐放冷后，将消化液转移至 10～25 mL 容量瓶中，用少量水分 3 次洗涤罐，洗液合并于容量瓶中并定容至刻度，混匀备用；同时做试剂空白试验。

(3)仪器参考条件

①按照仪器标准操作规程进行仪器起始化、质量校准、氩气流量等的调试。选择合适的条件，包括雾化器流速、检测仪器和离子透镜电压、射频入射功率等（表 9-27），使氧化物形成 CeO/Ce<1% 和双电荷化合物形成[70/140]<3%。

②测定参考条件：在调谐仪器达到测定要求后，编辑测定方法、干扰校正方程［校正铕(Eu)元素］及选择各待测元素同位素钪(⁴⁵Sc)、钇(⁸⁹Y)、镧(¹³⁹La)、铈(¹⁴⁰Ce)、镨(¹⁴¹Pr)、钕(¹⁴⁶Nd)、钐(¹⁴⁷Sm)、铕(¹⁵³Eu)、钆(¹⁵⁷Gd)、铽(¹⁵⁹Tb)、镝(¹⁶³Dy)、钬(¹⁶⁵Ho)、铒(¹⁶⁶Er)、铥(¹⁶⁹Tm)、镱(¹⁷²Yb)、镥(¹⁷⁵Lu)，在线引入内标使用溶液，观测内标灵敏度，使仪器产生的信号强度为 400 000～600 000 cps。测定脉冲模拟转换系数，符合要求后，将试剂空白、标准系列、样品溶液依次进行测定。对各被测元素进行回归分析，计算其线性回归方程。

铕(Eu)元素校正方程采用：$[^{151}Eu]=[151]-[(Ba(135)O)/Ba(135)]×[135]$。式中，$[(Ba(135)O)/Ba(135)]$ 为氧化物比，$[151]$、$[135]$ 分别为质量数 151 和 135 处的质谱的信号强度 CPS。

表 9-27　电感耦合等离子体质谱仪操作参考条件

仪器参数	数值	仪器参数	数值
射频功率	1 350 W	雾化器	耐盐型
等离子体气流量	15 L/min	采集模式	Spectrum
辅助气流量	1.0 L/min	测定点数	3
载气流量	1.14 L/min	检测方式	自动
雾化室温度	2℃	重复次数	3

（4）标准曲线的制作　将标准系列工作液分别注入电感耦合等离子质谱仪中，测定相应的信号响应值，以标准工作液的浓度为横坐标，以响应值-离子每秒计数值（CPS）为纵坐标，绘制标准曲线。

（5）试样溶液的测定　将试样溶液注入电感耦合等离子质谱仪中，得到相应的信号响应值，根据标准曲线得到待测液中相应元素的浓度，平行测定次数不少于 2 次。

6. 分析结果

试样中第 i 个稀土元素含量按照下式计算：

$$X_i = \frac{(\rho_i - \rho_{i0}) \times V}{m \times 1\,000}$$ （式 9-12）

式中：X_i 为样品中第 i 个稀土元素含量，mg/kg；ρ_i 为样液中第 i 个稀土元素测定值，μg/L；ρ_{i0} 为样品空白液中第 i 个稀土元素测定值，μg/L；V 为样品消化液定容体积，mL；m 为样品称样量，g；1 000 为单位转换。

计算结果以重复性条件下获得的 2 次独立测定结果的算术平均值表示，保留 3 位有效数字。

若分析结果需要以氧化物含量表示，则参见表 9-28，将各元素含量乘以换算系数 F。

精密度：样品中的钪、钇、镧、铈、钕等稀土元素含量大于 10 μg/kg 时，在重复性条件下获得的两次独立测定结果的绝对差值不得超过算术平均值的 10%，样品中稀土元素含量小于 10 μg/kg 时，在重复性条件下获得的两次独立测定结果的绝对差值不得超过算术平均值的 20%。

本标准的检出限：取样 0.5 g，定容 10 mL，测定各稀土元素的检出限分别为 Sc 0.6 μg/kg，Y 0.3 μg/kg，La 0.4 μg/kg，Ce 0.3 μg/kg，Pr 0.2 μg/kg，Nd 0.2 μg/kg，Sm 0.2 μg/kg，Eu 0.06 μg/kg，Gd 0.1 μg/kg，Tb 0.06 μg/kg，Dy 0.08 μg/kg，Ho 0.03 μg/kg，Er 0.06 μg/kg，Tm 0.03 μg/kg，Yb 0.06 μg/kg，Lu 0.03 μg/kg。定量限分别为 Sc 2.1 μg/kg，Y 1.1 μg/kg，La 1.4 μg/kg，Ce 0.9 μg/kg，Pr 0.7 μg/kg，Nd 0.8 μg/kg，Sm 0.5 μg/kg，Eu 0.2 μg/kg，Gd 0.5 μg/kg，Tb 0.2 μg/kg，Dy 0.3 μg/kg，Ho 0.1 μg/kg，Er 0.2 μg/kg，Tm 0.1 μg/kg，Yb 0.2 μg/kg，Lu 0.1 μg/kg。

表 9-28 稀土元素及其常见氧化物,各元素换算为氧化物的换算系数

元素 A	相对原子质量	氧化物 A_mO_n	相对分子质量	m	换算系数 F
Sc	44.96	Sc_2O_3	137.9	2	1.534
Y	88.91	Y_2O_3	225.8	2	1.270
La	138.9	La_2O_3	325.8	2	1.173
Ce	140.1	CeO_2	172.1	1	1.228
Pr	140.9	Pr_6O_{11}	1 021.4	6	1.208
Nd	144.2	Nd_2O_3	336.4	2	1.166
Sm	150.4	Sm_2O_3	348.8	2	1.160
Eu	152.0	Eu_2O_3	352.0	2	1.158
Gb	157.3	Gd_2O_3	362.6	2	1.153
Tb	158.9	Tb_4O_7	747.6	4	1.176
Dy	162.5	Dy_2O_3	373.0	2	1.1
Ho	164.9	Ho_2O_3	377.8	2	1.146
Er	167.3	Er_2O_3	382.6	2	1.143
Tm	168.9	Tm_2O_3	385.8	2	1.142
Yb	173.0	Yb_2O_3	394.0	2	1.139
Lu	175.0	Lu_2O_3	398.0	2	1.137

注:各元素换算为氧化物的换算系数 F。

$$F = M_{[A_mO_n]} / (M \cdot M_{[A]}) \qquad (式 9\text{-}13)$$

式中:A 为稀土元素;$M_{[A]}$ 为稀土元素的相对原子质量;$M_{[A_mO_n]}$ 为稀土氧化物的相对分子质量;M 为稀土氧化物分子式中稀土元素的摩尔系数。

(三)茶叶中氯氰菊酯、氰戊菊酯、溴氰菊酯的检测

1. 原理

试样中氯氰菊酯、氰戊菊酯和溴氰菊酯经提纯、净化、浓缩后用电子捕获-气相色谱法测定。氯氰菊酯、氰戊菊酯和溴氰菊酯经色谱柱分离后进入到电子捕获检测器中,便可分别测出其含量。经放大器,把信号放大用记录器记录峰高或峰面积。利用被测物的峰高或峰面积与标准的峰高或峰面积进行定量。

2. 试剂

①石油醚:30～60℃熏蒸。

②丙酮:熏蒸。

③无水硫酸钠:550℃灼烧 4 h 备用。

④层析用中性氧化铝:550℃灼烧 4 h 备后用,用前 140℃烘烤 1 h 加 3%水脱活。

⑤层析活性炭:550℃灼烧 4 h 备后用。

⑥脱脂棉：经正乙烷洗涤后，干燥备用。

⑦农药标准品。

氯氰菊酯(cypermethrin)纯度≥96%。

氰戊菊酯(fenvalerate)纯度≥94.4%。

溴氰菊酯(deltamethrin)纯度≥97.5%。

⑧标准液的配置：用熏蒸石油醚或丙酮分别配置氯氰菊酯 2×10^{-7} g/mL，氰戊菊酯 4×10^{-7} g/mL，溴氰菊酯 1×10^{-7} g/mL 的标准液，吸取 10 mL 氯氰菊酯 10 mL 氰戊菊酯 5 mL 溴氰菊酯的标准液于 25 mL 容量瓶中摇匀，即成为标准使用液，浓度为氯氰菊酯 8×10^{-8} g/mL，氰戊菊酯 16×10^{-8} g/mL，溴氰菊酯 2×10^{-8} g/mL。

3. 仪器

①气相色谱仪附电子捕获检测器。

②高速组织捣碎器。

③电动振荡器。

④高温炉。

⑤K-D 浓缩器或恒温水浴箱。

⑥具塞三角烧瓶。

⑦玻璃漏斗。

⑧10 μL 注射器。

4. 分析步骤

(1)提取

①谷类：称取 10 g 粉碎的试样，置于 100 mL 具塞三角瓶中，加入石油醚 20 mL，振荡 30 min 或浸泡过夜，取出上清液 2～4 mL 待过柱用(相当于 1～2 g 试样)。

②蔬菜类：称取 20 g 经匀浆处理的试样于 250 mL 具塞三角瓶中，加入石油醚和丙酮各 40 mL 摇匀，振荡 30 min 后让其分层，取出上清液 4 mL 待过柱用。

(2)净化

①大米：用内径 1.5 cm，长 25～30 cm 的玻璃层析柱，底端塞以经处理的脱脂棉。依次从下至上加入 1 mL 的无水硫酸钠，3 cm 的中性氧化铝，2 cm 的无水硫酸钠，然后以 10 mL 石油醚淋洗柱子，弃去淋洗液，待石油醚层下降至无水硫酸钠层时，迅速将试样提取液加入待其下降到无水硫酸钠层时加入淋洗液淋洗，淋洗液用量 25～30 mL 石油醚，收集滤液于尖底定量瓶中，最后以氮气流吹，浓缩体积至 1 mL，供气相色谱用。

②面粉、玉米粉：所用净化柱同上，只是在中性氧化铝层上边加入 0.01 g 层析活性炭粉(可视其颜色深浅适当增减活性炭粉的量)进行脱色净化，操作同上。

③蔬菜类：所用净化柱相上，只是在中性氧化铝层上加 0.02～0.03 g 层析活性炭粉(可视其颜色深浅适当增减活性炭粉的量)进行脱色，淋洗液用量为 30～35 mL 石油醚，净化操作同上。

(3)测定 用具有 ECD 的气相色谱仪。

色谱条件如下。

色谱柱：玻璃柱 3 nm 内径×1.5 m 或 2 m，内填充 3% OV-101/ChromosorbW (AWDMCS)80～100 目。

温度:柱温 245℃。

进口和检测器:260℃。

载气:离纯氮气流速 140 mL/min。

5.结果计算

用外标法定量,按下式计算:

$$X = \frac{h_x \times \rho_s \times V_s \times V_0}{h_s \times m \times V_x}$$ （式 9-14）

式中:X 为试样中农药含量,mg/kg;h_x 为标准溶液峰高,mm;ρ_s 为标准溶液浓度,g/mL;V_s 为标准溶液进样量,μL;V_0 为试样定容体积,mL;h_s 为试样中溶液峰高,mm;m 为试样质量,g;V_x 为试样溶液进样量,μL。

精密度:再重复性条件下获得的 2 次独立性测定结果的绝对差值不得超过算术平均值的 10%。

任务二十一　　桶装饮用水的安全检验

【检测目标】

1.了解桶装饮用水容易出现的质量问题及关键控制环节。

2.掌握桶装饮用水的常规检测项目及相关标准。

3.掌握桶装饮用水的安全检测方法。

【安全问题】

1.水源、设备、环境等环节的管理控制不到位。

2.原辅材料、包装材料等环节的管理控制不到位。

3.人员等环节的管理控制不到位。

【控制环节】

1.水源、管道及设备等得维护及清洗消毒。

2.桶及盖的清洗消毒及质量控制。

3.杀菌设施的控制和杀菌效果的监测。

4.纯净水和去离子净化设备控制盒净化程度的监测。

5.桶及盖的清洗消毒车间、罐装车间环境卫生和洁净度的控制。

6.消毒剂选择的使用。

7.操作人员的卫生管理。

【检测指标】

一、桶装饮用水的安全检测指标

安全检测指标应符合表 9-29 至表 9-32 的规定。

表 9-29 限量指标   mg/L

项目	指标	检验标准	备注
硒	<0.05	GB/T 8538	选做
锑	<0.005	GB/T 8538	选做
砷	<0.01	GB/T 8538	选做
铜	<1.0	GB/T 8538	选做
钡	<0.7	GB/T 8538	选做
镉	<0.003	GB/T 8538	选做
铬	<0.05	GB/T 8538	选做
铅	<0.01	GB/T 8538	选做
汞	<0.001	GB/T 8538	选做
锰	<0.4	GB/T 8538	选做
镍	<0.02	GB/T 8538	选做
银	<0.05	GB/T 8538	选做
溴酸盐	<0.01	GB/T 8538	选做
硼酸盐(以 B 计)	<5	GB/T 8538	选做
硝酸盐(以 NO_3^- 计)	<45	GB/T 8538	选做
氟化物(以 F^- 计)	<1.5	GB/T 8538	选做
耗氧量(以 O_2 计)	<3.0	GB/T 8538	选做
^{226}镭放射物/(Bq/L)	<1.1	GB/T 8538	选做

表 9-30 污染物指标

项目	指标	检验标准	备注
挥发酚(以苯酚计)/(mg/L)	<0.002	GB/T 8538	参见下面
氰化物(以 CN^- 计)/(mg/L)	<0.010	GB/T 8538	选做
阴离子合成洗涤剂/(mg/L)	<0.3	GB/T 8538	选做
矿物油/(mg/L)	<0.05	GB/T 8538	选做
亚硝酸盐(以 NO_2^- 计)/(mg/L)	<0.1	GB/T 8538	选做
总 β 放射性/(Bq/L)	<1.50	GB/T 8538	选做

表 9-31 微生物指标

项目	指标	检验标准	备注
大肠杆菌/(MPN/100 mL)	0	GB/T 8538	选做
粪链球菌/(CFU/250 mL)	0	GB/T 8538	选做
铜绿假单胞菌/(CFU/250 mL)	0	GB/T 8538	选做
产气荚膜梭菌/(CFU/50 mL)	0	GB/T 8538	选做

注:取样 1×250 mL(产气荚膜梭菌取样 1×50 mL)进行第一次检验,符合表 5 要求,报告为合格。检测结果大于等于 1 并小于 2 时,应按表 6 采取 n 个样品进行第二次检验。检测结果大于等于 2 时,报告为"不合格"。

表 9-32 第二次检验

项目	样品数		限量/CFU	
	n	C	m	M
大肠菌群	4	1	0	2
粪链菌群	4	1	0	2
铜绿假单胞菌	4	1	0	2
产气荚膜梭菌	4	1	0	2

注:n 表示一批产品应采集的样品件数;C 表示最大允许可超出 m 值的样品数,超出该数值判为不合格;m 表示每 250 mL(或 50 mL)样品中最大允许可接受水平的限量值(CFU);M 表示每 250 mL(或 50 mL)样品中不可接受的微生物限量值(CFU),等于或大于 M 值的样品均为不合格。

二、挥发性酚类化合物(4-氨基安替比林三氯甲烷萃取分光光度法)

1. 范围

本方法最低检测量为 0.5 μg 酚,若取 250 mL 水样,则其最低检测质量浓度为 0.002 mg/L 酚。

水中还原性,硫化物,氧化剂,苯胺类化合物及石油等均干扰酚的测定,硫化物经酸化及加入硫酸铜在蒸馏时与挥发性酚分离,余氯等氧化剂可在采样时加入硫酸亚铁或亚砷酸钠还原。在酸性下蒸馏苯胺类形成盐类不被蒸出。石油可在碱性下用有机溶剂萃取除去。

2. 原理

在 pH$=10.0\pm0.2$ 和有氧化剂铁氰化钾存在的溶液中,酚与 4-氨基安替比林形成黄色的安替比林染料,用三氯甲烷萃取后比色定量。

酚的对位取代基可阻止酚与安替比林的反应,但羟基(—OH)、卤素、硫酰基(—SO$_2$H)、羧基(—COOH)、甲氧基(—OCH$_4$)除外。此外,邻位硝基也阻止反应,间位硝基也部分的阻止此反应。

3. 试剂

①无酚纯水:于水中加入氢氧化钠至 pH 为 12 以上,进行蒸馏。在碱性溶液中,酚形成酚钠不被蒸出(本法所用的纯水不能含有酚及游离余氯)。

②三氯甲烷。

③硫酸铜溶液(100 g/L):称取 10.0 g 硫酸铜(CuSO$_4$ · 5H$_2$O)溶于纯水中,并稀释至 100 mL。

④氨水-氯化铵缓冲溶液(pH$=9.8$):称取 20 g 氯化铵(NH$_4$Cl)溶于 100 mL 氨水($\rho_{20}=$

0.88 g/mL)中。

⑤4-氨基安替比林溶液(20 g/L):称取 2.0 g 4-氨基安替比林(4-AAP. $C_{11}H_{13}ON_3$)溶于纯水中,并稀释至 100 mL,处于棕色瓶中,临用时配制。

⑥铁氰化钾溶液(80 g/L):称取 8.0 g 铁氰化钾[$K_3Fe(CN)_6$],溶于纯水中,并稀释至 100 mL,处于棕色瓶中,临用时配制。

⑦溴酸钾-溴化钾溶液[$c(1/6\ KBrO_3)=0.1\ mol/L$]:称取 2.78 g 干燥溴酸钾($KBrO_3$),溶于纯水中,加入 10 g 溴化钾($KBr$),并稀释至 1 000 mL。

⑧淀粉溶液(5 g/L):称取 0.5 g 可溶性淀粉,用少量纯水调成糊状,再加刚煮沸的纯水至 100 mL,冷却后加入 0.1 g 水杨酸或 0.4 g 氯化锌,保存备用。

⑨硫酸溶液(1+9)。

⑩酚标准溶液。

a. 苯酚的精制。吸取苯酚于具空气冷凝管的真空瓶中,加热蒸馏,收集 182~184℃的馏出部分精致酚冷却后应为白色,盖严处于冷暗处。

b. 酚标准贮备溶液。

配制:称取 1 g 白色精致苯酚(C_6H_5OH),溶于 1 000 mL 纯水中,标定后保存于冰箱中。

标定:吸取 25.00 mL 的待标定酚标准贮备溶液置于 25 mL 碘量瓶中。加入 100 mL 纯水,然后准确加入 25.00 mL 溴酸钾-溴化钾溶液,立即加入 5 mL 盐酸($\rho_{20}=1.18$ g/mL)盖严瓶塞,缓缓旋转。静置 10 min。加入 1 g 碘化钾,盖严瓶塞,摇匀,于暗处放置 5 min 后,用硫代硫酸钠标准溶液滴定,至呈浅黄色时,加入 1 mL 淀粉溶液继续滴定至蓝色消失为止。同时用纯水做试剂空白滴定。

计算公式如下:

$$\rho(C_6H_5OH) = \frac{(V_0 - V_1) \times 0.050\ 0 \times 15.68 \times 1\ 000}{10}$$
$$= (V_0 - V_1) \times 78.4 \qquad\qquad (式 9\text{-}15)$$

式中:$\rho(C_6H_5OH)$ 为酚标准贮备溶液(以苯酚计)的质量浓度,mg/mL;V_0 为试剂空白消耗硫代硫酸钠溶液的体积,mL;V_1 为酚标准贮备液消耗硫代硫酸钠溶液的体积,mL;15.86 为与 1.00 mL 硫代硫酸钠标准溶液[$c(Na_2S_2O_3)=1.000\ mol/L$]相当于以克表示的苯酚的质量。

c. 酚标准使用液[$\rho(C_6H_5OH)=1\ \mu g/mL$]。将经过标定标准硫代硫酸钠溶液用纯水稀释成 $\rho(C_6H_5OH)=10\ \mu g/mL$,再用此液稀释成 $\rho(C_6H_5OH)=1\ \mu g/mL$。

⑪硫代硫酸钠标准溶液[$Na_2S_2O_3 \cdot 5H_2O$]。将经过标定的硫代硫酸钠溶液用适量的纯水稀释至 0.050 0 mol/L。

配制:称取 25 g 硫代硫酸钠[$Na_2S_2O_3 \cdot 5H_2O$]溶于 1 000 mL 煮沸放冷的纯水中,此溶液的浓度为 0.1 mol/L,加入 0.4 g 氢氧化钠或 0.2 g 无水碳酸钠,贮存于棕色瓶内,7~10 d 后进行标定。

标定:称取碘酸钾(KIO_3)在 105℃下烘烤 1 h,置于硅胶干燥器中冷却 30 min,准确称取 2 份,各约 0.15 g,分别放入 250 mL 碘量瓶中,每瓶中个加入 100 mL 纯水使碘酸钾溶解,再各加 3 g 碘酸钾及 10 mL 冰乙酸,在暗处静置 5 min 用待标定的硫代硫酸钠溶液滴定,直至溶液呈淡黄色,加入 1 mL 淀粉溶液,继续滴定至恰使蓝色消失为止,记录用量。

计算:按下式硫代硫酸钠的浓度(以两次平均值表示结果)。

$$c(\mathrm{Na_2S_2O_3}) = \frac{m}{V \times 0.035\ 67}$$ （式 9-16）

式中:$c(\mathrm{Na_2S_2O_3})$为硫代硫酸钠标准溶液的浓度,mol/L;0.035 67 为与 1.00 mL 硫代硫酸钠标准溶液$[c(\mathrm{Na_2S_2O_3})=1.000\ \mathrm{mol/L}]$相当的以克表示的 $\mathrm{KIO_3}$ 的质量;m 为碘酸钾的质量,g;V 为硫代硫酸钠标准溶液的消耗量,mL。

4. 仪器

①分光光度计。

②全玻璃蒸馏器:500 mL。

③具塞比色管:10 mL。

④容量瓶:250 mL。

⑤分液漏斗:500 mL。

5. 分析步骤

(1)水样处理　量取 250 mL 水样置于 500 mL 全玻璃蒸馏瓶中,以甲基橙为指示剂,用硫酸溶液,调 pH 至 4.0 以下,使水样由橘黄色变为橙色,加入 5 mL 硫酸铜溶液及数粒玻璃珠,加热蒸馏,待蒸馏出总体积的 90% 左右,停止蒸馏。稍冷,向蒸馏瓶内加入 25 mL 纯水,继续蒸馏,直到收集 250 mL 馏液为止。

注意 1:由于酚随水蒸气挥发,速度缓慢,收集馏出液的体积应与原水样的体积相等。实验证明收集的流出液的体积若不与原水样液的体积相等,将影响回收率。

注意 2:不得用橡胶塞、橡胶管连接蒸馏瓶及冷凝器,否则可能出现阳性干扰。

(2)测定　将水样馏出液全部转入 500 mL 分液漏斗中,另取酚标准是用液 0、0.50、1.00、2.00、4.00、6.00、8.00 和 10.00 mL 分别置于先装有 100 mL 纯水的 500 mL 分液漏斗内,最后补加纯水至 250 mL。

向各分液漏斗内加入 2 mL 氨水-氯化铵缓冲溶液摇匀,再各加 1.5 mL 4-氨基安替比林摇匀,最后加入 1.5 mL 铁氰化钾溶液,充分摇匀,准确静置 10 min,加入 10.0 mL 三氯甲烷振摇 2 min,静置分层,在分液漏斗颈部塞入滤纸卷将三氯甲烷萃取溶液缓缓放入干燥比色管中。

于波长 460 nm 处,用 2 cm 比色皿,以三氯甲烷为参比,测定吸光度。绘制校准曲线,从校准曲线上查出酚的质量。

注意 1:各种试剂加入的顺序不能随意更改,4-AAP 的加入量应准确,以消除 4-AAP 可能分解产生的安替比林红,是空白值增高所造成的误差。

注意 2:4-AAP 与酚在水溶液中生成红色染料萃取至三氯甲烷中可稳定 4 h,时间过长颜色有红变黄。

6. 结果计算

水样中酚的浓度计算公式如下:

$$\rho(\mathrm{C_6H_5OH}) = \frac{m}{V}$$ （式 9-17）

式中:$\rho(\mathrm{C_6H_5OH})$为水样中挥发性酚的质量浓度,mg/mL;m 为从校准曲线上查得的样品管中挥发性酚的质量（以苯酚计），μg；V 为水样的体积，mL。

精密度与准确度：同一实验取 0.5、5.0 和 7.0 μg 酚（以苯酚计）重复测定 6 次，其相对标准偏差为 20.8%，1.9%，2.6%，对 12 个不同来源水样加入 10.0 $\mu g/L$ 酚标准（以苯酚计）测得回收率为 85%～108.7%，平均回收率为 95.7%。

任务二十二   啤酒的安全检验

【检测目标】

1. 了解啤酒产品容易出现的质量问题及关键控制环节。

2. 掌握啤酒产品的常规检测项目及相关标准。

3. 掌握啤酒产品的安全检测方法。

【安全问题】

1. 原辅料的生长和贮运过程中出现污染。

大麦在农田期间出现病虫害、在贮藏时水分和温度控制不当等，都会因原料的劣质对人体产生危害并影响啤酒的泡沫和色泽。

2. 食品添加剂的超范围使用和添加量超标。

3. 清洗剂、杀菌剂等在啤酒中存在残留，对人体健康产生危害，影响啤酒稳定性产品的保质期。

4. 啤酒生产过程中，对工艺（卫生）要求控制不当，造成某些指标超标，不仅影响啤酒的产品质量，还会对人体产生危害，导致饮用后呕吐、腹泻。

5. 啤酒瓶的质量及啤酒瓶的刷洗过程不符合要求。

【控制环节】

1. 原辅料的控制。

2. 食品添加剂的控制。

3. 清洗剂、杀菌剂的控制。

4. 工艺（卫生）要求的控制。

5. 啤酒的质量控制。

【检测指标】

啤酒的安全检测指标应符合表 9-33 的规定。

表 9-33   安全检测指标

项目	指标	检验标准	备注
铅/(mg/L)	≤0.2	GB 5009.12	参见项目四
双乙酰/(mg/L)	≤0.15	GB 4928	参见标准
二氧化硫残留量/(mg/mL)	≤2	GB/T 5009.34	参见项目二
黄曲霉毒素/(μg/mL)	≤10	GB/T 5009.22	参见项目六
N-二甲基亚硝胺/(μg/mL)	≤4	GB/T 5009.26	参见项目五

续表 9-33

项目	指标	检验标准	备注
菌落总数/(CFU/mL)	≤100	GB 4789.2	参见项目七
大肠菌群/(MPN/100 mL)	≤3	GB 4789.3	参见项目七
致病菌(沙门氏菌、志贺氏菌、金黄色葡萄球菌)	不得检出	GB 4789.4；GB 4789.5；GB 4789.10	参见项目七

任务二十三　白酒的安全检验

【检测目标】

1. 了解白酒产品容易出现的质量问题及关键控制环节。

2. 掌握白酒产品的常规检测项目及相关标准。

3. 掌握白酒产品的安全检测方法。

【安全问题】

1. 感官质量缺陷,如色泽、香味、口味、风格等与产品标识不符。

2. 酒精度与包装标识不符。

3. 固形物超标。

4. 卫生指标超标。

【控制环节】

配料:发酵、贮存、勾调。

【检测指标】

(一)白酒的安全检测指标

安全检测指标应符合表 9-34 的规定。

(二)白酒中甲醇的检测

1. 原理

甲醇经氧化成甲醛后,与品红亚硫酸作用生成蓝紫色化合物,与标准系列比较定量。

2. 试剂

①高锰酸钾-磷酸溶液:称取 3 g 高锰酸钾,加入 15 mL 磷酸(85%)与 70 mL 水的混合液中,溶解后加水至 100 mL,贮于棕色瓶内,防止氧化力下降,保存时间不宜过长。

表 9-34　安全检测指标

项目	指标	检验标准	备注
铅/(mg/L)	≤0.2	GB 5009.12	参见项目四
甲醇[a]/(g/L)	≤0.6	GB/T 5009.48	参见本项目
氰化物[a](以 HCN 计)/(mg/L)	≤0.8	GB/T 5009.48	参见任务二
杂醇油[a]/(g/L)	≤0.6	GB/T 5009.48	参见本项目

注:[a] 甲醇、杂醇油、氰化物指标均按 100% 酒精度折算。

②草酸-硫酸溶液:称取 5 g 无水草酸($H_2C_2O_4$)或 7 g 含 2 分子结晶水的草酸($H_2C_2O_4 \cdot 2H_2O$),溶于硫酸(1+1)中至 100 mL。

③品红-亚硫酸溶液:称取 0.1 g 碱性品红研细后分别加入共 60 mL 80℃的水,边加水边研磨让其溶解,用吸管吸取上层溶液滤于 100 mL 容量瓶中,冷却后加 10 mL 亚硫酸钠溶液(100 g/L)1 mL 盐酸,再加水至刻度,充分摇匀,放置过夜。如溶液有颜色,可加少量活性炭搅拌过滤,贮于棕色瓶中,置暗处保存,溶液呈红色时应弃去重置。

④甲醇标注溶液:称取 1.000 g 甲醇,置于 100 mL 容量瓶中,加水稀释至刻度,此溶液每毫升相当于 10.0 mg 甲醇,置低温保存。

⑤甲醇标准是用液:吸取 10.0 mL 甲醇标准溶液置于 100 mL 容量瓶中,加水稀释至刻度,再取 25.0 mL 于 50 mL 容量瓶中,加水稀释至刻度,该溶液每毫升相当于 0.50 mg 甲醇。

⑥无甲醇的乙醇溶液:取 0.3 mL,按操作方法检验,不应显色,如显色应进行处理,取 300 mL 乙醇(95%),加高锰酸钾少许,蒸馏,收集馏出液,在馏出液中加入硝酸银溶液(取 1 g 硝酸银溶于少量水中)和氢氧化钠溶液(取 1.5 g 氢氧化钠溶于少量水中),摇匀,取上清液蒸馏,弃去最初 50 mL 馏出液,收集中间馏出液约 200 mL,用酒精比重计测其浓度,然后加水配成无甲醇的乙醇溶液(体积分数为 60%)。

⑦亚硫酸钠溶液(100 g/L)。

3. 仪器

分光光度计。

4. 分析步骤

根据试样中乙醇浓度适当取样(乙醇浓度 30%,取 1.0 mL,40% 取 0.80 mL,50%,取 0.60 mL,60%,取 0.50 mL)置于 25 mL 具塞比色管中。

吸取 0、0.10、0.20、0.40、0.60、0.80 和 1.00 mL 甲醇标准使用液(相当 0、0.05、0.10、0.20、0.40 和 0.50 mg 乙醇)分别置于 25 mL 具塞比色管中,并加入 0.5 mL 无甲醇的乙醇(体积分数 60%)。

于试样管及标准管中各加水至 5 mL 再依次各加 2 mL 高锰酸钾-磷酸溶液,摇匀,放置 10 min,再各加 2 mL 草酸-硫酸溶液,摇匀使之褪色,再各加 5 mL 品红-亚硫酸溶液,混匀,于 20℃以上,静置 0.5 h,用 2 cm 比色杯,以零管调节零点,于波长 590 nm 处测其吸光度,绘制标准曲线比较,或与标准系列目测比较。

5. 结果计算

试样中甲醇的含量按下式计算:

$$X = \frac{m}{V \times 1\,000} \times 1\,000 \qquad \text{(式 9-18)}$$

式中:X 为试样中甲醇的含量,g/100 mL;m 为测定试样中甲醇的质量,g;V 为试样体积,mL。

计算结果保留 2 位有效数字。

精密度:在重复性条件下获得的 2 次独立性测试结果的绝对差值不得超过算数平均值的:含量≥0.10 g/100 mL,为≤15%,含量<0.10 g/100 mL 为≤20%。

(三)白酒中杂醇油的检测

1. 原理

杂醇油成分复杂,其中有正乙醇,正、异戊醇,正、异丁醇,丙醇等,本法测定方法以异戊醇和异丁醇表示,异戊醇和异丁醇在硫酸的作用下生成戊烯和丁烯,再与对二甲基苯甲醛作用显橙黄色,与标准系列比较定量。

2. 试剂

①对二氨基苯甲醛-硫酸溶液(5 g/L):取 0.5 g 对二氨基苯甲醛,加硫酸溶解至 100 mL。

②无杂醇油的乙醇:取 0.1 mL 按分析步骤检验不显色,如显色应进行处理,取中间馏出液,加 0.25 g 盐酸间苯二胺,加热回流 2 h,用分流柱控制沸点进行蒸馏,收集中间馏出液 100 mL。再取 0.1 mL 按分析步骤测定不显色即可。

③杂醇油标准溶液:准确称取 0.080 g 异戊醇和 0.020 g 异丁醇于 100 mL 容量瓶中,加无杂醇油乙醇 50 mL,再加水稀释刻度,此溶液每毫升相当于 1 mg 杂醇油,置低温保存。

④杂醇油标准使用液:吸取杂醇油标准溶液 5.0 mL 与 50 mL 容量瓶中,加水稀释至刻度。此溶液每毫升相当于 0.10 mg 杂醇油。

3. 仪器

分光光度计。

4. 分析步骤

吸取 1.0 mL 试样于 10 mL 容量瓶中,加水至刻度,摇匀后,吸取 0.30 mL,置于 10 mL 比色管中,含糖着色、沉淀、混浊的蒸馏酒和配制酒应脱色操作,取其蒸馏液作为试样。

取 0、0.10、0.20、0.30、0.40 和 0.50 mL 杂醇油标准是用液(相当于 0、0.010、0.020、0.030、0.040 和 0.050 mg 杂醇油),置于 10 mL 比色管中。

于试样管及标准管中各准确加水至 1 mL,摇匀,放入冷水中冷却,沿管壁加入 2 mL 对二氨基苯甲醛-硫酸溶液(5 g/L),使其沉至管底,再将各管同时摇匀,放入沸水浴中加热 15 min 后取出,立即放入冰水浴中冷却,并各加入 2 mL 水,混匀,冷却,10 min 后用 1 cm 比色杯以零管调零,于波长 520 nm 处测吸光度,绘制标准曲线比较,或与标准色列目测比较定量。

5. 结果计算

式样中的杂醇油含量按下式计算。

$$X = \frac{m}{V_2 \times \dfrac{V_1}{10} \times 1\,000} \times 1\,000 \qquad\qquad (式\ 9\text{-}19)$$

式中:X 为扬中杂醇油含量,g/100 mL;m 为测定试样稀液中杂醇油的质量,mg;V_1 为测定用试样稀释体积,mL;V_2 为试样体积,mL。

计算结果保留 2 位有效数字。

精密度:在重复性条件下获得的 2 次独立性测定结果的绝对值不得超过算数平均值的 10%。

◈项目小结

根据学校侧重点来选择综合实训内容。

参 考 文 献

[1] 吴晓彤.食品检测技术.北京:化学工业出版社,2008.

[2] 周光理.食品分析与检验技术.北京:化学工业出版社,2006.

[3] 刘冬莲.无机与分析化学.北京:化学工业出版社,2009.

[4] 杨祖英.食品检验.北京:化学工业出版社,2001.

[5] 张慧波.分析化学.大连:大连理工大学出版社,2006.

[6] 程云燕.食品分析与检验.北京:化学工业出版社,2007.

[7] 王燕.食品检验技术.北京:中国轻工业出版社,2010.

[8] 康臻.食品分析与检验.北京:中国轻工业出版社,2009.

[9] 穆华荣.食品分析.北京:化学工业出版社,2004.

[10] 王一凡.食品检验综合技能实训.北京:化学工业出版社,2009.

[11] 王永华.食品感官分析与实验.北京:化学工业出版社,2009.

[12] 张水华.食品分析实验.北京:化学工业出版社,2006.

[13] 王一凡.食品检测技能综合实训.北京:化学工业出版社,2009.